JN437857

3차 개정판

KSEA 751-22
KSSC-22-01

건축강구조
표준접합상세지침

2022. 01.

(사)한국강구조학회
(사)한국건축구조기술사회

3차 개정판 발 간 사

강구조 건축물의 골조는 다양한 형태의 부재로 구성되며 각각의 부재는 적절하게 접합되어야합니다. 건축물의 규모가 커지고 골조방식이 복잡해지면 부재의 규격과 갯수가 많아지고 접합부 종류도 다양해집니다. 설계나 제작 시 수많은 접합부를 개별적으로 관리하는 것은 어려우므로 접합부를 유형별로 구분하고 체계화하는 것이 필요합니다. 각 접합유형별로 합리적 접합방식을 정하고 이를 표준화하여 표준접합상세도를 작성하고 설계, 제작 및 설치 단계에서 적용하면 효율적입니다. 따라서 각 접합유형별로 다양한 접합방식과 적용방법, 유의점 등을 제시하는 지침이 필요합니다.

2009년 첫 출간되어 이번에 세 번째 개정 출간되는 『건축강구조 표준접합상세지침』은 설계, 제작 및 설치 관련 실무자에게 다양한 접합방식을 제공하여 합리적인 접합방식을 선정하는데 꼭 필요한 지침서입니다. 첫 출간 후 세 번의 개정 작업을 통해 그 동안 축적된 접합부 관련 국내외 연구 성과와 최신기준을 반영하였습니다. 특히 강구조 내진 관련 실험적 검증을 통해 인증된 다양한 내진상세와 강관접합부연구, 강구조접합부 설계매뉴얼 연구 등 선행 연구를 통해 제시된 다양한 접합상세, 새롭게 발굴하여 추가된 상세 등 다양한 상세가 더해져 실무자들에게 많은 도움이 될 것으로 기대합니다.

한국강구조학회와 건축구조기술사회는 상호 교류·협력과 우호 증진을 통하여 강구조의 발전에 함께 기여하고 있습니다. 강구조물 설계, 구조, 시공 관련 기준의 정립, 워크숍 및 기술세미나 등 학술행사의 협력, 교육·연구·인적자원·정보 등 다양한 분야에서 상호 교류와 협력 활동을 함께 진행하고 있습니다. 특히 공동 연구 및 도서 출간은 양 기관이 오랫동안 협력을 유지해온 분야로 그동안 축적된 연구 성과와 실무 경험을 토대로 각종 매뉴얼, 설계 예제집 등을 공동 출간하는 성과를 이루어 내고 있습니다. 이번에 3차 개정, 출간되는 『건축강구조 표준접합상세지침』을 통해 양 기관의 협력관계를 다시 한 번 확인하게 되었으며, 앞으로도 지속적인 연구와 설계기술 개발을 통해 양 기관의 협력이 지속적으로 발전해 나갈 수 있기를 기대합니다. 그리고 이를 통하여 강구조계의 발전과 독자여러분께 큰 도움이 되시기를 바랍니다.

어려운 상황에도 심혈을 기울여 좋은 성과를 내 주신 집필진과 자문위원의 노고에 깊이 감사드립니다

2022년 1월

(사)한국건축구조기술사회 회장 김 상 식
(사)한국강구조학회 회장 최 동 호

3차 개정판 머 리 말

건축구조기준(KBC 2009)의 개정에 따라 『건축강구조 표준접합상세지침』의 1차 개정판이 2012년 발간되었고, 2차개정판은 2018년도에 발간되었다. 2차 개정판은 한국산업표준(KS)이 전면적으로 개정에 따라 강재의 표기기호가 인장강도에서 항복강도로 변경된 것을 반영하였다. 그리고 이번 『건축강구조 표준접합상세지침』 3차 개정에는 접합부의 분류기호 근거를 보다 합리적으로 바꾸고 용접상세가 앞으로 나오도록 목차 수정을 했으며 더 많은 표준접합상세를 추가 보완하였다. 전 버전에서 발견된 잘못된 용접기호와 오류 내용 등을 수정하였다.

『건축강구조 표준접합상세지침』 3차 개정에는 건축강구조전공 교수 4인 (신경재, 이철호, 오상훈, 최인락)과 건축구조기술사 4인 (최선규, 정석재, 김태진, 황인규)이 참여하였다. 심의에는 건축강구조전공 교수 2인 (김원기, 이명재)과 한국건축구조기술사회 소속의 건축구조기술사 3인 (최준식, 박대영, 김상식)이 참여하였다. 이에 개정과 심의에 수고해 주신 분들께 감사의 말씀을 드린다.

개정작업에 한국건축구조기술사회로부터 후원을 받았다. 이에 진심으로 감사드린다. CAD작업에는 (주)이필구조의 직원들 (정연호, 윤영권)이 수고해 주었다. 재삼 감사드린다. 출판을 담당한 기문사(주)에도 감사의 말씀을 드린다.

건축강구조 표준접합상세지침의 사용이 주로 건축구조기술사들 중심으로 이루어지고 있음을 감안하여 이번에도 한국건축구조기술사회와 공동으로 출판하게 되었다.

본 3차 개정판 『건축강구조 표준접합상세지침』이 구조설계자, 시공기술자, 감리자, 관리감독자, 용접기술자, 강구조물제작 및 설치업체 기술자와 전공학생 등에게 도움이 되기를 희망한다.

2022년 1월

집필위원장 신 경 재

목 차

Ⅰ. 일반표준상세

1장. 일반사항

1.1 개요

1.1.1 배경 및 기본방침

강구조 건축물의 시공에 있어서 제작과정상에 필수적으로 접합공정이 따르게 된다. 고장력볼트 접합과 용접으로 이루어지는 접합공정을 가능하면 현장이 아닌 강구조제작공장에서 대부분 이루어지게 하는 것이 원가절감 측면에서 효율적인 것으로 알려져 있다. 또한 제작공장에서 접합공정이 이루어져도 표준화된 상세도가 정립되어 있으면 그 효율성이 더욱 극대화될 수 있다. 강구조에서 표준화된 상세도의 개념은 현장접합에서도 그 역할이 매우 크다고 할 수 있다. 특히 건축공사는 관급공사보다 사급공사가 대부분으로 감리 및 관리감독자의 강구조 접합에 관한 의견의 차이로 인해 비생산적이거나 부가적인 공사로 공사단가가 높아지는 결과가 되고 있다. 이 점은 타 구조재료와의 경쟁에서 뒤떨어지는 요인의 하나이다.

현재 상당한 경쟁력을 갖춘 일부 제작공장에서는 나름대로의 접합표준상세를 보유하고 있다. 그러나 중소규모의 대부분의 제작업체에서는 표준접합상세지침이 없어 감리 및 감독자의 비합리적인 요구라도 감수해야하는 경우가 있는 것도 사실이다. 이 점은 때에 따라 강구조공사의 부실로도 이어질 수 있다. 이러한 배경아래에서 건축강구조 표준접합상세지침은 다음과 같은 사항을 기본방침으로 진행하였다.

(1) 대상 강재는 국가건설기준코드(KDS 41 31 00)에서 제시된 강종으로 하였다.
(2) 효율적이고 실용적인 것을 채택하였다.
(3) 설계, 가공, 적산, 시공의 입장에서 공유하고 이용될 수 있는 것을 채택하였다.
(4) 국가건설기준코드의 건축물 강구조 설계기준(KDS 41 31 00)과 건축공사 표준시방서(KCS 14 31 05~70)를 준수하였다.

이번 개정에서도 일반표준상세와 권장표준상세로 구분하였다. 각각의 정의는 다음과 같으며 표준상세의 성격상 구분한 것으로 적용상의 차이점은 없다.

일반표준상세 : 강구조건축 전반에 적용되어 왔던 기존의 표준상세
권장표준상세 : 신규 또는 인증에 따라 검증되어 권장하는 표준상세

1.1.2 적용근거

건축강구조 표준접합상세지침은 국가건설기준코드의 강구조 설계기준(KDS 41 31 00)과 강구조 연결 설계기준-하중저항계수설계법(KDS 14 31 25)에서 각각 다음과 같이 적용하도록 규정하고 있다. 즉 이 지침에 따르면 구조안전상에 문제가 없음을 규정하고 있다.

(1) 강구조 설계기준(KDS 41 31 00, 국가건설기준센터)
4.7 접합, 절점 및 파스너
4.7.1 일반사항
4.7.1.1 설계일반
(4) 접합부는 "건축강구조 표준접합상세지침"에 따른다. 그 외의 경우에는 구조 안전상 이상이 없도록 해야 한다.

(2) 강구조 연결 설계기준-하중저항계수설계법(KDS 14 31 25, 국가건설기준센터)

4. 설계

4.1 공통사항

4.1.1 일반사항

4.1.1.1 설계일반

(4) 건축구조물접합부는 "건축강구조 표준접합상세지침"에 따르고 그렇지 않을 경우 구조상의 안전에 이상이 없도록 해야 한다.

1.1.3 적용대상

(1) 건축강구조 표준접합은 원칙적으로 이 지침에 따른다.

(2) 다만, 이 지침에 제시된 접합상세 이외에 구조안전상 이상이 없음이 확인된 경우도 건축강구조접합부로 사용할 수 있다.

1.1.4 구성

강구조 표준접합상세지침은 다음과 같이 일반표준상세, 권장표준상세와 부록으로 구성되어 있다.

Ⅰ. 일반표준상세

제1장 일반사항 : 개요, 사용재료, 기호

제2장 고장력볼트접합표준 : 고장력볼트 이음과 기본사항

제3장 용접접합표준 : 용접조인트강도, 용접표준상세 적용시 요구사항, 완전용입용접, 부분용입용접, 필릿용접, 용접기준도 및 개선요령

제4장 기둥-보접합 일반표준상세 : H형강 기둥-보접합, 강관기둥-보접합, CFT기둥-보접합

제5장 이음 및 단순접합부 일반표준상세 : 보이음, 기둥이음, 단순전단접합

제6장 강관의 이음 및 트러스접합 일반표준상세 : 강관의 맞댐이음, 주관과 지관의 분기이음 (강관트러스접합)

제7장 가새접합 일반표준상세 : 입면가새, 평면가새

제8장 인장재 일반표준상세 : 턴버클, 행어

제9장 주각부접합 일반표준상세 : H형강 주각, 강관 주각

Ⅱ. 권장표준상세

제4R장 기둥-보접합 권장표준상세 : H형강기둥-보접합, 강관기둥-보접합, CFT기둥-보접합

제5R장 이음 및 단순접합부 권장표준상세 : 보이음(용접), 기둥이음(용접), 단순전단접합, 큰보-작은보 모멘트접합

제6R장 강관의 이음 및 트러스접합 권장표준상세 : 강관의 맞댐이음, 주관과 지관의 분기이음 (강관트러스 접합), 중도리접합, 쌍ㄱ형강 조립단면 트러스

제7R장 가새접합 권장표준상세 : 평면가새

제9R장 주각부접합 권장표준상세 : H형강 주각, 강관 주각

제10R장 기타 권장표준상세 : 중도리, 띠장, 샛시등, 크레인주행보

부록 : 내진보강 상세

1.2 사용재료

1.2.1 강재

(1) 구조용 강재는 KSD 41 31 00에서 3.1.1구조용강재를 사용하고, [표 1.1](KDS 41 31 00, 표 3.1-1)과 같은 한국산업표준(이하"KS"라 한다.)에 적합한 것을 사용하여야 한다.

[표 1.1] 주요 구조용강재의 재질 규격

번 호	명 칭	강 종
KS D 3503	일반 구조용 압연 강재	SS275
KS D 3515	용접 구조용 압연 강재	SM275A, B, C, D, -TMC SM355A, B, C, D, -TMC SM420A, B, C, D, -TMC SM460B, C, -TMC
KS D 3529	용접 구조용 내후성 열간 압연 강재	SMA275AW, AP, BW, BP, CW, CP SMA355AW, AP, BW, BP, CW, CP
KS D 3861	건축구조용 압연 강재	SN275A, B, C SN355B, C
KS D 3866	건축구조용 열간 압연 형강	SHN275, SHN355
KS D 5994	건축구조용 고성능 압연강재	HSA650

(2) 냉간가공된 강재 및 주강은 [표 1.2](KDS 41 31 00, 표 3.1-2)에 나타낸 KS에 적합한 것을 사용하여야 한다.

[표 1.2] 냉간 가공재 및 주강의 재질 규격

번 호	명 칭	강 종
KS D 3530	일반 구조용 경량 형강	SSC275
KS D 3558	일반 구조용 용접 경량 H형강	SWH275, L
KS D 3602	강제갑판(데크플레이트)	SDP1, 2, 3
KS D 3632	건축구조용 탄소강관	SNT275E, SNT355E, SNT275A, SNT355A
KS D 3864	건축구조용 각형 탄소 강관	SNRT295E, SNRT275A, SNRT355A

(3) 용접하지 않는 부분에 사용되는 압연강재, 주철, 주강 및 단강은 [표 1.3](KDS 41 31 00, 표 3.1-3)에 나타낸 KS에 적합한 것을 사용하여야 한다.

[표 1.3] 용접하지 않는 부분에 사용되는 강재의 재질 규격

번 호	명 칭	강 종
KS D 3503	일반구조용 압연강재	SS315, SS410
KS D 3566	일반구조용 탄소강관	SGT275, SGT355
KS D 3568	일반구조용 각형강관	SRT275, SRT355
KS D 3710	탄소강 단강품	SF490A, SF540A

1.2.2 볼트, 고장력볼트, 턴버클

볼트, 고장력볼트, 턴버클 등은 [표 1.4](KDS 41 31 00, 표 3.1-5)에 나타낸 KS에 적합한 것을 사용하여야 한다.

[표 1.4] 볼트, 고장력볼트 등의 제품 규격

번 호	명 칭	종 류
KS B 1002	6각 볼트	4.6
KS B 1010	마찰 접합용 고장력 6각 볼트, 6각 너트, 평 와셔의 세트	1종(F8T/F10/F35)[1)] 2종(F10T/F10/F35)[1)] 4종(F13T/F13/F35)[1), 2)]
KS B 1012	6각 너트	4.6
KS B 1016	기초 볼트	모양: L형, J형, LA형, JA형 강도등급구분: 4.6, 6.8, 8.8
KS B 1324	스프링 와셔	–
KS B 1326	평 와셔	–
KS F 4512 KS F 4513	건축용 턴버클 볼트 건축용 턴버클 몸체	S, E, D ST, PT
KS F 4521	건축용 턴버클	–

주 1) 각각 볼트/너트/와셔의 종류

주 2) KS B 1010에 의하여 수소지연파괴민감도에 대하여 합격된 시험성적표가 첨부된 제품에 한하여 사용하여야 한다.

1.2.3 용접재료의 품질

용접재료는 [표 1.5](KDS 41 31 00, 표 3.1-6)과 [표 1.6](KDS 41 31 00, 표 3.3-7)에 나타낸 KS에 적합한 것으로 하고, 모재의 재질 및 용접조건을 고려하여 적절히 선택한다.

[표 1.5] 용접재료의 규격

번 호	명 칭
KS D 3508	피복 아크 용접봉 심선재
KS D 3550	피복 아크 용접봉 심선
KS D 7004	연강용 피복아크 용접봉
KS D 7005	연강용 가스 용접봉
KS D 7006	고장력 강용 피복아크 용접봉
KS D 7023	저온용 강용 피복아크 용접봉
KS D 7025	연강 및 고장력강용 마그용 용접 솔리드 와이어
KS D 7101	내후성강용 피복아크 용접봉
KS D 7104	연강, 고장력강 및 저온용 강용 아크용접 플럭스 코아선
KS D 7105	일렉트로가스 아크용접용 플러스 코어드와이어
KS D 7106	내후성강용 탄산가스 아크용접 솔리드 와이어
KS D 7109	내후성강용 탄산가스 아크용접 플럭스 충전 와이어
KS B ISO 14171[1)]	비합금과 세립강의 서브머지드 아크 용접용 솔리드 와이어 전극, 튜브형 코어드 전극 및 전극과 플럭스의 조합-분류
KS B ISO 26304[1)]	고장력 강용 서브머지드 아크 용접용 와이어와 와이어 및 플러스 조합-분류

주 1): KS B 0531 탄소강 및 저합금강용 서브머지드아크 용착금속의 품질구분 및 시험방법은 폐지(2013. 12. 27.)됨. 새로운 KS B ISO 14171 [2004.12.4. 제정, 2014.12.26. 개정, 최소항복강도가 500MPa이하 혹은 최소인장강도가 570MPa이하인 일반강 및 세립강(non alloy and fine grain steels)용], KS B ISO 26304 [2016.2.18.제정, 최소항복강도가 500MPa를 초과하거나 최소인장강도가 570MPa를 초과하는 고강도강(high strength steels)용]를 적용함.

[표 1.6] 용접재료의 강도(MPa)

용접재료	강도(MPa)		적용 가능 강종
	F_y	F_u	
KS D 7004 연강용 피복아크 용접봉	345	420	인장강도 400MPa급 연강
KS D 7006 고장력 강용 피복아크 용접봉	390	490	인장강도 490MPa~780MPa 고장력강
	410	520	
	490	570	
	500	610	
	550	690	
	620	750	
	665	780	
KS D 7104 연강, 고장력강 및 저온용 강용 아크용접 플럭스코어선	340	420	인장강도 400MPa급 연강 인장강도 490MPa, 540MPa, 590MPa급 고장력강
	390	490	
	430	540	
	490	590	
KS D 7025 연강 및 고장력강용 마그용접용솔리드와이어	345	420	인장강도 400MPa급강 인장강도 490MPa, 590MPa급 고장력강
	390	490	
	490	570	
KS D 7101 내후성강용 피복아크 용접봉 KS D 7106 내후성강용 탄산가스 아크용접 솔리드와이어 KS D 7109 내후성강용 탄산가스 아크용접 플럭스충전와이어	390	490	인장강도 400MPa ~ 570MPa급 내후성 고장력강
	490	570	
KS B ISO 14171: 비합금과 세립강의 서브머지드 아크 용접용 솔리드 와이어 전극, 튜브형 코어드 전극 및 전극과 플럭스의 조합-분류[1)]	330	430	최소항복강도 500MPa 이하 혹은 최소인장강도 570MPa 이하인 일반강, 세립강
	390	490	
	460	550	
	490	570	
KS B ISO 26304: 고장력 강용 서브머지드 아크 용접용 와이어와 와이어 및 플러스 조합-분류[1)]	490	590	최소항복강도 500MPa 초과하거나 최소인장강도 570MPa를 초과하는 고강도강
	500	620	
	550	690	
	670	760	
	670	780	
	740	830	

주 1) 표 내의 강도 값들은 각각 KS B ISO (14171, 26304)의 인장강도와 27J 충격에너지에 의한 분류(표 1B)의 값을 표시한 것임. 다른 분류(예; 항복강도와 47J 충격에너지에 의한 분류; 표 1A 등)에 의한 값들도 있으므로 자세한 내용은 해당 KS 조항 참조요.

1.3 기호(수식 수정)

B : 베이스플레이트의 가로측 길이
B : 각형주관의 바깥폭
B : 관통다이아프램의 폭
B_b : 각형지관의 바깥폭
C : 모서리 각변에서 접선끼리의 교점과 90°사각형이 부재와 만나는 점 사이의 거리
D: 베이스플레이트의 세로측 길이
D : 원형주관의 외경
D : 각형강관의 바깥치수
D_1 : 각형강관의 바깥치수
D_2 : 각형강관의 바깥치수
D_b : 원형지관의 외경
H : H형강의 춤
R : 주관의 반지름
R : 용접에서의 유효목두께
R : RBS의 반경
a : RBS시작점까지의 거리
a_s : 용접길이
b : RBS의 거리
b_f : 보 플랜지 폭
b_s : 스티프너 폭
c : RBS의 절취부 폭
d_c : 강관중심과 강관외경과의 거리
d_t : 볼트중심과 강관중심과의 거리
g : 지관을 현재에 근접시켰을 때 분기부재가 현재의 외측면에 투영된 상 사이의 간격
l_1 : 외측다이아프램의 모서리 최소폭
l_2 : 외측다이아프램의 연단부 폭
r : 지관의 반지름
t : 주관의 두께
t_b: 지관의 두께
t_w : 용접두께
w : 백업 용접두께
β : 폭비-주강관에 대한 지강관지름의 비
η : 각형강관에서만 적용할 수 있는 하중길이 변수
λ : 주강관 세장비
τ : 지강관벽 두께에 대한 주강관벽의 두께비
θ : 부재 중심선 사이의 각도 또는 양관이 이루는 교각
ψ : 용접이음부의 주어진 점에서의 부분 접각
ϕ : 용접을 위해 다듬어진 지관의 끝과 주관이 이루는 각
Δe : 기둥-보 접합부에서 직교하는 보의 단차

2장. 고장력볼트접합표준

2.1 개요

이 장은 보 및 기둥의 이음 설계시 볼트의 개수 및 간격에 관한 것이다. 이하에서는 고장력볼트 접합의 일반적인 사항을 기술한다. 기타 자세한 내용은 강구조 접합부 설계매뉴얼과 H형강 구조 설계매뉴얼을 참고할 수 있다. 열연H형강의 이음부에 대한 전강도설계는 “H형강 표준이음 지침(한국강구조학회와 한국건축구조기술사회 공동 발간)”을 참조한다.

2.2 볼트 이음과 기본사항

1) 강재는 [표 1.1] 주요 구조용강재의 재질 규격을, 고장력볼트는 [표 1.4] 볼트, 고장력볼트 등의 제품 규격 내의 마찰 접합용 고장력 6각 볼트(KS B 1010)를 대상으로 한다.

2) 고장력볼트 지름과 표준구멍 크기

(1) 고장력볼트는 M16, M20, M22, M24, M27, M30을 대상으로 한다.

(2) 구멍의 크기는 [표 2.1]과 같다. (표준구멍 이외의 경우는 KDS 41 31 00:2019 <표 4.7-1> 참조)

(3) 플랜지 접합 볼트와 웨브 접합 볼트의 지름은 동일한 것을 사용한다.

(4) 고장력볼트 구멍중심 간의 응력방향 거리는 [표 2.1]과 같이 한다. 다만, 경우에 따라서는 고장력볼트 지름의 2.5배를 최소로 할 수 있다.

[표 2.1] 표준접합부의 고장력볼트 구멍지름과 응력방향 중심거리 (mm)

고장력볼트 호칭	볼트 구멍 지름	표준접합부의 응력방향 중심거리
M16	18	60
M20	22	60
M22	24	60
M24	27	70
M27	30	75
M30	33	80

3) 고장력볼트 접합의 마감처리

(1) 마찰접합으로 설계되는 접합부는 모재와 이음판의 접합면에 대한 마감처리는 미끄럼계수(μ)가 0.5 이상이어야 한다. 0.5를 확보하기 위해서는 접합면에 페인팅하지 않아야 한다.

(2) 지압접합으로서 밀착조임과 전인장조임으로 설계되는 접합부의 접합면에 대해서는 별도의 마감처리가 필요하지 않다.

4) 부재축에 대한 횡연단거리와 종연단거리

(1) 연단부의 파괴 방지를 위하여 볼트중심에서 부재축에 대한 횡연단거리는 [표 2.2]의 최소거리 이상으로 적용하여야 한다.

(2) 연단부의 파괴 방지를 위하여 볼트중심에서 부재축에 대한 종연단거리는 H형강에 대해서 50mm로 하며, 이음판에 대해서 40mm로 한다.

[표 2.2] 볼트 중심에서 연단까지 최소거리

고장력볼트 호칭	연단부의 가공방법에 따른 최소거리	
	전단절단, 수동가스절단	압연형강, 자동가스절단, 기계가공마감
M16	28	22
M20	34	26
M22	38	28
M24	42	30
M27	48	34
M30	52	38

5) 이음판

(1) 설계, 시공, 제작시 혼선을 줄이기 위하여, 플랜지 이음판의 폭과 두께로 사용할 수 있는 범위를 일정하게 정한다.

(2) 플랜지 이음판의 폭은 형강의 공칭폭으로 한다.

(3) 이음판의 두께는 플랜지와 웨브별로 [표 2.3] 및 [표 2.4]와 같이 일정한 규격으로 정한다.

(4) 플랜지 이음에서 외측 이음판과 내측 이음판이 함께 사용되는 경우 플랜지 소요축강도의 50~55%를 외측 이음판이 분담할 수 있으며, 나머지를 내측 이음판이 분담하여야 한다.

[표 2.3] 플랜지 이음판 두께 규격화 (mm)

플랜지 이음판 두께	9	12	16	19	22	25	28	32	35	40

[표 2.4] 웨브 이음판 두께 규격화 (mm)

웨브 이음판 두께	6	9	12	14	16	19	22	25	28

6) 플랜지 및 웨브이음

(1) 보와 기둥의 이음에서 메탈터치에 의한 기둥이음부를 제외하고 형강이음부의 이격거리는 모두 10mm로 한다. 다만 플랜지를 용접하고 웨브는 볼트로 접합하는 기둥이음의 경우에는 이격거리를 5mm 이하로 한다.

(2) 웨브 볼트의 배열은 상하 대칭이며, 웨브 이음판의 상하방향 길이는 부재 춤의 60% 이상을 원칙으로 한다.

3장. 용접접합표준

3.1 개요

건축 강구조의 용접을 이용한 이음과 접합은 공장용접과 현장용접으로 대별할 수 있다. 본 용접접합표준은 현장에서 가장 자주 적용되는 표준을 제시한다. 특히, 기둥 보 접합의 보단부 용접, 모멘트 연성골조, 특수 내진 접합은 골조의 연성 확보와 종국시까지의 소성 변형 능력을 확보하여야 하는 중요 부분이다. 따라서 이 부분 용접은 작업장 결정이 매우 중요하며, 판두께를 중심으로 현장이음접합과 공장이음 접합시 이용할 수 있는 표준상세를 제시한다. 그리고 용접기호는 KS B 0052를 참조한다.

3.2 기호구분

용접용어 설명은 다음과 같다.

1) 조인트형태

조인트 형태 기호

B - 맞댐조인트(butt joint)

C - 모서리조인트(corner joint)

T - T-조인트(T-joint)

BC - 맞댐조인트 또는 모서리조인트(butt or corner joint)

TC - T-조인트 또는 모서리조인트(T- 또는 corner joint)

BTC - 맞댐조인트, T-조인트 또는 모서리조인트(butt, T-, 또는 corner joint)

2) 용접방법

이 용접접합표준에서 사용하는 용접방법에 대한 기호는 아래와 같으며, 건축강구조에서 적용되는 용접방법은 다음 [표 3.1]과 같다.

용접방법 기호

SMAW - 피복아크용접

GMAW - 가스메탈아크용접

GMAW-S - 단락이행형 가스메탈아크용접

GTAW - 가스텅크스텐 아크용접

FCAW - 플럭스코어드아크용접

SAW - 서브머지드아크용접

SMAW 이외의 용접방법기호(첨자)

S - SAW

G - GMAW

F - FCAW

[표 3.1] 용접방법 및 약칭

명칭	용접법 분류		내용	실드가스
피복 아크용접	SMAW (Shield metal arc welding)		수동용접(손용접)으로 효율이 낮으나 전자세로 용접할 수 있어 주로 현장용접과 조립 및 보수용접으로 사용. 설비가 단순, 간단하고 비용이 저렴 연강, 저·고합금강과 비철금속까지 용접 가능.	미사용 (non gas)
가스메탈 아크용접	GMAW (Gas metal arc welding)	CO_2가스 용접	보호가스로 순수한 탄산가스만을 사용하는 용접	사용 (gas shield)
		MAG	탄산가스와 아르곤(Ar)의 혼합가스를 사용하는 용접	활성가스 사용 (active gas shield)
		MIG	아르곤(Ar)과 같은 불활성가스를 보호가스로 사용하는 용접	불활성가스 사용 (inert gas shield)
플럭스코어드 아크용접	FCAW (Flux cored arc welding)		플럭스코어드 와이어만 사용하는 경우. FCAW-S	미사용 (non gas)
			플럭스코어드와이어에 용접효율 향상을 위한 CO_2가스 추가 사용. FCAW-G	사용 (gas shield)
서브머지드 아크용접	SAW (Submerged arc welding)		용접하고자 하는 부분에 분말 형태의 플럭스를 일정두께로 살포하고 그 속에 전극을 넣고 실시하는 용접	미사용 (non gas)
일렉트로 슬래그용접	ESW (Electro slag welding)		용융슬래그내에 용접봉을 연속 공급, 용접봉과 용융금속 내에 흐르는 전류의 저항발열을 이용 용접. 박스형 단면의 기둥제작 등 두꺼운 판이나 큰 개선을 단일패스로 용접 가능. 소모성 노즐 또는 비소모성노즐을 사용하는 2가지 방법이 있음.	미사용 (non gas)
가스텅스텐 아크용접	GTAW (Gas-Tungsten Arc Welding)	TIG	비소모성 텅스텐 용접전극과 불활성인 아르곤(Ar), 헬륨(He) 가스를 사용. 소모성의 용가재(filler metal)를 함께 사용하기도 한다. 박판의 이음, 보수용접, 스테인리스 및 알루미늄 등 비철금속의 접합에 사용.	불활성가스 사용 (inert gas shield)

3) 용접자세

F - 하향

H - 수평

V - 수직(입향)

OH - 상향

4) 치수

R - 루트간격(Root Opening)

α, β - 개선각도(Groove Angle)

f - 루트면(Root Face)

r - J홈 또는 U홈의 반경(Bevel Radius)

D, D_1, D_2 - PJP홈용접부의 홈깊이, 그루브 깊이

S, S_1, S_2 - PJP홈용접부의 D, D_1, D_2 각각에 대한 용접사이즈

5) 조인트 호칭

소문자 a, b, c등은 조인트들을 세분하기 위해 사용됨.

6) 용입 기호 및 모재두께 제한 기호

P - 부분용입용접부(PJP; Partial-joint-penetration groove weld)

L - 두께의 제한이 있는 완전용입용접부(CJP; Complete-joint-penetration groove weld)

U - 두께의 제한이 없는 완전용입용접부(CJP; Complete-joint-penetration groove weld)

N/A - 해당되지 않음(Not Applicable)

7) 용접부 형태 기호

1 - I형 그루브용접부(square groove)

2 - 일면V 그루브용접부(single-V-groove)

3 - 양면V 그루브용접부(double-V-groove)

4 - 일면개선 그루브용접부(single-bevel-groove)

5 - 양면개선 그루브용접부(double-bevel-groove)

6 - 일면U 그루브용접부(single-U-groove)

7 - 양면U 그루브용접부(double-U-groove)

8 - 일면J 그루브용접부(single-J-groove)

9 - 양면J 그루브용접부(double-J-groove)

10 - 플레어개선 그루브용접부(flare-bevel-groove)

3.3 용접조인트 강도

하중유형 및 방향에 따른 용접재 요구강도는 [표 3.2]와 같다.(건축물 강구조 설계기준(KDS 41 31 00: 2019) [표 4.7-7] 용접조인트 강도 참조)

[표 3.2] 용접조인트 강도

<table>
<tr><th>하중 유형 및 방향</th><th>적용 재료</th><th>강도저항계수 ϕ</th><th>공칭강도 (F_{nBM} , F_{nw}) (MPa)</th><th>용접재 요구강도[1]</th></tr>
<tr><td colspan="5">완전용입그루부용접</td></tr>
<tr><td>용접선에 직교인장</td><td colspan="3">용접조인트 강도는 모재에 의해 제한된다.</td><td>매칭용접재가 사용되어야 한다. 뒷댐재가 남아 있는 T조인트와 모서리조인트는 노치인성 용접재를 사용한다(섭씨 4도에서 20J 이상의 CVN 인성값 이상).</td></tr>
<tr><td>용접선에 직교압축</td><td colspan="3">용접조인트 강도는 모재에 의해 제한된다.</td><td>매칭용접재 또는 이 보다 한단계 낮은 강도의 용접재가 사용될 수 있다.</td></tr>
<tr><td>용접선에 평행한 인장, 압축</td><td colspan="3">용접에 평행하게 접합된 요소들에 작용하는 인장 또는 압축은 그 요소들을 접합하는 용접부 설계에 고려할 필요가 없다.</td><td>매칭용접재 또는 이 보다 한단계 낮은 강도의 용접재가 사용될 수 있다.</td></tr>
<tr><td>전단</td><td colspan="3">용접조인트 강도는 모재에 의해 제한된다.</td><td>매칭용접재를 사용해야 한다.[2]</td></tr>
<tr><td colspan="5">부분용입그루부용접 (플레어V그루브용접, 플레어베벨그루브용접 포함)</td></tr>
<tr><td rowspan="2">용접선에 직교인장</td><td>모재</td><td>$\phi = 0.75$</td><td>F_u</td><td rowspan="10">매칭용접재 또는 이 보다 한단계 낮은 강도의 용접재가 사용될 수 있다.</td></tr>
<tr><td>용접재</td><td>$\phi = 0.80$</td><td>$0.60F_w$ (F_w =용접재 인장강도)</td></tr>
<tr><td>4.7.1.5에 따라 설계된 기둥 주각부와 기둥 이음부의 압축</td><td colspan="3">해당 용접부 설계에서 압축응력은 고려하지 않아도 된다.</td></tr>
<tr><td rowspan="2">기둥을 제외한 부재의 지압접합부의 압축</td><td>모재</td><td>$\phi = 0.90$</td><td>F_y</td></tr>
<tr><td>용접재</td><td>$\phi = 0.80$</td><td>$0.60F_w$</td></tr>
<tr><td rowspan="2">지압응력을 전달할 수 있도록 마감되지 않은 접합부의 압축</td><td>모재</td><td>$\phi = 0.90$</td><td>F_y</td></tr>
<tr><td>용접재</td><td>$\phi = 0.80$</td><td>$0.90F_w$</td></tr>
<tr><td>용접선에 평행한 인장, 압축</td><td colspan="3">용접에 평행하게 접합된 요소들에 작용하는 인장 또는 압축은 그 요소들을 접합하는 용접부 설계에 고려할 필요가 없다.</td></tr>
<tr><td rowspan="2">전단</td><td>모재</td><td colspan="2">KDS 41 31 00: 2019, 4.7.4에 따른다.</td></tr>
<tr><td>용접재</td><td>$\phi = 0.75$</td><td>$0.60F_w$</td></tr>
</table>

<table>
<tr><th colspan="5">필릿용접 (구멍, 슬롯, 빗방향 T 조인트 필릿 포함)</th></tr>
<tr><td rowspan="2">전단</td><td>모재</td><td colspan="2">KDS 41 31 00: 2019, 4.7.4에 따른다.</td><td rowspan="4">매칭용접재 또는 이 보다 한 단계 낮은 강도의 용접재가 사용될 수 있다.</td></tr>
<tr><td>용접재</td><td>$\phi = 0.75$</td><td>$0.60F_w$ 3)</td></tr>
<tr><td>용접선에 평행한 인장, 압축</td><td colspan="3">용접에 평행하게 접합된 요소들에 작용하는 인장 또는 압축은 그 요소들을 접합하는 용접부 설계에 고려할 필요가 없다.</td></tr>
<tr><th colspan="5">플러그 및 슬롯 용접</th></tr>
<tr><td>유효면적의 접합면에 평행한 전단</td><td>모재</td><td colspan="2">KDS 41 31 00: 2019, 4.7.4에 따른다.</td><td>매칭용접재 또는 이 보다 한 단계 낮은 강도의 용접재가 사용될 수 있다.</td></tr>
<tr><td></td><td>용접재</td><td>$\phi = 0.75$</td><td>$0.60F_w$</td><td></td></tr>
</table>

주 :

1) 모재와 용접재료의 조합(용접재료의 매칭)은 [표 1.6] 용접재료의 강도를 참조한다. 원칙적으로 매칭용접재(matching weld metal)는 용접재의 인장강도는 모재의 인장강도와 같거나 거의 동등한 수준을 요구한다. 그러나 매칭용접재보다 한 단계 위 강도의 오버매칭 용접재(over-matching weld metal)도 허용된다. 일반적으로 용접재와 모재가 동일한 인장강도를 지녀도 용접재의 항복강도가 모재항복강도보다 크므로 모재의 항복이 선행되는 것이 보통이다. 용접재의 인장강도가 모재의 인장강도를 상회/하회하는 경우 각각 오버매칭(overmatching), 언더매칭(undermatching)이라 칭한다. 용접재에서 '한단계(1단계)강도'는 70MPa 정도의 강도차이를 뜻하며 '한단계 강도'를 상회하는 오버매칭 용접재의 사용은 불필요한 열영향의 증대 등 부작용을 고려하여 권장되지 않는다. 그러나 국내외의 사례에서 보듯이 경험과 실험결과를 바탕으로 종종 오버매칭 용접재가 사용되기도 한다(가령, 모재 인장강도 350~400MPa급 모재에 대해 인장강도 490MPa급 용접재가 사용되고 있다).
2) 언더매칭 용접재(under-matching weld metal)는 용접조립단면에서 전단력을 전달하는 웨브와 플랜 지사이의 그루부용접이나 높은 구속이 염려되는 부분에 사용할 수 있다. 이 경우 용접조인트는 상세하게 설계해야 하고, 용접부는 모재두께를 유효목두께로 간주하여 설계해야 한다. 여기서, 강도감소계수 ϕ는 0.8이고 $0.6F_w$는 용접부의 공칭강도이다.
3) 대안으로서, 각 용접요소들의 변형적합성을 고려하는 경우에는 AISC 360-10의 J2.4(a) 조항을 적용할 수 있다. AISC 360-10의 J2.4(b)와 (c)는 변형적합성을 고려하는 AISC J2.4(a)의 특별한 조건에 해당한다.

3.4. 용접표준상세 적용시 요구사항

1) 부분용입용접의 유효목두께

부분용입그루브용접의 최소유효목두께는 [표 3.3]의 값 이상으로 하며, 부분용입용접부의 유효목두께 산정은 [표 3.4]에 따른다.

[표 3.3] 부분용입용접(PJP)의 최소 유효목두께

접합부의 얇은쪽 소재 두께 t (mm)	최소 유효목두께 (mm)
$t \leqq 6$	3
$6 < t \leqq 13$	5
$13 < t \leqq 19$	6
$19 < t \leqq 38$	8
$38 < t \leqq 57$	10
$57 < t \leqq 150$	13
$t > 150$	16

[표 3.4] 부분용입용접의 유효목두께 산정

<table>
<tr><th>용접방법</th><th>용접자세</th><th>루트부의 개선각도</th><th>유효목두께</th></tr>
<tr><td>SMAW</td><td rowspan="2">전자세</td><td rowspan="2">J 또는 U자 홈
60° V자 홈</td><td rowspan="3">홈의 깊이</td></tr>
<tr><td>GMAW
FCAW</td></tr>
<tr><td>SAW</td><td>F</td><td>J 또는 U자 홈
60° 베벨 또는 V자 홈</td></tr>
<tr><td>SMAW
FCAW</td><td>F, H</td><td>45° 베벨</td><td>홈의 깊이</td></tr>
<tr><td>SMAW</td><td>전자세</td><td rowspan="2">45° 베벨</td><td rowspan="2">홈의 깊이에서
3mm 공제</td></tr>
<tr><td>GMAW
FCAW</td><td>V, OH</td></tr>
</table>

2) 필릿용접 최소사이즈

필릿용접의 최소사이즈는 [표 3.5]에 따른다.

[표 3.5] 필릿용접의 최소 사이즈, mm

접합부의 얇은 쪽 모재두께 t	필릿용접의 최소 사이즈
$t \leq 6$	3
$6 < t \leq 13$	5
$13 < t \leq 19$	6
$19 < t$	8

3) 표준 용접절차시방서 요구사항

용접표준상세에 적용하는 표준용접절차시방서(WPS)에서 요구하는 사항은 [표 3.6]에 따른다.

[표 3.6] 표준 용접절차시방서(WPS) 요구사항[1)]

구분	자세	용접방법	SMAW	SAW[2)]			GMAW/FCAW[3)]
				단일	병렬	탠덤	
용접봉 최대 직경	F	필릿[4)]	8mm	6.4mm			3.2mm
		그루브[4)]	6.4mm				
		루트패스	4.8mm				
	H	필릿	6.4mm	6.4mm			3.2mm
		그루브	4.8mm	용접시공시험 필요			
	V	모두	4.8mm[5)]				2.4mm
	OH	모두	4.8mm[5)]				2.0mm
최대 전류	전자세	필릿	용가재 제작사의 시방에 따름	1,000A	1,200A	무제한	용가재 제작사의 시방에 따름
	전자세	그루브용접 루트패스 (루트간격 ○)		600A	700A		
		그루브용접 루트패스 (루트간격 ×)			900A		
		그루브용접 채움패스			1,200A		
		그루브용접 마감패스		무제한			
루트패스 최대 두께[2)]	F	모두	10mm	무제한			10mm
	H		8mm				8mm
	V		12mm				12mm
	OH		8mm				8mm
채움패스 최대 두께	전자세	모두	5mm	6mm	무제한		6mm
단일패스 필릿용접 최대사이즈[6)]	F	필릿	10mm	무제한			12mm
	H		8mm	8mm	8mm	12mm	10mm
	V		12mm				12mm
	OH		8mm				8mm

주 :

1) 음영부분은 적용불가.
2) 누적되는 용접패스의 용접금속 단면의 깊이 또는 최대 너비는 용접패스 표면의 너비를 초과하지 않아야 함.
3) GMAW-S는 인정되지 않음.
4) 루트패스 제외.
5) 저수소계용접봉은 4.0mm 적용.
6) 도장하지 않는 내후성강재는 SMAW 6mm, SAW 8mm, GMAW/FCAW 8mm 규정 적용.

3.5 완전용입용접

상세명칭	C-SqG-BC	**I형 그루브용접부 - 맞댐조인트, 모서리조인트**	3-5-1

I형 그루브용접부(Square-Groove Weld)
맞댐조인트(Butt Joint)
모서리조인트(Corner Joint)

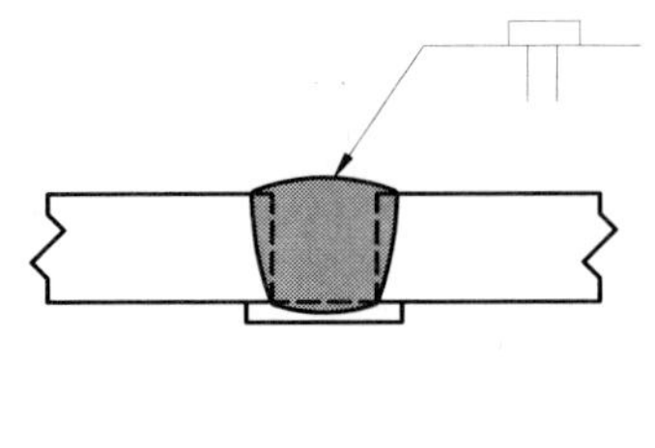

B-L1a

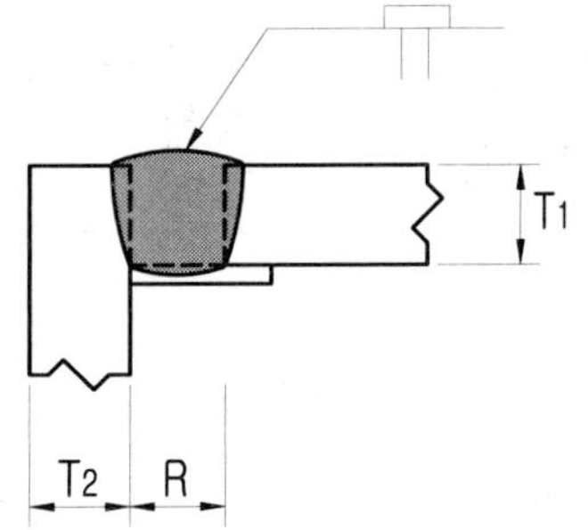

C-L1a

치수단위 ; mm

용접방법	조인트 호칭	모재 두께 (U=제한없음)		개선가공			허용용접 자 세	FCAW 용접시 차폐가스	주 기
				루트간격	허 용 오 차				
		T_1	T_2		설계시	조립시			
SMAW	B-L1a	최대 6	-	$R=T_1$	+2, -0	+6, -2	전자세	-	5,10
	C-L1a	최대 6	U	$R=T_1$	+2, -0	+6, -2	전자세	-	5,10
FCAW GMAW	B-L1a-GF	최대 10	-	$R=T_1$	+2, -0	+6, -2	전자세	불필요	1,10

주 :

1. GMAW-S와 GTAW 용접을 할 경우에는 책임기술자의 사전 승인을 받아야 함.
5. 책임기술자가 사전 승인한 GMAW(GMAW-S는 제외)와 FCAW에서는 SMAW 상세를 사용할 수 있음.
10. 조인트에서 두 부재 사이의 각도는 맞댐조인트에서는 135°~180°, 모서리조인트에서는 45°~135°, T-조인트은 45°~90° 사이에서 변할 수 있음.

상세명칭	C-SqG-B	**I형 그루브용접부 - 맞댐조인트**	3-5-2

I형 그루브용접부(Square-Groove Weld)
맞댐조인트(Butt Joint)

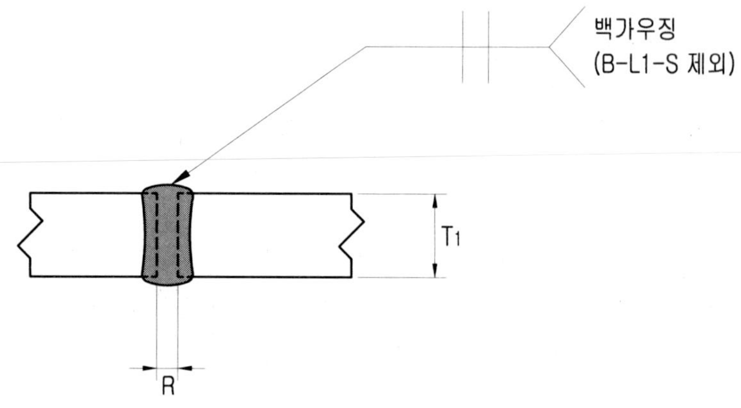

치수단위 ; mm

용접방법	조인트 호칭	모재 두께 (U=제한없음)		개 선 가 공			허용용접 자 세	FCAW 용접시 차폐가스	주 기
				루트간격	허 용 오 차				
		T_1	T_2		설계시	조립시			
SMAW	B-L1b	최대 6	-	$R=\frac{T_1}{2}$	+2, -0	+2, -3	전자세	-	4,5,10
GMAW FCAW	B-L1b-GF	최대 10	-	R=0~3	+2, -0	+2, -3	전자세	불필요	1,4,10
SAW	B-L1-S	최대 10	-	R=0	±0	+2, -0	F	-	10
SAW	B-L1a-S	최대 16	-	R=0	±0	+2, -0	F	-	4,10

주 :

1. GMAW-S와 GTAW 용접을 할 경우에는 책임기술자의 사전 승인을 받아야 함.
4. 두 번째 면을 용접하기 전에 루트부분에서 건전한 금속까지 백가우징(backgouging)을 해야 함.
5. 책임기술자가 사전 승인한 GMAW(GMAW-S는 제외)와 FCAW에서는 SMAW 상세를 사용할 수 있음.
10. 조인트에서 두 부재 사이의 각도는 맞댐조인트에서는 135°~180°, 모서리조인트에서는 45°~135°, T-조인트은 45°~90° 사이에서 변할 수 있음.

상세명칭	C-SqG-TC	**I형 그루브용접부 - T-조인트, 모서리조인트**	3-5-3

I형 그루브용접부(Square-Groove Weld)
T-조인트(T-Joint)
모서리조인트(Corner Joint)

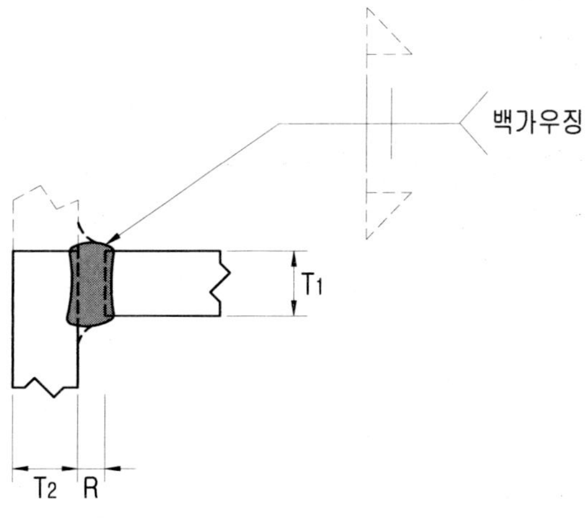

치수단위 ; mm

용접방법	조인트 호칭	모재 두께 (U=제한없음)		개선가공			허용용접 자 세	FCAW 용접시 차폐가스	주 기
				루트간격	허 용 오 차				
		T_1	T_2		설계시	조립시			
SMAW	TC-L1b	최대 6	U	$R=\frac{T_1}{2}$	+2, -0	+2, -3	전자세	-	4,5,7
GMAW FCAW	TC-L1-GF	최대 10	U	R=0~3	+2, -0	+2, -3	전자세	불필요	1,4,7
SAW	TC-L1-S	최대 10	U	R=0	±0	+2, -0	F	-	4,7

주 :

1. GMAW-S와 GTAW 용접을 할 경우에는 책임기술자의 사전 승인을 받아야 함.
4. 두 번째 면을 용접하기 전에 루트부분에서 건전한 금속까지 백가우징(backgouging)을 해야 함.
5. 책임기술자가 사전 승인한 GMAW(GMAW-S는 제외)와 FCAW에서는 SMAW 상세를 사용할 수 있음.
7. 정적하중을 받는 구조물의 모서리조인트와 T-조인트의 그루브용접부를 보강하기 위하여 필릿용접이 사용될 경우 필릿용접 치수는 $T_1/4$이어야 하나 10mm를 초과할 필요는 없음. 반복하중을 받는 구조물의 모서리조인트와 T-조인트의 그루브용접부는 반드시 치수가 $T_1/4$인 필릿용접으로 보강하여야 하나 그 치수가 10mm를 초과할 필요는 없음.

상세명칭	C-sVG-B1	**일면 V-그루브용접부 - 맞댐조인트**	3-5-4

일면 V-그루브용접부(Single V-Groove Weld)
맞댐조인트(Butt Joint)

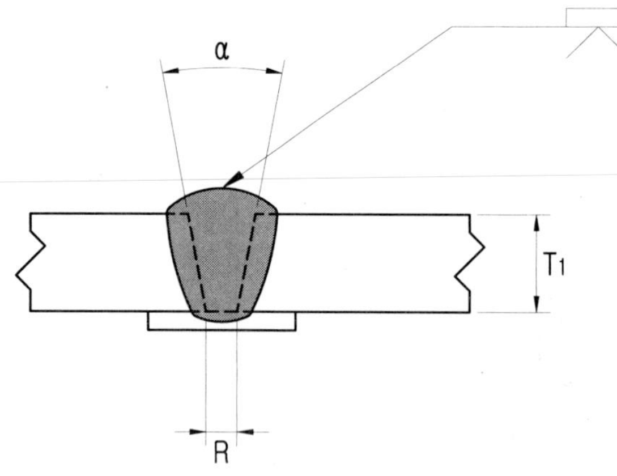

허용오차	
설계시	조립시
R=+2, -0	+6, -2
α=+10°,-0°	+10°,-5°

치수단위 ; mm

용접방법	조인트 호칭	모재 두께 (U=제한 없음)		개 선 가 공		허용용접 자 세	FCAW 용접시 차폐가스	주 기
		T_1	T_2	루트간격	개선각도			
SMAW	B-U2a	U	-	R=6	α=45°	전자세	-	5,10
				R=10	α=30°	F,V,OH	-	5,10
				R=12	α=20°	F,V,OH	-	5,10
GMAW FCAW	B-U2a-GF	U	-	R=5	α=30°	F,V,OH	필요	1,10
				R=10	α=30°	F,V,OH	불필요	1,10
				R=6	α=45°	F,V,OH	불필요	1,10
SAW	B-L2a-S	최대 50	-	R=6	α=30°	F	-	10
SAW	B-U2-S	U	-	R=16	α=20°	F	-	10

주 :

1. GMAW-S와 GTAW 용접을 할 경우에는 책임기술자의 사전 승인을 받아야 함.
5. 책임기술자가 사전 승인한 GMAW(GMAW-S는 제외)와 FCAW에서는 SMAW 상세를 사용할 수 있음.
10. 조인트에서 두 부재 사이의 각도는 맞댐조인트에서는 135°~180°, 모서리조인트에서는 45°~135°, T-조인트은 45°~90° 사이에서 변할 수 있음.

상세명칭	C-sVG-C1	**일면 V-그루브용접부 - 모서리조인트**	3-5-5

일면 V-그루브용접부(Single V-Groove Weld)
모서리조인트(Corner Joint)

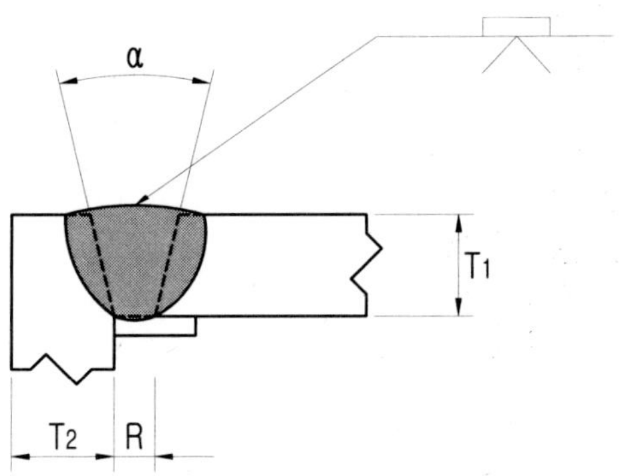

허용오차	
설계시	조립시
R=+2, -0	+6, -2
α=+10°,-0°	+10°,-5°

치수단위 ; mm

용접방법	조인트 호칭	모재 두께 (U=제한 없음)		개 선 가 공		허용용접 자 세	FCAW 용접시 차폐가스	주 기
		T_1	T_2	루트간격	개선각도			
SMAW	C-U2a	U	U	R=6	α=45°	전자세	-	5,15
				R=10	α=30°	F,V,OH	-	5,15
				R=12	α=20°	F,V,OH	-	5,15
GMAW FCAW	C-U2a-GF	U	U	R=5	α=30°	F,V,OH	필요	1
				R=10	α=30°	F,V,OH	불필요	1,15
				R=6	α=45°	F,V,OH	불필요	1,15
SAW	C-L2a-S	최대 50	U	R=6	α=30°	F	-	15
SAW	C-U2-S	U	U	R=16	α=20°	F	-	15

주 :

1. GMAW-S와 GTAW 용접을 할 경우에는 책임기술자의 사전 승인을 받아야 함.
5. 책임기술자가 사전 승인한 GMAW(GMAW-S는 제외)와 FCAW에서는 SMAW 상세를 사용할 수 있음.
15. 모서리 및 T-조인트에서 부재 사이의 각도는 개선각도와 루트간격이 유지되고 그루브 면과 강재 뒷댐재 사이의 각도가 최소 90°인 경우 90°~170°까지 변할 수 있음.

상세명칭	C-sVG-B2	**일면 V-그루브용접부 - 맞댐조인트**	3-5-6

일면 V-그루브용접부(Single V-Groove Weld)
맞댐조인트(Butt Joint)

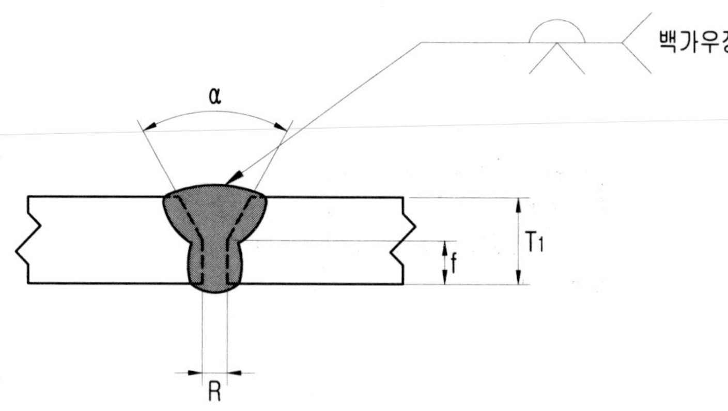

치수단위 ; mm

<table>
<tr><th rowspan="3">용접방법</th><th rowspan="3">조인트
호칭</th><th colspan="2">모재 두께
(U=제한없음)</th><th colspan="3">개 선 가 공</th><th rowspan="3">허용용접
자 세</th><th rowspan="3">FCAW
용접시
차폐가스</th><th rowspan="3">주 기</th></tr>
<tr><th rowspan="2">T_1</th><th rowspan="2">T_2</th><th rowspan="2">루트간격
루트면
개선각도</th><th colspan="2">허 용 오 차</th></tr>
<tr><th>설계시</th><th>조립시</th></tr>
<tr><td>SMAW</td><td>B-U2</td><td>U</td><td>-</td><td>R=0~3
f=0~3
α=60°</td><td>+2, -0
+2, -0
+10°, -0°</td><td>+2,-3
제한없음
+10°, -5°</td><td>전자세</td><td>-</td><td>4,5,10</td></tr>
<tr><td>GMAW
FCAW</td><td>B-U2-GF</td><td>U</td><td>-</td><td>R=0~3
f=0~3
α=60°</td><td>+2, -0
+2, -0
+10°, -0°</td><td>+3,-2
제한없음
+10°, -5°</td><td>전자세</td><td>불필요</td><td>1,4,10</td></tr>
<tr><td rowspan="3">SAW</td><td rowspan="3">B-L2c-S</td><td>12초과25까지</td><td>-</td><td>R=0
f=최대6
α=60°</td><td rowspan="3">R=±0
f=+0, -f
α=+10°, -0°</td><td rowspan="3">+2, -0
±2
+10°, -5°</td><td rowspan="3">F</td><td rowspan="3">-</td><td rowspan="3">4,10</td></tr>
<tr><td>25초과38까지</td><td>-</td><td>R=0
f=최대12
α=60°</td></tr>
<tr><td>38초과50까지</td><td>-</td><td>R=0
f=최대16
α=60°</td></tr>
</table>

주 :

1. GMAW-S와 GTAW 용접을 할 경우에는 책임기술자의 사전 승인을 받아야 함.
4. 두 번째 면을 용접하기 전에 루트부분에서 건전한 금속까지 백가우징(backgouging)을 해야 함.
5. 책임기술자가 사전 승인한 GMAW(GMAW-S는 제외)와 FCAW에서는 SMAW 상세를 사용할 수 있음.
10. 조인트에서 두 부재 사이의 각도는 맞댐조인트에서는 135°~180°, 모서리조인트에서는 45°~135°, T-조인트은 45°~90° 사이에서 변할 수 있음.

상세명칭	C-sVG-C2	**일면 V-그루브용접 - 모서리조인트**	3-5-7

일면 V-그루브용접부(Single V-Groove Weld)
모서리조인트(Corner Joint)

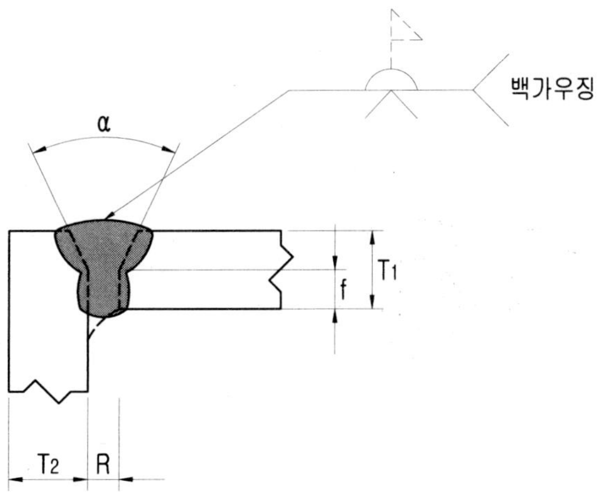

치수단위 ; mm

용접방법	조인트 호칭	모재 두께 (U=제한없음)		개선가공			허용용접 자 세	FCAW 용접시 차폐가스	주 기
				루트간격 루트면 개선각도	허 용 오 차				
		T_1	T_2		설계시	조립시			
SMAW	C-U2	U	U	R=0~3 f=0~3 α=60°	+2, -0 +2, -0 +10°, -0°	+2, -3 제한없음 +10°, -5°	전자세	-	4,5,7, 10
GMAW FCAW	C-U2-GF	U	U	R=0~3 f=0~3 α=60°	+2, -0 +2, -0 +10°, -0°	+2, -3 제한없음 +10°, -5°	전자세	불필요	1,4,7, 10
SAW	C-U2b-S	U	U	R=0~3 f=최대6 α=60°	±0 +0, -6 +10°, -0°	+2, -0 ±2 +10°, -5°	F	-	4,7,10

주 :

1. GMAW-S와 GTAW 용접을 할 경우에는 책임기술자의 사전 승인을 받아야 함.
4. 두 번째 면을 용접하기 전에 루트부분에서 건전한 금속까지 백가우징(backgouging)을 해야 함.
5. 책임기술자가 사전 승인한 GMAW(GMAW-S는 제외)와 FCAW에서는 SMAW 상세를 사용할 수 있음.
7. 정적하중을 받는 구조물의 모서리조인트와 T-조인트의 그루브용접부를 보강하기 위하여 필릿용접이 사용될 경우 필릿용접 치수는 $T_1/4$이어야 하나 10mm를 초과할 필요는 없음. 반복하중을 받는 구조물의 모서리조인트와 T-조인트의 그루브용접부는 반드시 치수가 $T_1/4$인 필릿용접으로 보강하여야 하나 그 치수가 10mm를 초과할 필요는 없음.
10. 조인트에서 두 부재 사이의 각도는 맞댐조인트에서는 135°~180°, 모서리조인트에서는 45°~135°, T-조인트은 45°~90° 사이에서 변할 수 있음.

상세명칭	C-dVG-B1	**양면 V-그루브용접 - 맞댐조인트**	3-5-8

양면 V-그루브용접부(Double V-Groove Weld)
맞댐조인트(Butt Joint)

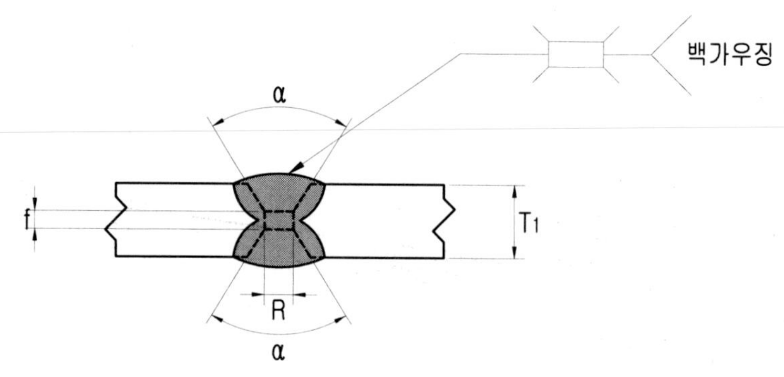

	허용오차	
	설계시	조립시
	R=±0	+6, -0
	f=±0	+2, -0
	α=+10°,-0°	+10°,-5°
간격재 SAW	±0	+2, -0
간격재 SMAW	±0	+3, -0

치수단위 ; mm

용접방법	조인트 호칭	모재 두께 (U=제한 없음)		개 선 가 공			허용용접 자 세	FCAW 용접시 차폐가스	주 기
		T_1	T_2	루트간격	개선각도	루트면			
SMAW	B-U3a	U 간격재 = 3 × R	-	R=6	α=45°	f=0~3	전자세	-	4,5,8,10
				R=10	α=30°	f=0~3	F,V,OH	-	
				R=12	α=20°	f=0~3	F,V,OH	-	
SAW	B-U3a-S	U 간격재 = 6 × R	-	R=16	α=20°	f=0~6	F	-	4,8,10

주 :

4. 두 번째 면을 용접하기 전에 루트부분에서 건전한 금속까지 백가우징(backgouging)을 해야 함.
5. 책임기술자가 사전 승인한 GMAW(GMAW-S는 제외)와 FCAW에서는 SMAW 상세를 사용할 수 있음.
8. 양면 그루브용접은 홈 깊이를 서로 다르게 할 수 있으나 얕은 쪽 홈의 깊이는 연결되는 부재 중 얇은 쪽 부재 두께의 1/4 이상이어야 함.
10. 조인트에서 두 부재 사이의 각도는 맞댐조인트에서는 135°~180°, 모서리조인트에서는 45°~135°, T-조인트은 45°~90° 사이에서 변할 수 있음.

상세명칭	C-dVG-B2	**양면 V-그루브용접 - 맞댐조인트**	3-5-9

양면 V-그루브용접부(Double V-Groove Weld)
맞댐조인트(Butt Joint)

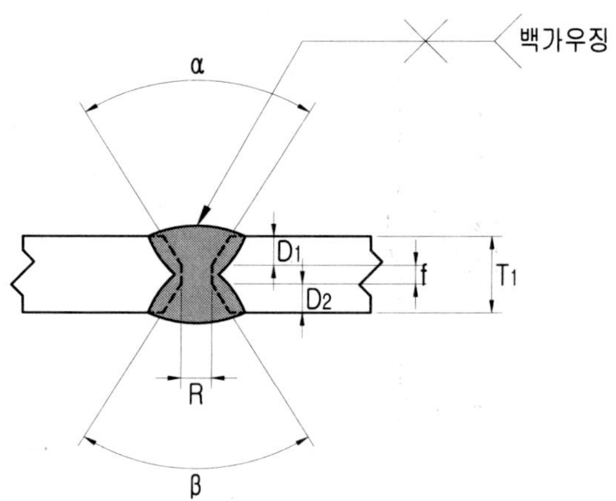

B-U3c-S		
T_1		D_1
초과	이하	35
50	60	
60	80	45
80	90	55
90	100	60
100	120	70
120	140	80
140	160	95
T_1〉 160 또는 $T_1 \leq 50$일 경우 $D_1 = 2/3(T_1 - 6)$		

치수단위 ; mm

용접방법	조인트 호칭	모재 두께 (U=제한 없음)		개 선 가 공			허용용접 자 세	FCAW 용접시 차폐가스	주 기
				루트간격 루트면 개선각도	허 용 오 차				
		T_1	T_2		설계시	조립시			
SMAW	B-U3b	U	-	R=0~3 f=0~3 α=β=60°	+2, -0 +2, -0 +10°, -0°	+2, -3 제한없음 +10°, -5°	전자세	-	4,5,8,10
GMAW FCAW	B-U3-GF						전자세	불필요	1,4,8,10
SAW	B-U3c-S	U	-	R=0 f=최소6 α=β=60°	+2, -0 +6, -0 +10°, -0°	+2, -3 +6, 0 +10°, -5°	F	-	4,8,10
				D_1은 위 표 참조;. $D_2 = T_1 - (D_1 + f)$					

주 :

1. GMAW-S와 GTAW 용접을 할 경우에는 책임기술자의 사전 승인을 받아야 함.
4. 두 번째 면을 용접하기 전에 루트부분에서 건전한 금속까지 백가우징(backgouging)을 해야 함.
5. 책임기술자가 사전 승인한 GMAW(GMAW-S는 제외)와 FCAW에서는 SMAW 상세를 사용할 수 있음.
8. 양면 그루브용접은 홈 깊이를 서로 다르게 할 수 있으나 얕은 쪽 홈의 깊이는 연결되는 부재 중 얇은 쪽 부재 두께의 1/4 이상이어야 함.
10. 조인트에서 두 부재 사이의 각도는 맞댐조인트에서는 135°~180°, 모서리조인트에서는 45°~135°, T-조인트은 45°~90° 사이에서 변할 수 있음.

상세명칭	C-sBG-B1	**일면개선 그루브용접부 - 맞댐조인트**	3-5-10

일면개선 그루브용접부(Single Bevel Groove Weld)
맞댐조인트(Butt Joint)

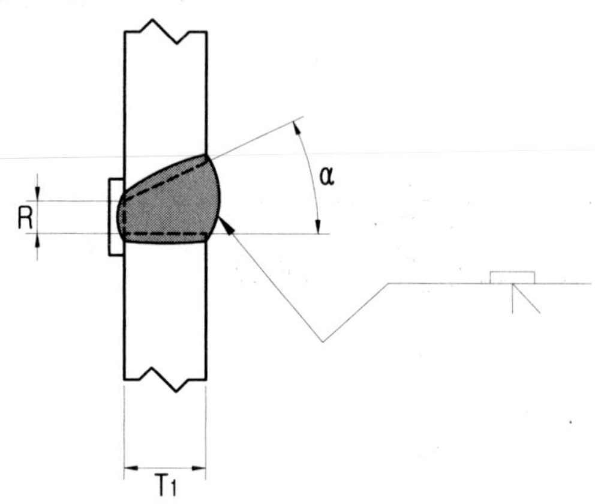

허용오차	
설계시	조립시
R=+ 2, -0	+ 6, -2
α=+ 10°,-0°	+ 10°,-5°

치수단위 ; mm

용접방법	조인트 호칭	모재 두께 (U=제한없음)		개 선 가 공		허용용접 자 세	FCAW 용접시 차폐가스	주 기
		T_1	T_2	루트간격	개선각도			
SMAW	B-U4a	U	-	R=6	α=45°	전자세	-	3,5,10
				R=10	α=30°	전자세	-	3,5,10
GMAW FCAW	B-U4a-GF	U	-	R=5	α=30°	전자세	필요	1,3,10
				R=6	α=45°	전자세	불필요	1,3,10
				R=10	α=30°	F,H	불필요	1,3,10
SAW	B-U4a-S	U	-	R=10	α=30°	F	-	3,10
				R=6	α=45°			

주 :

1. GMAW-S와 GTAW 용접을 할 경우에는 책임기술자의 사전 승인을 받아야 함.
3. 반복하중을 받는 곳에 이와 같은 용접을 하는 경우에는 수평 용접자세에서만 용접해야 함.
5. 책임기술자가 사전 승인한 GMAW(GMAW-S는 제외)와 FCAW에서는 SMAW 상세를 사용할 수 있음.
10. 조인트에서 두 부재 사이의 각도는 맞댐조인트에서는 135°~180°, 모서리조인트에서는 45°~135°, T-조인트은 45°~90° 사이에서 변할 수 있음.

상세명칭	C-sBG-TC1	**일면개선 그루브용접부 - T-조인트, 모서리조인트**	3-5-11

일면개선 그루브용접부(Single Bevel Groove Weld)
T-조인트(T-Joint)
모서리조인트(Corner Joint)

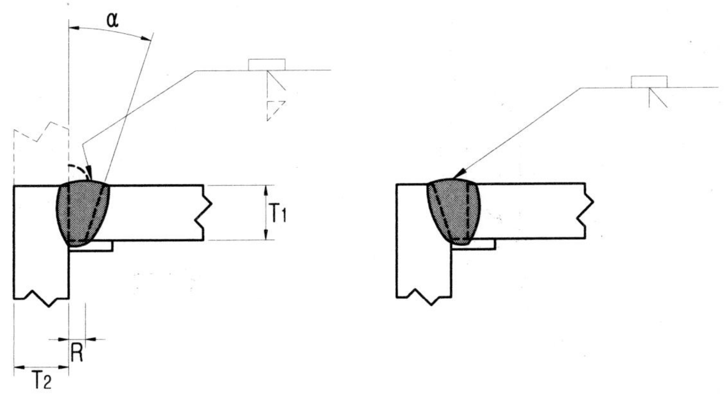

허용오차	
설계시	조립시
R=+2, -0	+6, -2
α=+10°,-0°	+10°,-5°

치수단위 ; mm

용접방법	조인트 호칭	모재 두께 (U=제한 없음)		개 선 가 공		허용용접 자 세	FCAW 용접시 차폐가스	주 기
		T_1	T_2	루트간격	개선각도			
SMAW	TC-U4a	U	U	R=6	α=45°	전자세	-	5,7,11,15
				R=10	α=30°	F,V,OH	-	5,7,11,15
GMAW FCAW	TC-U4a-GF	U	U	R=5	α=30°	전자세	필요	1,7,11,15
				R=10	α=30°	F	불필요	1,7,11,15
				R=6	α=45°	전자세	불필요	1,7,11,15
SAW	TC-U4a-S	U	U	R=10	α=30°	F	-	7,11,15
				R=6	α=45°			

주 :

1. GMAW-S와 GTAW 용접을 할 경우에는 책임기술자의 사전 승인을 받아야 함.
5. 책임기술자가 사전 승인한 GMAW(GMAW-S는 제외)와 FCAW에서는 SMAW 상세를 사용할 수 있음.
7. 정적하중을 받는 구조물의 모서리조인트와 T-조인트의 그루브용접부를 보강하기 위하여 필릿용접이 사용될 경우 필릿용접 치수는 $T_1/4$이어야 하나 10mm를 초과할 필요는 없음. 반복하중을 받는 구조물의 모서리조인트와 T-조인트의 그루브용접부는 반드시 치수가 $T_1/4$인 필릿용접으로 보강하여야 하나 그 치수가 10mm를 초과할 필요는 없음.
11. 모서리조인트 용접을 하는 경우에 만약 기본적인 홈의 형상이 변하지 않고, 단부가 지나치게 녹아내리지 않으면서 용접작업을 할 수 있을 만큼 두 부재사이의 단부거리가 유지되면 바깥쪽 홈의 가공을 한쪽 부재에만 할 수도 있고 또는 두 부재 모두에서 할 수도 있음.
15. 모서리 및 T-조인트에서 부재 사이의 각도는 개선각도와 루트간격이 유지되고 그루브 면과 강재 뒷댐재 사이의 각도가 최소 90°인 경우 90°~170°까지 변할 수 있음.

상세명칭	C-sBG-B2	**일면개선 그루브용접부 - 맞댐조인트**	3-5-12

일면개선 그루브용접부(Single Bevel Groove Weld)
맞댐조인트(Butt Joint)

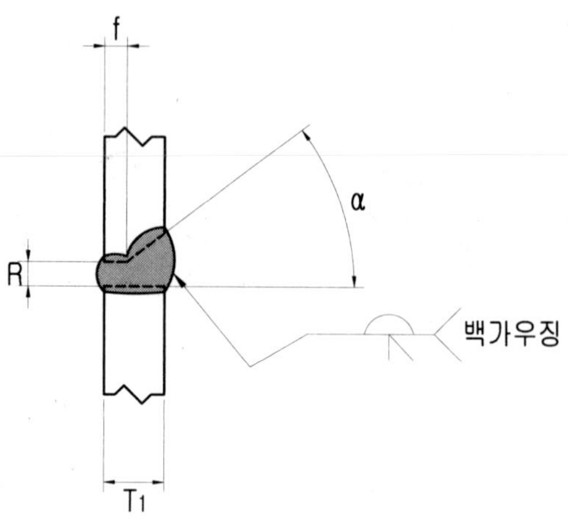

치수단위 ; mm

용접방법	조인트 호칭	모재 두께 (U=제한없음)		개 선 가 공			허용용접 자 세	FCAW 용접시 차폐가스	주 기
		T_1	T_2	루트간격 루트면 개선각도	허 용 오 차 설계시	허 용 오 차 조립시			
SMAW	B-U4b	U	-	R=0∼3 f=0∼3 α=45°	+2, -0 +2, -0 +10°, -0°	+2, -3 제한없음 +10°, -5°	전자세	-	3,4,5, 10
GMAW FCAW	B-U4b-GF	U	-				전자세	불필요	1,3,4, 10
SAW	B-U4b-S	U	-	R=0 f=최대6 α=60°	±0 +0, -3 +10°, -0°	+6, -0 ±2 +10°, -5°	F	-	3,4,10

주 :

1. GMAW-S와 GTAW 용접을 할 경우에는 책임기술자의 사전 승인을 받아야 함.
3. 반복하중을 받는 곳에 이와 같은 용접을 하는 경우에는 수평 용접자세에서만 용접해야 함.
4. 두 번째 면을 용접하기 전에 루트부분에서 건전한 금속까지 백가우징(backgouging)을 해야 함.
5. 책임기술자가 사전 승인한 GMAW(GMAW-S는 제외)와 FCAW에서는 SMAW 상세를 사용할 수 있음.
10. 조인트에서 두 부재 사이의 각도는 맞댐조인트에서는 135°~180°, 모서리조인트에서는 45°~135°, T-조인트은 45°~90° 사이에서 변할 수 있음.

상세명칭	C-sBG-TC2	**일면개선 그루브용접부 - T-조인트, 모서리조인트**	3-5-13

일면개선 그루브용접부(Single Bevel Groove Weld)
T-조인트(T-Joint)
모서리조인트(Corner Joint)

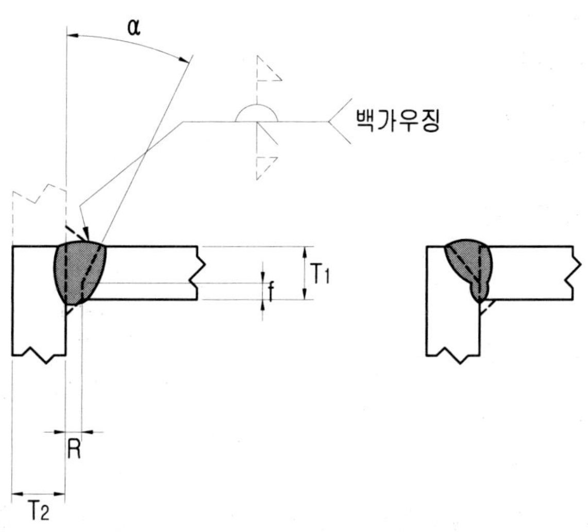

치수단위 ; mm

용접방법	조인트 호칭	모재 두께 (U=제한없음)		개선가공			허용용접 자 세	FCAW 용접시 차폐가스	주 기
				루트간격	허 용 오 차				
		T_1	T_2	루트면 개선각도	설계시	조립시			
SMAW	TC-U4b	U	U	R=0~3 f=0~3 α=45°	+2, -0 +2, -0 +10°, -0°	+2,-3 제한없음 +10°, -5°	전자세	-	4,5,7, 10,11
GMAW FCAW	TC-U4b-GF	U	U				전자세	불필요	1,4,7, 10,11
SAW	TC-U4b-S	U	U	R=0 f=최대6 α=60°	±0 +0,-3 +10°,-0°	+6, -0 ±2 +10°, -5°	F	-	4,7,10,11

주 :

1. GMAW-S와 GTAW 용접을 할 경우에는 책임기술자의 사전 승인을 받아야 함.
4. 두 번째 면을 용접하기 전에 루트부분에서 건전한 금속까지 백가우징(backgouging)을 해야 함.
5. 책임기술자가 사전 승인한 GMAW(GMAW-S는 제외)와 FCAW에서는 SMAW 상세를 사용할 수 있음.
7. 정적하중을 받는 구조물의 모서리조인트와 T-조인트의 그루브용접부를 보강하기 위하여 필릿용접이 사용될 경우 필릿용접 치수는 $T_1/4$이어야 하나 10mm를 초과할 필요는 없음. 반복하중을 받는 구조물의 모서리조인트와 T-조인트의 그루브용접부는 반드시 치수가 $T_1/4$인 필릿용접으로 보강하여야 하나 그 치수가 10mm를 초과할 필요는 없음.
10. 조인트에서 두 부재 사이의 각도는 맞댐조인트에서는 135°~180°, 모서리조인트에서는 45°~135°, T-조인트은 45°~90° 사이에서 변할 수 있음.
11. 모서리조인트 용접을 하는 경우에 만약 기본적인 홈의 형상이 변하지 않고, 단부가 지나치게 녹아내리지 않으면서 용접작업을 할 수 있을 만큼 두 부재사이의 단부거리가 유지되면 바깥쪽 홈의 가공을 한쪽 부재에만 할 수도 있고 또는 두 부재 모두에서 할 수도 있음.

상세명칭	C-dBG-BTC	**양면개선 그루브용접부 - 맞댐조인트, T-조인트, 모서리조인트**	3-5-14

양면개선 그루브용접부(Double Bevel Groove Weld)
맞댐조인트(Butt Joint)
T-조인트(T-Joint)
모서리조인트(Corner Joint)

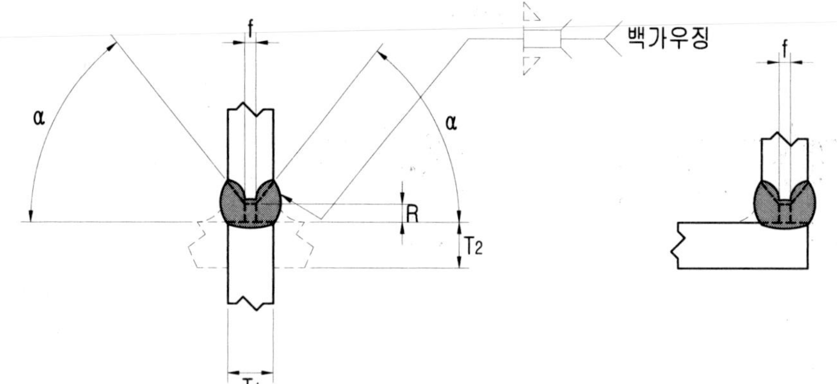

	허용오차	
	설계시	조립시
	R=±0	+6,-0
	f=+2, -0	±2
	α=+10°,-0°	+10°,-5°
간격재	+2,-0	+3,-0

치수단위 ; mm

용접방법	조인트 호칭	모재 두께 (U=제한없음)		개 선 가 공			허용용접 자세	FCAW 용접시 차폐가스	주 기
		T_1	T_2	루트간격	개선각도	루트면			
SMAW	B-U5b	U 간격재 =3×R	-	R=6	α=45°	f=0~3	전자세	-	3,4,5, 8,10
	TC-U5a	U 간격재 =6×R	U	R=6	α=45°	f=0~3	전자세	-	4,5,7, 8,10,11
				R=10	α=30°	f=0~3	F,OH	-	4,5,7, 8,10,11

주 :

3. 반복하중을 받는 곳에 이와 같은 용접을 하는 경우에는 수평 용접자세에서만 용접해야 함.
4. 두 번째 면을 용접하기 전에 루트부분에서 건전한 금속까지 백가우징(backgouging)을 해야 함.
5. 책임기술자가 사전 승인한 GMAW(GMAW-S는 제외)와 FCAW에서는 SMAW 상세를 사용할 수 있음.
7. 정적하중을 받는 구조물의 모서리조인트와 T-조인트의 그루브용접부를 보강하기 위하여 필릿용접이 사용될 경우 필릿용접 치수는 $T_1/4$이어야 하나 10mm를 초과할 필요는 없음. 반복하중을 받는 구조물의 모서리조인트와 T-조인트의 그루브용접부는 반드시 치수가 $T_1/4$인 필릿용접으로 보강하여야 하나 그 치수가 10mm를 초과할 필요는 없음.
8. 양면 그루브용접은 홈 깊이를 서로 다르게 할 수 있으나 얕은 쪽 홈의 깊이는 연결되는 부재 중 얇은 쪽 부재 두께의 1/4 이상이어야 함.
10. 조인트에서 두 부재 사이의 각도는 맞댐조인트에서는 135°~180°, 모서리조인트에서는 45°~135°, T-조인트은 45°~90° 사이에서 변할 수 있음.
11. 모서리조인트 용접을 하는 경우에 만약 기본적인 홈의 형상이 변하지 않고, 단부가 지나치게 녹아내리지 않으면서 용접작업을 할 수 있을 만큼 두 부재사이의 단부거리가 유지되면 바깥쪽 홈의 가공을 한쪽 부재에만 할 수도 있고 또는 두 부재 모두에서 할 수도 있음.

상세명칭	C-dBG-B	**양면개선 그루브용접부 - 맞댐조인트**	3-5-15

양면개선 그루브용접부(Double Bevel Groove Weld)
맞댐조인트(Butt Joint)

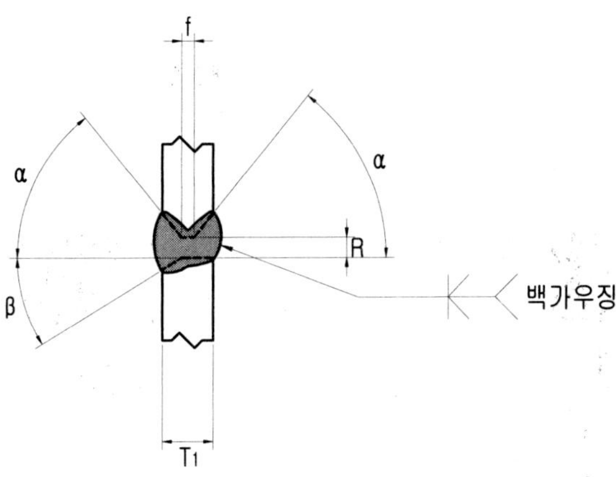

치수단위 ; mm

용접방법	조인트 호칭	모재 두께 (U=제한없음)		개선가공			허용용접 자 세	FCAW 용접시 차폐가스	주 기
				루트간격 루트면 개선각도	허 용 오 차				
		T_1	T_2		설계시	조립시			
SMAW	B-U5a	U	-	R=0～3 f=0～3 α=45° β=0°～15°	+2, -0 +2, -0 α+β= +10°, -0°	+2,-3 제한없음 α+β= +10°, -5°	전자세	-	3,4,5, 8,10
GMAW FCAW	B-U5-GF	U	-	R=0～3 f=0～3 α=45° β=0°～15°	+2, -0 +2, -0 α+β= +10°, -0°	+2,-3 제한없음 α+β= +10°, -5°	전자세	불필요	1,3,4, 8,10

주 :

1. GMAW-S와 GTAW 용접을 할 경우에는 책임기술자의 사전 승인을 받아야 함.
3. 반복하중을 받는 곳에 이와 같은 용접을 하는 경우에는 수평 용접자세에서만 용접해야 함.
4. 두 번째 면을 용접하기 전에 루트부분에서 건전한 금속까지 백가우징(backgouging)을 해야 함.
5. 책임기술자가 사전 승인한 GMAW(GMAW-S는 제외)와 FCAW에서는 SMAW 상세를 사용할 수 있음.
8. 양면 그루브용접은 홈 깊이를 서로 다르게 할 수 있으나 얕은 쪽 홈의 깊이는 연결되는 부재 중 얇은 쪽 부재 두께의 1/4 이상이어야 함.
10. 조인트에서 두 부재 사이의 각도는 맞댐조인트에서는 135°~180°, 모서리조인트에서는 45°~135°, T-조인트은 45°~90° 사이에서 변할 수 있음.

상세명칭	C-dBG-TC	**양면개선 그루브용접부 - T-조인트, 모서리조인트**	3-5-16

양면개선 그루브용접부(Double Bevel Groove Weld)
T-조인트(T-Joint)
모서리조인트(Corner Joint)

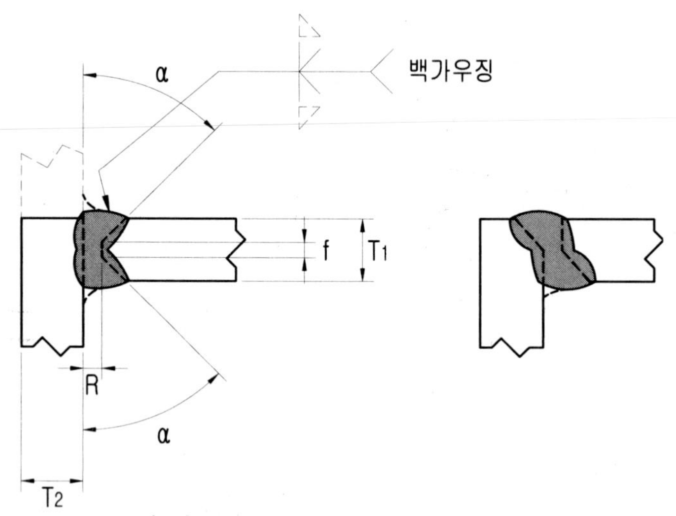

치수단위 ; mm

용접방법	조인트 호칭	모재 두께 (U=제한없음)		개선가공			허용용접 자 세	FCAW 용접시 차폐가스	주 기
		T_1	T_2	루트간격 루트면 개선각도	허용 오차 설계시	허용 오차 조립시			
SMAW	TC-U5b	U	U	R=0~3	+2, -0	+2,-3	전자세	-	4,5,7, 8,10,11
GMAW FCAW	TC-U5-GF	U	U	f=0~3 α=45°	+2, -0 +10°, -0°	제한없음 +10°, -5°	전자세	불필요	1,4,7, 8,10,11
SAW	TC-U5-S	U	U	R=0 f=최대6 α=60°	±0 +0, -5 +10°, -0°	+2,-0 ±2 +10°, -5°	F	-	4,7,8, 10,11

주 :

1. GMAW-S와 GTAW 용접을 할 경우에는 책임기술자의 사전 승인을 받아야 함.
4. 두 번째 면을 용접하기 전에 루트부분에서 건전한 금속까지 백가우징(backgouging)을 해야 함.
5. 책임기술자가 사전 승인한 GMAW(GMAW-S는 제외)와 FCAW에서는 SMAW 상세를 사용할 수 있음.
7. 정적하중을 받는 구조물의 모서리조인트와 T-조인트의 그루브용접부를 보강하기 위하여 필릿용접이 사용될 경우 필릿용접 치수는 $T_1/4$이어야 하나 10mm를 초과할 필요는 없음. 반복하중을 받는 구조물의 모서리조인트와 T-조인트의 그루브용접부는 반드시 치수가 $T_1/4$인 필릿용접으로 보강하여야 하나 그 치수가 10mm를 초과할 필요는 없음.
8. 양면 그루브용접은 홈 깊이를 서로 다르게 할 수 있으나 얕은 쪽 홈의 깊이는 연결되는 부재 중 얇은 쪽 부재 두께의 1/4 이상이어야 함.
10. 조인트에서 두 부재 사이의 각도는 맞댐조인트에서는 135°~180°, 모서리조인트에서는 45°~135°, T-조인트은 45°~90° 사이에서 변할 수 있음.
11. 모서리조인트의 경우 만약 기본적인 홈의 형상이 변하지 않으며, 단부가 과도하게 밀폐되지 않고 용접 작업을 지탱할 수 있도록 단부거리가 적절하게 유지될 수 있다면 바깥쪽 홈의 가공은 한 쪽 또는 두 부재 모두에서 수행될 수 있음.

상세명칭	C-sUG-BC	**일면 U-그루브용접 - 맞댐조인트, 모서리조인트**	3-5-17

일면 U-그루브용접부(Single U-Groove Weld)
맞댐조인트(Butt Joint)
모서리조인트(Corner Joint)

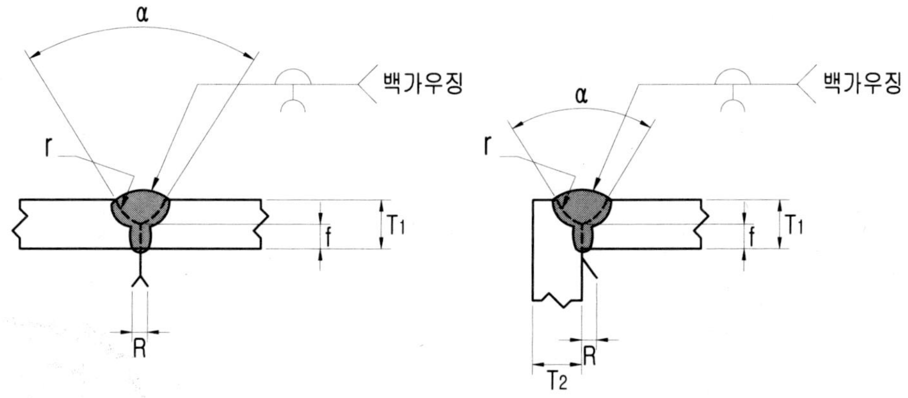

허용오차	
설계시	조립시
R=+2, -0	+2, -3
α=+10°,-0°	+10°,-5°
f=±2	제한없음
α=+3,-0	+3,-0

치수단위 ; mm

용접방법	조인트 호칭	모재 두께 (U=제한 없음)		개 선 가 공				허용용접 자 세	FCAW 용접시 차폐가스	주 기
		T_1	T_2	루트간격	개선각도	루트면	개선반경			
SMAW	B-U6	U	-	R=0~3	α=45°	f=3	r=6	전자세	-	4,5,10
				R=0~3	α=20°	f=3	r=6	F.OH	-	4,5,10
	C-U6	U	U	R=0~3	α=45°	f=3	r=6	전자세	-	4,5,7,10
				R=0~3	α=20°	f=3	r=6	F.OH	-	4,5,7,10
GMAW	B-U6-GF	U	-	R=0~3	α=20°	f=3	r=6	전자세	불필요	1,4,10
FCAW	C-U6-GF	U	U	R=0~3	α=20°	f=3	r=6	전자세	불필요	1,4,7,10

주 :

1. GMAW-S와 GTAW 용접을 할 경우에는 책임기술자의 사전 승인을 받아야 함.
4. 두 번째 면을 용접하기 전에 루트부분에서 건전한 금속까지 백가우징(backgouging)을 해야 함.
5. 책임기술자가 사전 승인한 GMAW(GMAW-S는 제외)와 FCAW에서는 SMAW 상세를 사용할 수 있음.
7. 정적하중을 받는 구조물의 모서리조인트와 T-조인트의 그루브용접부를 보강하기 위하여 필릿용접이 사용될 경우 필릿용접 치수는 $T_1/4$이어야 하나 10mm를 초과할 필요는 없음. 반복하중을 받는 구조물의 모서리조인트와 T-조인트의 그루브용접부는 반드시 치수가 $T_1/4$인 필릿용접으로 보강하여야 하나 그 치수가 10mm를 초과할 필요는 없음.
10. 조인트에서 두 부재 사이의 각도는 맞댐조인트에서는 135°~180°, 모서리조인트에서는 45°~135°, T-조인트은 45°~90° 사이에서 변할 수 있음.

상세명칭	C-dUG-B	**양면 U-그루브용접 - 맞댐조인트**	3-5-18

양면 U-그루브용접부(Double U-Groove Weld)
맞댐조인트(Butt Joint)

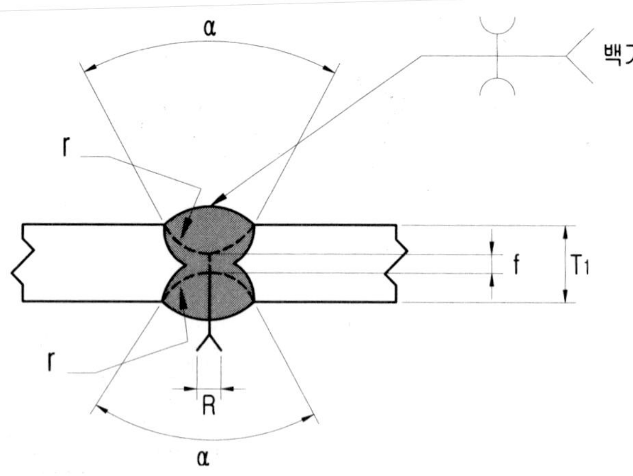

허용오차	
설계시	조립시
B-U7, B-U7-GF	
R=+2, -0	+2, -3
α=+10°,-0°	+10°,-5°
f=±2, -0	제한없음
r=+6,-0	±2
B-U7-S	
α=+10°,-0°	+10°,-5°
f=+0,-6	±2
r=+6,-0	±2

치수단위 ; mm

용접방법	조인트 호칭	모재 두께 (U=제한없음)		개 선 가 공				허용용접 자 세	FCAW 용접시 차폐가스	주 기
		T_1	T_2	루트간격	개선각도	루트면	개선반경			
SMAW	B-U7	U	-	R=0~3	α=45°	f=3	r=6	전자세	-	4,5,8,10
				R=0~3	α=20°	f=3	r=6	F,OH	-	4,5,8,10
GMAW FCAW	B-U7-GF	U	-	R=0~3	α=20°	f=3	r=6	전자세	불필요	1,4,8,10
SAW	B-U7-S	U	-	R=0	α=20°	f=최대6	r=6	F	-	4,8,10

주 :

1. GMAW-S와 GTAW 용접을 할 경우에는 책임기술자의 사전 승인을 받아야 함.
4. 두 번째 면을 용접하기 전에 루트부분에서 건전한 금속까지 백가우징(backgouging)을 해야 함.
5. 책임기술자가 사전 승인한 GMAW(GMAW-S는 제외)와 FCAW에서는 SMAW 상세를 사용할 수 있음.
8. 양면 그루브용접은 홈 깊이를 서로 다르게 할 수 있으나 얕은 쪽 홈의 깊이는 연결되는 부재 중 얇은 쪽 부재 두께의 1/4 이상이어야 함.
10. 조인트에서 두 부재 사이의 각도는 맞댐조인트에서는 135°~180°, 모서리조인트에서는 45°~135°, T-조인트은 45°~90° 사이에서 변할 수 있음.

상세명칭	C-sJG-B	**일면 J-그루브용접 - 맞댐조인트**	3-5-19

일면 J-그루브용접부(Single J-Groove Weld)
맞댐조인트(Butt Joint)

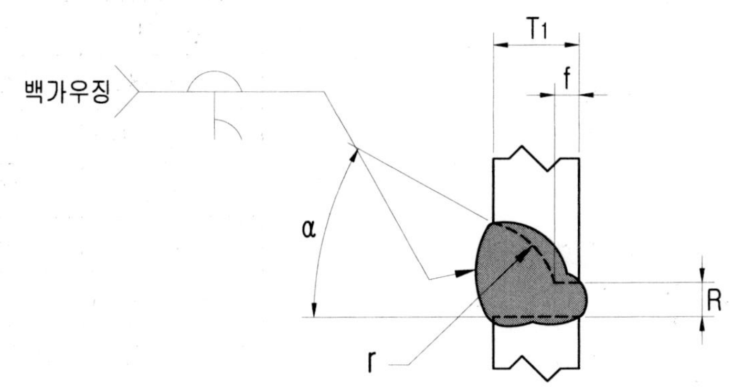

허용오차	
설계시	조립시
B-U8, B-U8-GF	
R=+2, -0	+2, -3
α=+10°,-0°	+10°,-5°
f=+3, -0	제한없음
r=+6,-0	±2
B-U8-S	
R=±0	+3, -0
α=+10°,-0°	+10°,-5°
f=+0, -3	±2
r=+6,-0	±2

치수단위 ; mm

용접방법	조인트 호칭	모재 두께 (U=제한 없음)		개 선 가 공				허용용접 자 세	FCAW 용접시 차폐가스	주 기
		T_1	T_2	루트간격	개선각도	루트면	개선반경			
SMAW	B-U8	U	-	R=0~3	α=45°	f=3	r=10	전자세	-	3,4,5,10
GMAW FCAW	B-U8-GF	U	-	R=0~3	α=30°	f=3	r=10	전자세	불필요	1,3,4,10
SAW	B-U8-S	U	-	R=0	α=45°	f=최대6	r=10	F	-	3,4,10

주 :

1. GMAW-S와 GTAW 용접을 할 경우에는 책임기술자의 사전 승인을 받아야 함.
3. 반복하중을 받는 곳에 이와 같은 용접을 하는 경우에는 수평 용접자세에서만 용접해야 함.
4. 두 번째 면을 용접하기 전에 루트부분에서 건전한 금속까지 백가우징(backgouging)을 해야 함.
5. 책임기술자가 사전 승인한 GMAW(GMAW-S는 제외)와 FCAW에서는 SMAW 상세를 사용할 수 있음.
10. 조인트에서 두 부재 사이의 각도는 맞댐조인트에서는 135°~180°, 모서리조인트에서는 45°~135°, T-조인트은 457°~90° 사이에서 변할 수 있음.

상세명칭	C-sJG-TC	**일면 J-그루브용접 - T-조인트, 모서리조인트**	3-5-20

일면 J-그루브용접부(Single J-Groove Weld)
T-조인트(T-Joint)
모서리조인트(Corner Joint)

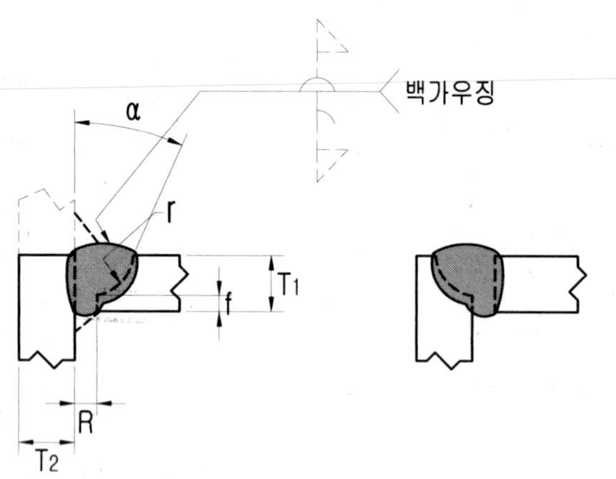

허용오차	
설계시	조립시
TC-U8a, TC-U8a-GF	
R=+2, -0	+2, -3
α=+10°,-0°	+10°,-5°
f=+2, -0	제한없음
r=+6,-0	±2
TC-U8a-S	
R=±0	+6, -0
α=+10°,-0°	+10°,-5°
f=+0, -3	±2
r=+6,-0	±2

치수단위 ; mm

용접방법	조인트 호칭	모재 두께 (U=제한 없음)		개 선 가 공				허용용접 자 세	FCAW 용접시 차페가스	주 기
		T_1	T_2	루트간격	개선각도	루트면	개선반경			
SMAW	TC-U8a	U	U	R=0~3	α=45°	f=3	r=10	전자세	-	4,5,7, 10,11
				R=0~3	α=45°	f=3	r=10	F,OH	-	4,5,7, 10,11
GMAW FCAW	TC-U8a-GF	U	U	R=0~3	α=45°	f=3	r=10	전자세	불필요	1,4,7, 10,11
SAW	TC-U8a-S	U	U	R=0	α=45°	f=최대6	r=10	F	-	4,7,10, 11

주 :

1. GMAW-S와 GTAW 용접을 할 경우에는 책임기술자의 사전 승인을 받아야 함.
4. 두 번째 면을 용접하기 전에 루트부분에서 건전한 금속까지 백가우징(backgouging)을 해야 함.
5. 책임기술자가 사전 승인한 GMAW(GMAW-S는 제외)와 FCAW에서는 SMAW 상세를 사용할 수 있음.
7. 정적하중을 받는 구조물의 모서리조인트와 T-조인트의 그루브용접부를 보강하기 위하여 필릿용접이 사용될 경우 필릿용접 치수는 $T_1/4$이어야 하나 10mm를 초과할 필요는 없음. 반복하중을 받는 구조물의 모서리조인트와 T-조인트의 그루브용접부는 반드시 치수가 $T_1/4$인 필릿용접으로 보강하여야 하나 그 치수가 10mm를 초과할 필요는 없음.
10. 조인트에서 두 부재 사이의 각도는 맞댐조인트에서는 135°~180°, 모서리조인트에서는 45°~135°, T-조인트은 45°~90° 사이에서 변할 수 있음.
11. 모서리조인트 용접을 하는 경우에 만약 기본적인 홈의 형상이 변하지 않고, 단부가 지나치게 녹아내리지 않으면서 용접작업을 할 수 있을 만큼 두 부재사이의 단부거리가 유지되면 바깥쪽 홈의 가공을 한쪽 부재에만 할 수도 있고 또는 두 부재 모두에서 할 수도 있음..

상세명칭	C-dJG-B	**양면 J-그루브용접부 - 맞댐조인트**	3-5-21

양면 J-그루브용접부(Double J-Groove Weld)
맞댐조인트(Butt Joint)

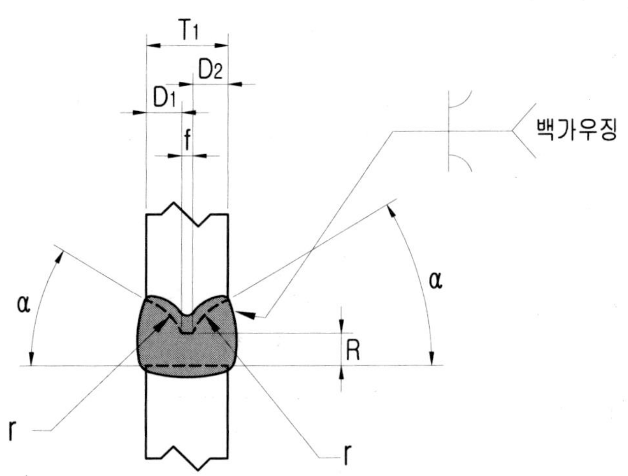

허용오차	
설계시	조립시
R=+2, -0	+2, -3
α=+10°,-0°	+10°,-5°
f=+2, -0	제한없음
r=+3, -0	±2

치수단위 ; mm

용접방법	조인트 호칭	모재 두께 (U=제한 없음)		개 선 가 공				허용용접 자 세	FCAW 용접시 차폐가스	주 기
		T_1	T_2	루트간격	개선각도	루트면	개선반경			
SMAW	B-U9	U	-	R=0~3	α=45°	f=3	r=10	전자세	-	3,4,5, 8,10
GMAW FCAW	B-U9-GF	U	-	R=0~3	α=30°	f=3	r=10	전자세	불필요	1,3,4, 8,10

주 :

1. GMAW-S와 GTAW 용접을 할 경우에는 책임기술자의 사전 승인을 받아야 함.
3. 반복하중을 받는 곳에 이와 같은 용접을 하는 경우에는 수평 용접자세에서만 용접해야 함.
4. 두 번째 면을 용접하기 전에 루트부분에서 건전한 금속까지 백가우징(backgouging)을 해야 함.
5. 책임기술자가 사전 승인한 GMAW(GMAW-S는 제외)와 FCAW에서는 SMAW 상세를 사용할 수 있음.
8. 양면 그루브용접은 홈 깊이를 서로 다르게 할 수 있으나 얕은 쪽 홈의 깊이는 연결되는 부재 중 얇은 쪽 부재 두께의 1/4 이상이어야 함.
10. 조인트에서 두 부재 사이의 각도는 맞댐조인트에서는 135°~180°, 모서리조인트에서는 45°~135°, T-조인트은 45°~90° 사이에서 변할 수 있음.

상세명칭	C-dJG-TC	**양면 J-그루브용접 - T-조인트, 모서리조인트**	3-5-22

양면 J-그루브용접부(Double J-Groove Weld)
T-조인트(T-Joint)
모서리조인트(Corner Joint)

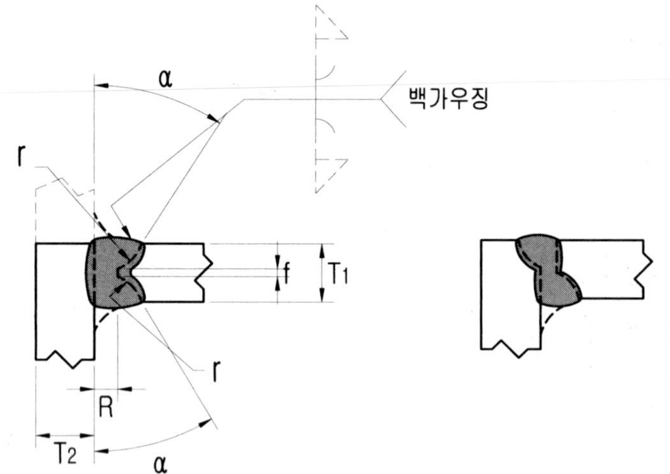

허용오차	
설계시	조립시
R=+2, -0	+2, -3
α=+10°,-0°	+10°,-5°
f=+2, -0	제한없음
r=+3, -0	±2

치수단위 ; mm

용접방법	조인트 호칭	모재 두께 (U=제한 없음)		개 선 가 공				허용용접 자 세	FCAW 용접시 차폐가스	주 기
		T_1	T_2	루트간격	개선각도	루트면	개선반경			
SMAW	TC-U9a	U	U	R=0~3	α=45°	f=3	r=10	전자세	-	4,5,7, 8,10,11
				R=0~3	α=30°	f=3	r=10	F,OH	-	4,5,7, 8,10,11
GMAW FCAW	TC-U9a-GF	U	U	R=0~3	α=30°	f=3	r=10	전자세	불필요	1,4,7, 8,10,11

주 :

1. GMAW-S와 GTAW 용접을 할 경우에는 책임기술자의 사전 승인을 받아야 함.
4. 두 번째 면을 용접하기 전에 루트부분에서 건전한 금속까지 백가우징(backgouging)을 해야 함.
5. 책임기술자가 사전 승인한 GMAW(GMAW-S는 제외)와 FCAW에서는 SMAW 상세를 사용할 수 있음.
7. 정적하중을 받는 구조물의 모서리조인트와 T-조인트의 그루브용접부를 보강하기 위하여 필릿용접이 사용될 경우 필릿용접 치수는 $T_1/4$이어야 하나 10mm를 초과할 필요는 없음. 반복하중을 받는 구조물의 모서리조인트와 T-조인트의 그루브용접부는 반드시 치수가 $T_1/4$인 필릿용접으로 보강하여야 하나 그 치수가 10mm를 초과할 필요는 없음.
8. 양면 그루브용접은 홈 깊이를 서로 다르게 할 수 있으나 얕은 쪽 홈의 깊이는 연결되는 부재 중 얇은 쪽 부재 두께의 1/4 이상이어야 함.
10. 조인트에서 두 부재 사이의 각도는 맞댐조인트에서는 135°~180°, 모서리조인트에서는 45°~135°, T-조인트은 45°~90° 사이에서 변할 수 있음.
11. 모서리조인트 용접을 하는 경우에 만약 기본적인 홈의 형상이 변하지 않고, 단부가 지나치게 녹아내리지 않으면서 용접작업을 할 수 있을 만큼 두 부재사이의 단부거리가 유지되면 바깥쪽 홈의 가공을 한쪽 부재에만 할 수도 있고 또는 두 부재 모두에서 할 수도 있음.

3.6 부분용입용접

상세명칭	P-SqG-B1	**I형 그루브용접부 - 맞댐조인트**	3-6-1

I형 그루브용접부(Square-Groove Weld)
맞댐조인트(Butt Joint)

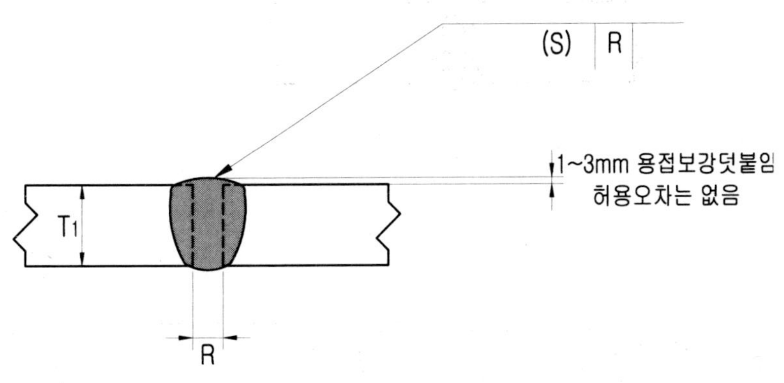

치수단위 ; mm

용접방법	조인트 호칭	모재 두께 (U=제한없음)		개선가공			허용용접 자 세	용접 사이즈 (S)	주 기
				루트간격 루트면 개선각도	허 용 오 차				
		T_1	T_2		설계시	조립시			
SMAW	B-P1a	3	-	R=0~2	+2, -0	±2	전자세	T_1 - 1	2
	B-P1a	최대 6	-	$R=\frac{T_1}{2}$ 최소	+2, -0	±2	전자세	$\frac{T_1}{2}$	2
GMAW FCAW	B-P1a-GF	3	-	R=0~2	+2, -0	±2	전자세	T_1 - 1	2,5
	B-P1a-GF	최대 6	-	$R=\frac{T_1}{2}$ 최소	+2, -0	±2	전자세	$\frac{T_1}{2}$	2,5

주 :

2. 조인트는 한 면에서만 용접함.
5. 책임기술자가 사전 승인한 GMAW(GMAW-S는 제외)와 FCAW에서는 SMAW 상세를 사용할 수 있음.

상세명칭	P-SqG-B2	**I형 그루브용접부 - 맞댐조인트**	3-6-2

I형 그루브용접부(Square-Groove Weld)
맞댐조인트(Butt Joint)

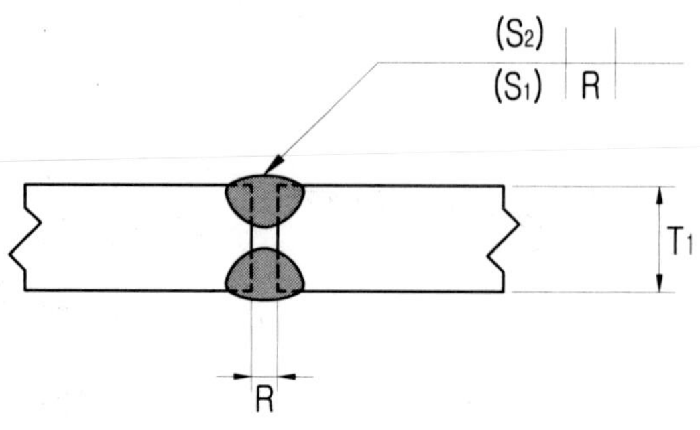

치수단위 ; mm

$S_1 + S_2 \le \frac{3T_1}{4}$

용접방법	조인트 호칭	모재 두께 (U=제한없음)		개선가공			허용용접 자 세	용접 사이즈 (S_1+S_2)	주 기
				루트간격 루트면 개선각도	허 용 오 차				
		T_1	T_2		설계시	조립시			
SMAW	B-P1b	최대 6	-	$R=\frac{T_1}{2}$	+2, -0	±2	전자세	$\frac{3T_1}{4}$	
GMAW FCAW	B-P1b-GF	최대 6	-	$R=\frac{T_1}{2}$	+2, -0	±2	전자세	$\frac{3T_1}{4}$	5

주 :

5. 책임기술자가 사전 승인한 GMAW(GMAW-S는 제외)와 FCAW에서는 SMAW 상세를 사용할 수 있음.

상세명칭	P-sVG-BC	**일면 V-그루브용접부 - 맞댐조인트, 모서리조인트**	3-6-3

일면 V-그루브용접부(Single V-Groove Weld)
맞댐조인트(Butt Joint)
모서리조인트(Corner Joint)

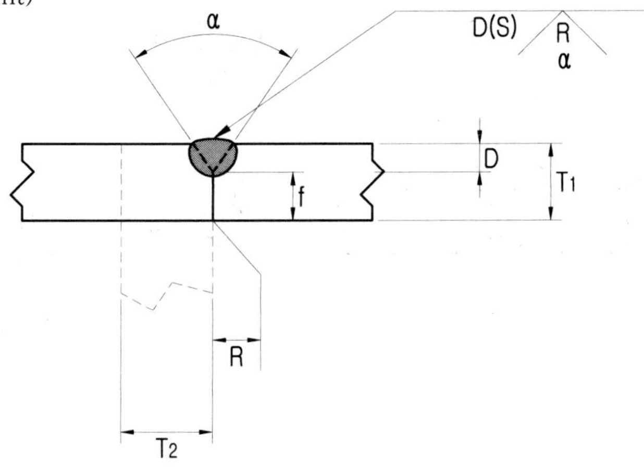

치수단위 ; mm

용접방법	조인트 호칭	모재 두께 (U=제한없음)		개선가공			허용용접 자세	용접 사이즈 (S)	주 기
		T1	T2	루트간격 루트면 개선각도	허 용 오 차				
					설계시	조립시			
SMAW	BC-P2	최소 6	U	R=0 f=1 최소 α=60°	+2, -0 +U, -0 +10°, -0°	+3, -2 ±2 +10°, -5°	전자세	D	2,5,6,10
GMAW FCAW	BC-P2-GF	최소 6	U	R=0 f=3 최소 α=60°	+2, -0 +U, -0 +10°, -0°	+3, -2 ±2 +10°, -5°	전자세	D	1,2,6,10
SAW	BC-P2-S	최소 11	U	R=0 f=6 최소 α=60°	±0 +U, -0 +10°, -0°	+2, -0 ±2 +10°, -5°	F	D	2,6,10

주 :

1. GMAW-S와 GTAW 용접을 할 경우에는 책임기술자의 사전 승인을 받아야 함.
2. 조인트를 한 면에서만 용접함.
5. 책임기술자가 사전 승인한 GMAW(GMAW-S는 제외)와 FCAW에서는 SMAW 상세를 사용할 수 있음.
6. 최소 용접사이즈(S)는 [표 3.3]에 따름. D는 도면상에 시방된 값임.
10. 조인트에서 두 부재 사이의 각도는 맞댐조인트에서는 135°~180°, 모서리조인트에서는 45°~135°, T-조인트은 45°~90° 사이에서 변할 수 있음.

상세명칭	P-dVG-B1	**양면 V-그루브용접부 - 맞댐조인트**	3-6-4

양면 V-그루브용접부(Double V-Groove Weld)
맞댐조인트(Butt Joint)

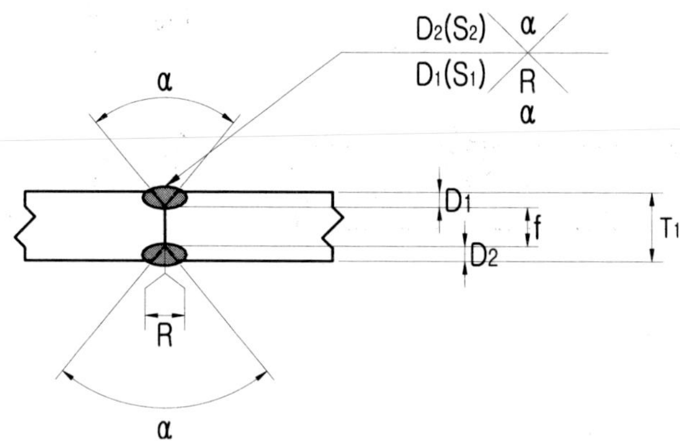

치수단위 ; mm

용접방법	조인트 호칭	모재 두께 (U=제한없음)		개선가공			허용용접 자세	용접 사이즈 (S_1+S_2)	주 기
				루트간격 루트면 개선각도	허 용 오 차				
		T_1	T_2		설계시	조립시			
SMAW	B-P3	최소 12	-	R=0 f=3 최소 α=60°	+2, -0 +U, -0 +10°, -0°	+3,-2 ±2 +10°, -5°	전자세	D_1+D_2	5,6,9,10
GMAW FCAW	B-P3-GF	최소 12	-	R=0 f=3 최소 α=60°	+2, -0 +U, -0 +10°, -0°	+3,-2 ±2 +10°, -5°	전자세	D_1+D_2	1,6,9,10
SAW	B-P3-S	최소 20	-	R=0 f=6 최소 α=60°	±0 +U, -0 +10°, -0°	+2,-0 ±2 +10°, -5°	F	D_1+D_2	6,9,10

주 :

1. GMAW-S와 GTAW 용접을 할 경우에는 책임기술자의 사전 승인을 받아야 함.
5. 책임기술자가 사전 승인한 GMAW(GMAW-S는 제외)와 FCAW에서는 SMAW 상세를 사용할 수 있음.
6. 최소 용접사이즈(S)는 [표 3.3]에 따름. D는 도면상에 시방된 값임.
9. 양면 그루브용접은 홈 깊이를 서로 다르게 할 수 있으나 주기 6에서 규정하고 있는 최소 용접사이즈(E)는 어느 면의 용접 홈에서도 지켜져야 함.
10. 조인트에서 두 부재 사이의 각도는 맞댐조인트에서는 135°~180°, 모서리조인트에서는 45°~135°, T-조인트은 45°~90° 사이에서 변할 수 있음.

상세명칭	P-sBG-BTC	**일면개선-그루브용접부 - 맞댐조인트, T-조인트, 모서리조인트**	3-6-5

일면개선-그루브용접부(Single Bevel-Groove Weld)
맞댐조인트(Butt Joint)
T-조인트(T-Joint)
모서리조인트(Corner Joint)

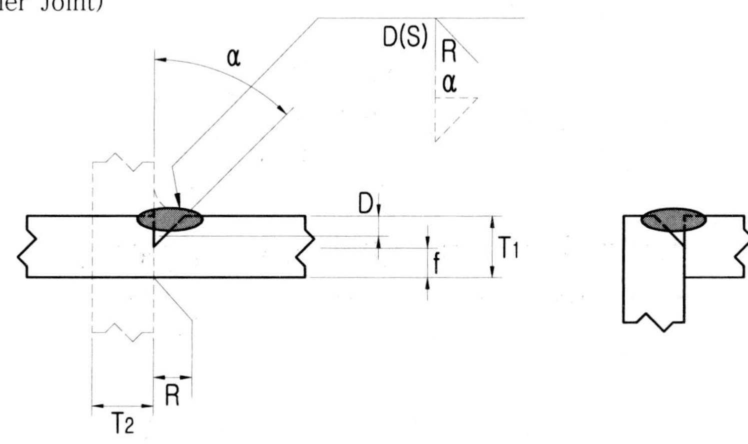

치수단위 ; mm

용접방법	조인트 호칭	모재 두께 (U=제한없음)		개선가공			허용용접 자세	용접 사이즈 (S)	주 기
				루트간격 루트면 개선각도	허 용 오 차				
		T_1	T_2		설계시	조립시			
SMAW	BTC-P4	U	U	R=0 f=3 최소 α=45°	+2, -0 +U, -0 +10°, -0°	+3, -2 ±2 +10°, -5°	전자세	D-3	2,5,6, 7,10,11
GMAW FCAW	BTC-P4-GF	최소 6	U	R=0 f=3 최소 α=45°	+2, -0 +U, -0 +10°, -0°	+3, -2 ±2 +10°, -5°	F,H	D	1,2,6, 7,10,11
							V,OH	D-3	
SAW	TC-P4-S	최소 11	U	R=0 f=6 최소 α=60°	±0 +U, -0 +10°, -0°	+2, -0 ±2 +10°, -5°	F	D	2,6,7, 10,11

주 :

1. GMAW-S와 GTAW 용접을 할 경우에는 책임기술자의 사전 승인을 받아야 함.
2. 조인트를 한 면에서만 용접함.
5. 책임기술자가 사전 승인한 GMAW(GMAW-S는 제외)와 FCAW에서는 SMAW 상세를 사용할 수 있음.
6. 최소 용접사이즈(S)는 [표 3.3]에 따름. D는 도면상에 시방된 값임.
7. 정적하중을 받는 구조물의 모서리조인트와 T-조인트의 그루브용접부를 보강하기 위하여 필릿용접이 사용될 경우 필릿용접 치수는 T1/4이어야 하나 10mm를 초과할 필요는 없다. 반복하중을 받는 구조물의 모서리조인트와 T-조인트의 그루브용접부는 반드시 치수가 T1/4인 필릿용접으로 보강하여야 하나 그 치수가 10mm를 초과할 필요는 없음.
10. 조인트에서 두 부재 사이의 각도는 맞댐조인트에서는 135°~180°, 모서리조인트에서는 45°~135°, T-조인트은 45°~90° 사이에서 변할 수 있음.
11. 모서리조인트 용접을 하는 경우에 만약 기본적인 홈의 형상이 변하지 않고, 단부가 지나치게 녹아내리지 않으면서 용접작업을 할 수 있을 만큼 두 부재사이의 단부거리가 유지되면 바깥쪽 홈의 가공을 한쪽 부재에만 할 수도 있고 또는 두 부재 모두에서 할 수도 있음.

상세명칭	P-dBG-BTC	**양면개선-그루브용접부 - 맞댐조인트, T-조인트, 모서리조인트**	3-6-6

양면개선-그루브용접부(Double Bevel-Groove Weld)
맞댐조인트(Butt Joint)
T-조인트(T-Joint)
모서리조인트(Corner Joint)

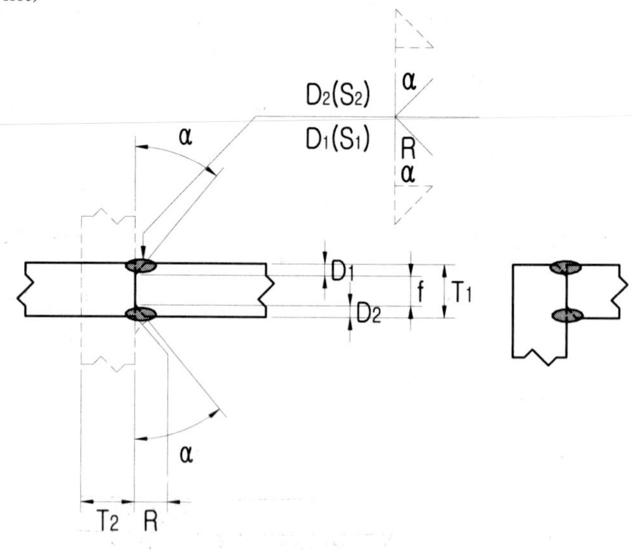

치수단위 ; mm

용접방법	조인트 호칭	모재 두께 (U=제한없음)		개선가공			허용용접 자세	용접 사이즈 (S_1+S_2)	주 기
		T_1	T_2	루트간격 루트면 개선각도	허용 오차 설계시	허용 오차 조립시			
SMAW	BTC-P5	최소 8	U	R=0 f=3 최소 α=45°	+2, -0 +U, -0 +10°, -0°	+3, -2 ±2 +10°, -5°	전자세	D_1+D_2 -6	5,6,7, 9,10,11
GMAW FCAW	BTC-P5-GF	최소 12	U	R=0 f=3 최소 α=45°	+2, -0 +U, -0 +10°, -0°	+3, -2 ±2 +10°, -5°	F,H V,OH	D_1+D_2 D_1+D_2 -6	1,6,7,9, 10,11
SAW	TC-P5-S	최소 20	U	R=0 f=6 최소 α=60°	±0 +U, -0 +10°, -0°	+2, -0 ±2 +10°, -5°	F	D_1+D_2	6,7,9, 10,11

주 :

1. GMAW-S와 GTAW 용접을 할 경우에는 책임기술자의 사전 승인을 받아야 함.
5. 책임기술자가 사전 승인한 GMAW(GMAW-S는 제외)와 FCAW에서는 SMAW 상세를 사용할 수 있음.
6. 최소 용접사이즈(S)는 [표 3.3]에 따름. D는 도면상에 시방된 값임.
7. 정적하중을 받는 구조물의 모서리조인트와 T-조인트의 그루브용접부를 보강하기 위하여 필릿용접이 사용될 경우 필릿용접 치수는 $T_1/4$이어야 하나 10mm를 초과할 필요는 없다. 반복하중을 받는 구조물의 모서리조인트와 T-조인트의 그루브용접부는 반드시 치수가 $T_1/4$인 필릿용접으로 보강하여야 하나 그 치수가 10mm를 초과할 필요는 없음.
9. 양면 그루브용접은 홈 깊이를 서로 다르게 할 수 있으나 주기 6에서 규정하고 있는 최소 용접사이즈(E)는 어느 면의 용접 홈에서도 지켜져야 함.
10. 조인트에서 두 부재 사이의 각도는 맞댐조인트에서는 135°~180°, 모서리조인트에서는 45°~135°, T-조인트은 45°~90° 사이에서 변할 수 있음.
11. 모서리 조인트 용접을 하는 경우에 만약 기본적인 홈의 형상이 변하지 않고, 단부가 지나치게 녹아내리지 않으면서 용접작업을 할 수 있을 만큼 두 부재사이의 단부거리가 유지되면 바깥쪽 홈의 가공을 한쪽 부재에만 할 수도 있고 또는 두 부재 모두에서 할 수도 있음.

상세명칭	P-sUG-BT	**일면 U형-그루브용접부 - 맞댐조인트, 모서리조인트**	3-6-7

일면 U형-그루브용접부(Single U-Groove Weld)
맞댐조인트(Butt Joint)
모서리조인트(Corner Joint)

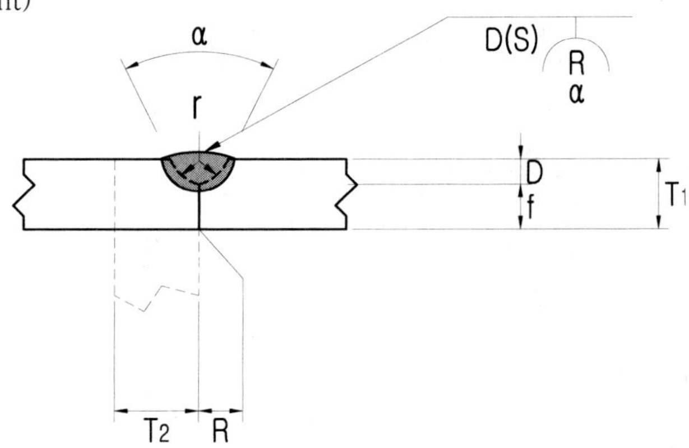

치수단위 ; mm

용접방법	조인트 호칭	모재 두께 (U=제한없음)		개선가공			허용용접 자세	용접 사이즈 (S)	주 기
		T_1	T_2	루트간격 루트면 개선반경 개선각도	허 용 오 차 설계시	허 용 오 차 조립시			
SMAW	BC-P6	최소 6	U	R=0 f=1 최소 r=6 α=45°	+2, -0 +U, -0 +6, -0 +10°, -0°	+3, -2 ±2 ±2 +10°, -5°	전자세	D	2,5,6,10
GMAW FCAW	BC-P6-GF	최소 6	U	R=0 f=3 최소 r=6 α=20°	+2, -0 +U, -0 +6, -0 +10°, -0°	+3, -2 ±2 ±2 +10°, -5°	전자세	D	1,2,6,10
SAW	BC-P6-S	최소 11	U	R=0 f=6 최소 r=6 α=20°	±0 +U, -0 +6, -0 +10°, -0°	+2, -0 ±2 ±2 +10°, -5°	F	D	2,6,10

주 :

1. GMAW-S와 GTAW 용접을 할 경우에는 책임기술자의 사전 승인을 받아야 함.
2. 조인트를 한 면에서만 용접함.
5. 책임기술자가 사전 승인한 GMAW(GMAW-S는 제외)와 FCAW에서는 SMAW 상세를 사용할 수 있음.
6. 최소 용접사이즈(S)는 [표 3.3]에 따름. D는 도면상에 시방된 값임.
7. 정적하중을 받는 구조물의 모서리조인트와 T-조인트의 그루브용접부를 보강하기 위하여 필릿용접이 사용될 경우 필릿용접 치수는 $T_1/4$이어야 하나 10mm를 초과할 필요는 없음. 반복하중을 받는 구조물의 모서리조인트와 T-조인트의 그루브용접부는 반드시 치수가 $T_1/4$인 필릿용접으로 보강하여야 하나 그 치수가 10mm를 초과할 필요는 없음.
10. 조인트에서 두 부재 사이의 각도는 맞댐조인트에서는 135°~180°, 모서리조인트에서는 45°~135°, T-조인트은 45°~90° 사이에서 변할 수 있음.

상세명칭	P-dUG-B1	**양면 U형-그루브용접부 - 맞댐조인트**	3-6-8

양면 U형-그루브용접부(Double U-Groove Weld)
맞댐조인트(Butt Joint)

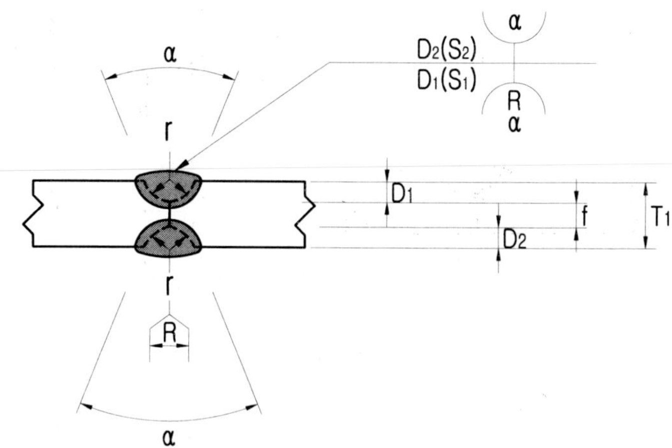

치수단위 ; mm

<table>
<tr><th rowspan="3">용접방법</th><th rowspan="3">조인트
호칭</th><th colspan="2">모재 두께
(U=제한없음)</th><th colspan="3">개선가공</th><th rowspan="3">허용용접
자세</th><th rowspan="3">용접
사이즈
(S_1+S_2)</th><th rowspan="3">주 기</th></tr>
<tr><th rowspan="2">T_1</th><th rowspan="2">T_2</th><th rowspan="2">루트간격
루트면
개선반경
개선각도</th><th colspan="2">허 용 오 차</th></tr>
<tr><th>설계시</th><th>조립시</th></tr>
<tr><td>SMAW</td><td>B-P7</td><td>최소
12</td><td>-</td><td>R=0
f=3 최소
r=6
α=45°</td><td>+2, -0
+U, -0
+6, -0
+10°, -0°</td><td>+3, -2
±2
±2
+10°, -5°</td><td>전자세</td><td>D_1+D_2</td><td>5,6,9,10</td></tr>
<tr><td>GMAW
FCAW</td><td>B-P7-GF</td><td>최소
12</td><td>-</td><td>R=0
f=3 최소
r=6
α=20°</td><td>+2, -0
+U, -0
+6, -0
+10°, -0°</td><td>+3, -2
±2
±2
+10°, -5°</td><td>전자세</td><td>D_1+D_2</td><td>1,6,9,10</td></tr>
<tr><td>SAW</td><td>B-P7-S</td><td>최소
20</td><td>-</td><td>R=0
f=6 최소
r=6
α=20°</td><td>±0
+U, -0
+6, -0
+10°, -0°</td><td>+2, -0
±2
±2
+10°, -5°</td><td>F</td><td>D_1+D_2</td><td>6,9,10</td></tr>
</table>

주 :

1. GMAW-S와 GTAW 용접을 할 경우에는 책임기술자의 사전 승인을 받아야 함.
5. 책임기술자가 사전 승인한 GMAW(GMAW-S는 제외)와 FCAW에서는 SMAW 상세를 사용할 수 있음.
6. 최소 용접사이즈(S)는 [표 3.3]에 따름. D는 도면상에 시방된 값임.
9. 양면 그루브용접은 홈 깊이를 서로 다르게 할 수 있으나 주기 6에서 규정하고 있는 최소 용접사이즈(S)는 어느 면의 용접 홈에서도 지켜져야 함.
10. 조인트에서 두 부재 사이의 각도는 맞댐조인트에서는 135°~180°, 모서리조인트에서는 45°~135°, T-조인트은 45°~90° 사이에서 변할 수 있음.

상세명칭	P-sJG-BTC	**일면 J형-그루브용접부 - 맞댐조인트, T-조인트, 모서리조인트**	3-6-9

일면 J형-그루브용접부(Single J-Groove Weld)
맞댐조인트(Butt Joint)
T-조인트(T-Joint)
모서리조인트(Corner Joint)

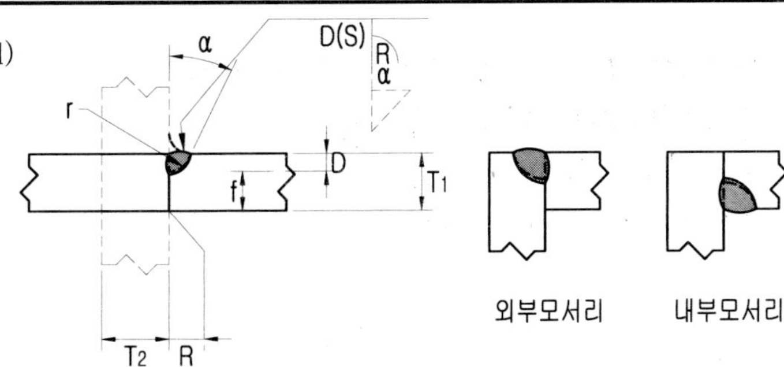

치수단위 ; mm

용접방법	조인트 호칭	모재 두께 (U=제한없음)		개선가공			허용용접 자세	용접 사이즈 (S)	주 기
		T_1	T_2	루트간격 루트면 개선반경 개선각도	허용 오차 설계시	허용 오차 조립시			
SMAW	B-P8	최소 6	-	R=0 f=3 최소 r=10 α=30°	+2, -0 +U, -0 +6, -0 +10°, -0°	+3,-2 ±2 ±2 +10°, -5°	전자세	D	5,6,7,10,11
	TC-P8	최소 6	U	R=0 f=3 최소 r=10 $α_{oc}$=30°* $α_{ic}$=45°**	+2, -0 +U, -0 +6, -0 +10°, -0° +10°, -0°	+3,-2 ±2 ±2 +10°, -5° +10°, -5°	전자세	D	5,6,7,10,11
GMAW FCAW	B-P8-GF	최소 6	-	R=0 f=3 최소 r=10 α=30°	+2, -0 +U, -0 +6, -0 +10°, -0°	+3,-2 ±2 ±2 +10°, -5°	전자세	D	1,6,7,10,11
	TC-P8-GF	최소 6	U	R=0 f=3 최소 r=10 $α_{oc}$=30°* $α_{ic}$=45°**	+2, -0 +U, -0 +6, -0 +10°, -0° +10°, -0°	+3,-2 ±2 ±2 +10°, -5° +10°, -5°	전자세	D	1,6,7,10,11
SAW	B-P8-S	최소 11	-	R=0 f=6 최소 r=12 α=20°	±0 +U, -0 +6, -0 +10°, -0°	+2,-0 ±2 ±2 +10°, -5°	F	D	6,7,10,11
	TC-P8-S	최소 11	U	R=0 f=6 최소 r=12 $α_{oc}$=20°* $α_{ic}$=45°**	±0 +U, -0 +6, -0 +10°, -0° +10°, -0°	+2,-0 ±2 ±2 +10°, -5° +10°, -5°	F	D	6,7,10,11

주 : *$α_{oc}$: 외부 모서리 개선각도 **$α_{ic}$: 내부 모서리 개선각도

1. GMAW-S와 GTAW 용접을 할 경우에는 책임기술자의 사전 승인을 받아야 함.
5. 책임기술자가 사전 승인한 GMAW(GMAW-S는 제외)와 FCAW에서는 SMAW 상세를 사용할 수 있음.
6. 최소 용접사이즈(S)는 [표 3.3]에 따름. D는 도면상에 시방된 값임.
7. 정적하중을 받는 구조물의 모서리조인트와 T-조인트의 그루브용접부를 보강하기 위하여 필릿용접이 사용될 경우 필릿용접 치수는 T_1/4이어야 하나 10mm를 초과할 필요는 없다. 반복하중을 받는 구조물의 모서리조인트와 T-조인트의 그루브용접부는 반드시 치수가 T_1/4인 필릿용접으로 보강하여야 하나 그 치수가 10mm를 초과할 필요는 없음.
9. 양면 그루브용접은 홈 깊이를 서로 다르게 할 수 있으나 주기 6에서 규정하고 있는 최소 용접사이즈(S)는 어느 면의 용접 홈에서도 지켜져야 함.
10. 조인트에서 두 부재 사이의 각도는 맞댐조인트에서는 135°~180°, 모서리조인트에서는 45°~135°, T-조인트은 45°~90° 사이에서 변할 수 있음.
11. 모서리조인트 용접을 하는 경우에 만약 기본적인 홈의 형상이 변하지 않고, 단부가 지나치게 녹아내리지 않으면서 용접작업을 할 수 있을 만큼 두 부재사이의 단부거리가 유지되면 바깥쪽 홈의 가공을 한쪽 부재에만 할 수도 있고 또는 두 부재 모두에서 할 수도 있음.

상세명칭	P-dJG-BTC	**양면 J형-그루브용접부 - 맞댐조인트, T-조인트, 모서리조인트**	3-6-10

양면 J형-그루브용접부(Single J-Groove Weld)
맞댐조인트(Butt Joint)
T-조인트(T-Joint)
모서리조인트(Corner Joint)

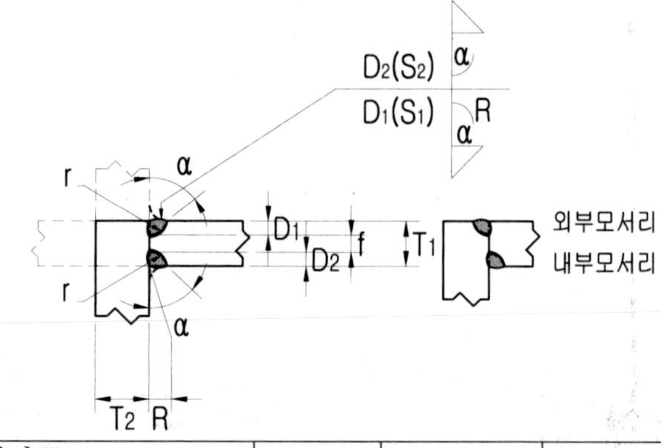

치수단위 ; mm

용접방법	조인트 호칭	모재 두께 (U=제한없음)		개선가공			허용용접 자세	용접사이즈 (S_1+S_2)	주 기
		T_1	T_2	루트간격 루트면 개선반경 개선각도	허 용 오 차 설계시	허 용 오 차 조립시			
SMAW	B-P9	최소 12	-	R=0 f=3 최소 r=10 α=30°	+2, -0 +U, -0 +6, -0 +10°, -0°	+3,-2 ±2 ±2 +10°, -5°	전자세	D_1+D_2	5,6,7, 9,10,11
	TC-P9	최소 12	U	R=0 f=3 최소 r=10 $α_{oc}$=30°* $α_{ic}$=45°**	+2, -0 +U, -0 +6, -0 +10°, -0° +10°, -0°	+3,-2 ±2 ±2 +10°, -5° +10°, -5°	전자세	D_1+D_2	5,6,7, 9,10,11
GMAW FCAW	B-P9-GF	최소 6	-	R=0 f=3 최소 r=10 α=30°	+2, -0 +U, -0 +6, -0 +10°, -0°	+3,-2 ±2 ±2 +10°, -5°	전자세	D_1+D_2	1,6,7, 9,10,11
	TC-P9-GF	최소 6	U	R=0 f=3 최소 r=10 $α_{oc}$=30°* $α_{ic}$=45°**	+2, -0 +U, -0 +6, -0 +10°, -0° +10°, -0°	+3,-2 ±2 ±2 +10°, -5° +10°, -5°	전자세	D_1+D_2	1,6,7, 9,10,11
SAW	B-P9-S	최소 20	-	R=0 f=6 최소 r=12 α=20°	±0 +U, -0 +6, -0 +10°, -0°	+2,-0 ±2 ±2 +10°, -5°	F	D_1+D_2	6,7,9, 10,11
	TC-P9-S	최소 20	U	R=0 f=6 최소 r=12 $α_{oc}$=20°* $α_{ic}$=45°**	±0 +U, -0 +6, -0 +10°, -0° +10°, -0°	+2,-0 ±2 ±2 +10°, -5° +10°, -5°	F	D_1+D_2	6,7,9, 10,11

주 : *$α_{oc}$: 외부 모서리 개선각도 **$α_{ic}$: 내부 모서리 개선각도

1. GMAW-S와 GTAW 용접을 할 경우에는 책임기술자의 사전 승인을 받아야 함.
5. 책임기술자가 사전 승인한 GMAW(GMAW-S는 제외)와 FCAW에서는 SMAW 상세를 사용할 수 있음.
6. 최소 용접사이즈(S)는 [표 3.3]에 따름. D는 도면상에 시방된 값임.
7. 정적하중을 받는 구조물의 모서리조인트와 T-조인트의 그루브용접부를 보강하기 위하여 필릿용접이 사용될 경우 필릿용접 치수는 $T_1/4$이어야 하나 10mm를 초과할 필요는 없다. 반복하중을 받는 구조물의 모서리조인트와 T-조인트의 그루브용접부는 반드시 치수가 $T_1/4$인 필릿용접으로 보강하여야 하나 그 치수가 10mm를 초과할 필요는 없음.
9. 양면 그루브용접은 홈 깊이를 서로 다르게 할 수 있으나 주기 6에서 규정하고 있는 최소 용접사이즈(S)는 어느 면의 용접 홈에서도 지켜져야 함.
10. 조인트에서 두 부재 사이의 각도는 맞댐조인트에서는 135°~180°, 모서리조인트에서는 45°~135°, T-조인트은 45°~90° 사이에서 변할 수 있음.
11. 모서리조인트 용접을 하는 경우에 만약 기본적인 홈의 형상이 변하지 않고, 단부가 지나치게 녹아내리지 않으면서 용접작업을 할 수 있을 만큼 두 부재사이의 단부거리가 유지되면 바깥쪽 홈의 가공을 한쪽 부재에만 할 수도 있고 또는 두 부재 모두에서 할 수도 있음.

상세명칭	P-FBG-BTC	**플레어 베벨-그루브용접부 - 맞댐조인트, T-조인트, 모서리조인트**	3-6-11

플레어 베벨-그루브용접부(Flare Bevel-Groove Weld)
맞댐조인트(Butt Joint)
T-조인트(T-Joint)
모서리조인트(Corner Joint)

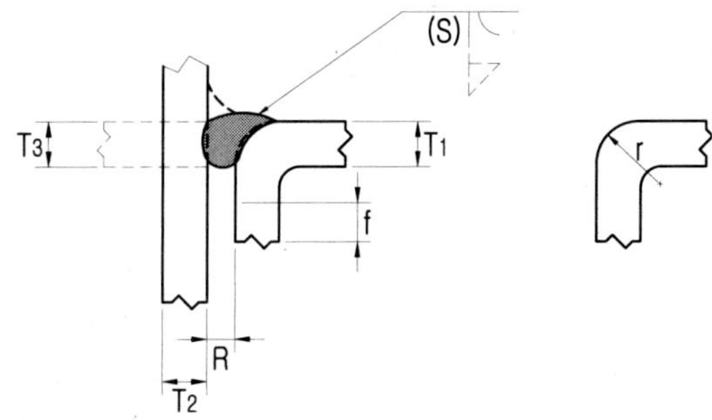

치수단위 ; mm

용접방법	조인트 호칭	모재 두께 (U=제한없음)			개선가공			허용용접 자세	용접 사이즈 (S)	주 기
					루트간격 루트면 곡면반경	허 용 오 차				
		T_1	T_2	T_3		설계시	조립시			
SMAW FCAW-S	BTC-P10	최소 5	U	최소 T_1	R=0 f=5 최소 $r=\frac{3T_1}{2}$ 최소	+2, -0 +U, -0 +U, -0	+3, -2 +U, -2 +U, -0	전자세	$\frac{5r}{16}$	5,7,10,12
GMAW FCAW-G	BTC-P10-GF	최소 5	U	최소 T_1	R=0 f=5 최소 $r=\frac{3T_1}{2}$ 최소	+2, -0 +U, -0 +U, -0	+3, -2 +U, -2 +U, -0	전자세	$\frac{5r}{8}$	1,7,10,12,13
SAW	B-P10-S	최소 12	N/A	최소 12	R=0 f=12최소 $r=\frac{3T_1}{2}$ 최소	±0 +U, -0 +U, -0	+2, -0 +U, -2 +U, -0	F	$\frac{5r}{16}$	7,10,12,13

주 :

1. GMAW-S와 GTAW 용접을 할 경우에는 책임기술자의 사전 승인을 받아야 함.
5. 책임기술자가 사전 승인한 GMAW(GMAW-S는 제외)와 FCAW에서는 SMAW 상세를 사용할 수 있음.
7. 정적하중을 받는 구조물의 모서리조인트와 T-조인트의 그루브용접부를 보강하기 위하여 필릿용접이 사용될 경우 필릿용접 치수는 $T_1/4$이어야 하나 10mm를 초과할 필요는 없음. 반복하중을 받는 구조물의 모서리조인트와 T-조인트의 그루브용접부는 반드시 치수가 $T_1/4$인 필릿용접으로 보강하여야 하나 그 치수가 10mm를 초과할 필요는 없음.
10. 조인트에서 두 부재 사이의 각도는 맞댐조인트에서는 135°~180°, 모서리조인트에서는 45°~135°, T-조인트은 45°~90° 사이에서 변할 수 있음.
12. 최소 용접사이즈(S)는 평평하게 용접하는 것을 기준으로 함.
13. 사각형 튜브 단면에 대한 플레어-V-그루브용접과 플레어-베벨-그루브용접에서 모서리의 곡면반경 r은 부재벽두께의 2배로 함.

상세명칭	P-FVG-B	**플레어-V-그루브용접부 - 맞댐조인트**	3-6-12

플레어-V-그루브용접부(Flare-V-Groove Weld)
맞댐조인트(Butt Joint)

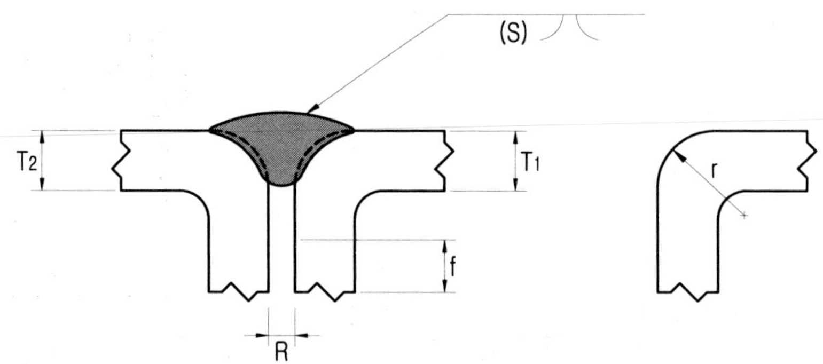

치수단위 ; mm

용접방법	조인트 호칭	모재 두께 (U=제한없음)		개선가공			허용용접 자세	용접 사이즈 (S)	주 기
		T_1	T_2	루트간격 루트면 곡면반경	허 용 오 차 설계시	허 용 오 차 조립시			
SMAW FCAW-S	B-P11	최소 5	최소 T_1	R=0 f=5 최소 $r=\frac{3T_1}{2}$ 최소	+2, -0 +U, -0 +U, -0	+3, -2 +U, -2 +U, -0	전자세	$\frac{5r}{8}$	5,10,12,13,14
GMAW FCAW-G	B-P11-GF	최소 5	최소 T_1	R=0 f=5 최소 $r=\frac{3T_1}{2}$ 최소	+2, -0 +U, -0 +U, -0	+3, -2 +U, -2 +U, -0	전자세	$\frac{3r}{4}$	1,10,12,13,14
SAW	B-P11-S	최소 12	최소 T_1	R=0 f=12최소 $r=\frac{3T_1}{2}$ 최소	±0 +U, -0 +U, -0	+2, -0 +U, -2 +U, -0	F	$\frac{r}{2}$	10,12,13,14

주 :

1. GMAW-S와 GTAW 용접을 할 경우에는 책임기술자의 사전 승인을 받아야 함.
5. 책임기술자가 사전 승인한 GMAW(GMAW-S는 제외)와 FCAW에서는 SMAW 상세를 사용할 수 있음.
10. 조인트에서 두 부재 사이의 각도는 맞댐조인트에서는 135°~180°, 모서리조인트에서는 45°~135°, T-조인트은 45°~90° 사이에서 변할 수 있음.
12. 최소 용접사이즈(S)는 평평하게 용접하는 것을 기준으로 함.
13. 사각형 튜브 단면에 대한 플레어-V-그루브용접과 플레어-베벨-그루브용접에서 모서리의 곡면반경 r은 부재벽 두께의 2배로 함.
14. 곡면반경 r이 서로 다른 면에 대한 플레어-V-그루브용접은 작은 쪽 r을 사용함.

3.7 필릿용접

상세명칭	F-TCL	**필릿용접부 - T-조인트, 모서리조인트, 겹침조인트**	3-7-1

필릿용접부
T-조인트(T-Joint)
모서리조인트(Corner Joint)
겹침조인트(Lap Joint)

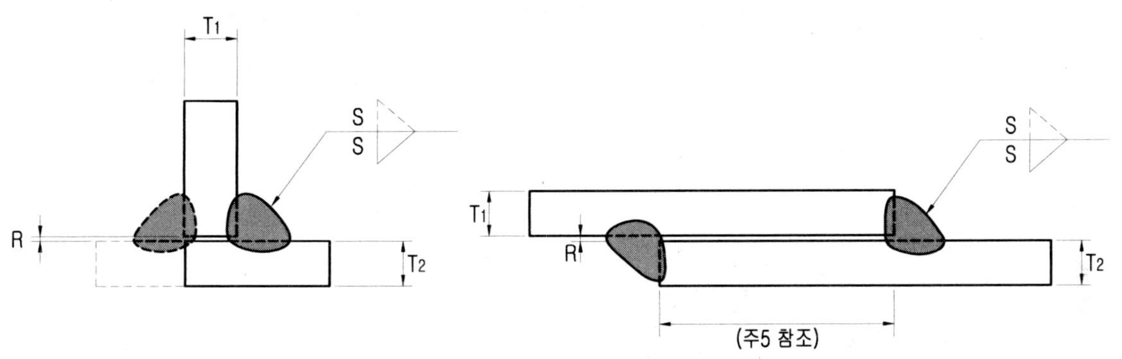

치수단위 ; mm

용접방법	조인트 호칭	모재 두께	조인트설계/치수			허용 용접자세	주 기
		T_1 or T_2	루트간격	허 용 오 차			
				설계시	조립시		
SMAW	TC-F12	< 75	R=0	+2, -0	최대 5	전자세	1,2,4
	TC-F12a	≥ 75			최대 8		1,2,4
	L-F12	< 75			최대 5		1,2,3
	L-F12a	≥ 75			최대 8		1,2,3
GMAW FCAW	TC-F12-GF	< 75	R=0	+2, -0	최대 5	전자세	1,2,4
	TC-F12a-GF	≥ 75			최대 8		1,2,4
	L-F12-GF	< 75			최대 5		1,2,3
	L-F12a-GF	≥ 75			최대 8		1,2,3
SAW	TC-F12-S	< 75	R=0	+2, -0	최대 5	F, H	1,2,4
	TC-F12a-S	≥ 75			최대 8		1,2,4
	L-F12-S	< 75			최대 5		1,2,3
	L-F12a-S	≥ 75			최대 8		1,2,3

주 :

1. 필릿용접사이즈(S). 필릿용접 최소사이즈는 [표 3.5]에 따르며, 단일패스 최대사이즈는 [표 3.6]에 따름.
2. 루트간격이 2mm를 초과하는 경우 필릿용접사이즈는 루트간격 만큼 증가시켜야 함.
3. 겹침조인트의 경우 모재두께(t)가 6mm 미만인 경우 t, 6mm 이상인 경우 t-2mm로 함.
4. 부재의 수직도 ±10° 이하에 적용함.
5. 겹침길이는 얇은쪽 판두께의 5배 이상 또한 25mm 이상으로 함.

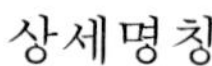 상세명칭	F-ST	**빗각 T형 조인트 필릿용접부 상세**	3-7-2

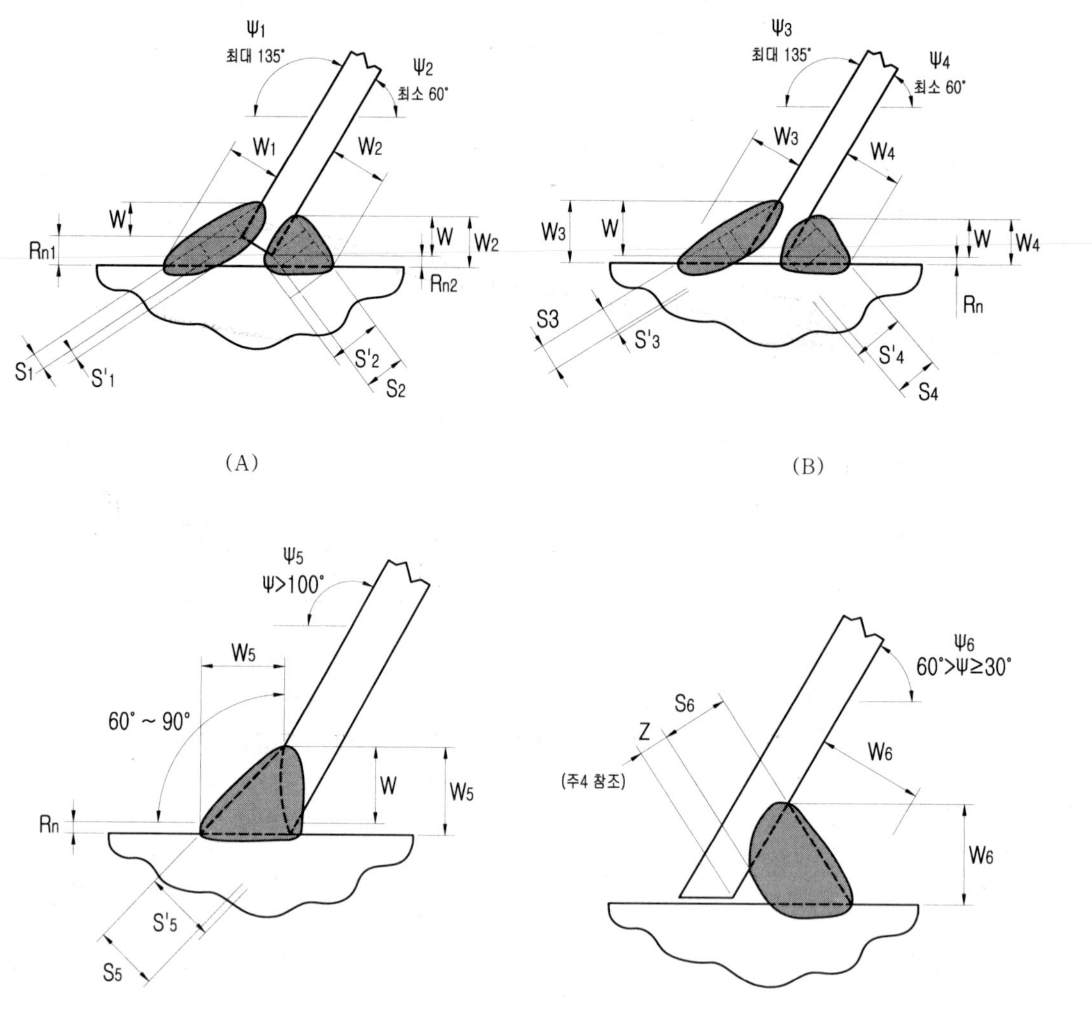

주 :

1. S_n, S_n' = 루트간격(R_n)에 따른 유효목두께. 아래 첨자 n은 1, 2, 3, 4, 5 또는 6을 나타냄.
2. t = 얇은 쪽 두께.
3. 단락이행 가스메탈아크용접(GMAW-S)과 가스텅스텐아크용접(GTAW)에 대한 용접부는 사전인증(Prequalified) 되지 않음.
4. 유효목두께는 아래 표의 Z감소계수를 적용하여 산정함.
5. 30° 이하의 각도에 대해서는 사전인증(Prequalified) 되지 않음.

용접방법	Z감소계수(mm)			
	$60° > \Psi \geq 45°$		$45° > \Psi \geq 30°$	
	용접자세 V, OH	용접자세 H, F	용접자세 V, OH	용접자세 H, F
SMAW	3	3	6	6
FCAW-S	3	0	6	3
FCAW-G	3	0	10	6
GMAW	-	0	-	6

3.8 용접기준도 및 개선요령

상세명칭	SC-1	**스캘럽 개선가공, 논스캘럽(무접근공)가공**	3-8-1

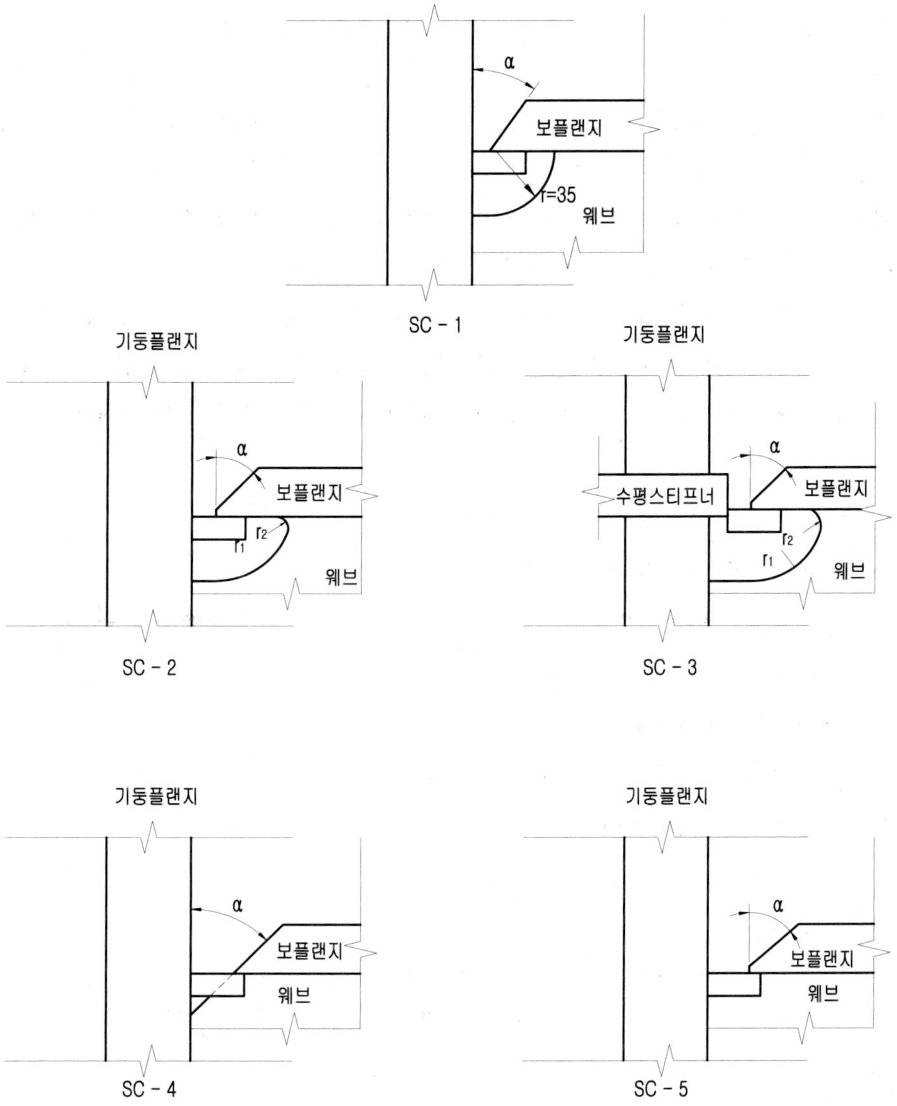

α
보플랜지
r=35
웨브
SC - 1

기둥플랜지
α
보플랜지
r2
r1
웨브
SC - 2

기둥플랜지
α
수평스티프너
보플랜지
r2
r1
웨브
SC - 3

기둥플랜지
α
보플랜지
웨브
SC - 4

기둥플랜지
α
보플랜지
웨브
SC - 5

주 :

1. 스캘럽이 있는 경우 스캘럽의 원호의 곡선은 필랜지와 필렛 부분이 둔각이 되도록 가공한다. r_1은 35mm 정도, r_2는 10mm 정도로 하고, 불연속부가 없도록 함.
2. 스캘럽이 없는 형태의 경우 SC-4와 SC-5 중 하나의 형태로 함.

4장. 기둥-보접합 일반표준상세

4.1 개요

이 장에서는 주로 기둥-보에 관한 일반표준접합상세를 제시하고 있다. 기둥-보 접합에서는 H형강기둥과 H형강보의 접합, 각형 및 원형강관 기둥과 H형강보의 접합이 주를 이루고 있다. CFT기둥과 H형강보의 표준접합상세도 포함하였다. 이장의 뒷부분에 전단접합(또는 단순접합)의 접합상세도 일부 포함시켰다. 반강접접합에 관한 표준상세는 아직 이론, 실험 및 실무적인 검증의 부족으로 제외시켰다.

용접부 스캘럽(용접 접근공)의 개선상세는 건축공사표준시방서(2006)의 스캘럽 형상을 기본으로 하였다. 건축공사표준시방서의 스캘럽이 없는 경우를 사용하여도 무방하나, 접합부에서의 응력집중을 완화시켜 소성변형능력을 향상시키기 위하여 실험으로 검증된 개선상세를 사용하는 것이 바람직하다. 이 개선상세는 3.8절의 그림을 참조하기 바란다.

상세명칭의 기호(예 CB:ST-H/H-1)에서, 첫 번째 기호 'CB'는 기둥-보접합을 나타낸다. 2번째의 'ST'는 강축접합(STrong)을, 3번째의 'H/H'는 H형강과 H형강의 접합을 나타낸다.

제4장에 나타낸 기둥-보 접합부의 상세명칭에 대한 기호의 의미는 다음과 같다.

1) 기둥-보 접합부

CB : 기둥-보접합(Column-Beam Connection)

2) 접합방식

ST : 기둥 강축(STrong) 접합
WK : 기둥 약축(Weak)접합
SC : 전단접합(Shear Connection)

3) 기둥-보 접합부재의 단면 형상

H/H : H형강기둥과 H형강보의 접합
ST/H : 각형강관(Square Tube)기둥과 H형강보의 접합
CT/H : 원형강관(Circular Tube)기둥과 H형강보의 접합
CFT/H : 콘크리트 충전강관 (Concrete Filled Tube)과 H형강보의 접합

4) 접합상세

EP : 엔드플레이트접합 (End Plate Connection)
DB : 웨브보강 이중판(Double Plate)
TD : 관통 다이아프램(Through Diaphragm)
ED : 외측 다아아프램 (External Diaphragm)
ID : 내부 다아아프램 (Internal Diaphragm)

5) 기타

PZ : 패널존 (Panel Zone)
RBS : 보플랜지 절취형 단면 (Reduced Beam Section)

4.2 H형강 기둥-보 접합

상세명칭	CB:ST-H/H-1	**H-H강축 전용접 (공장용접)**	4-2-1

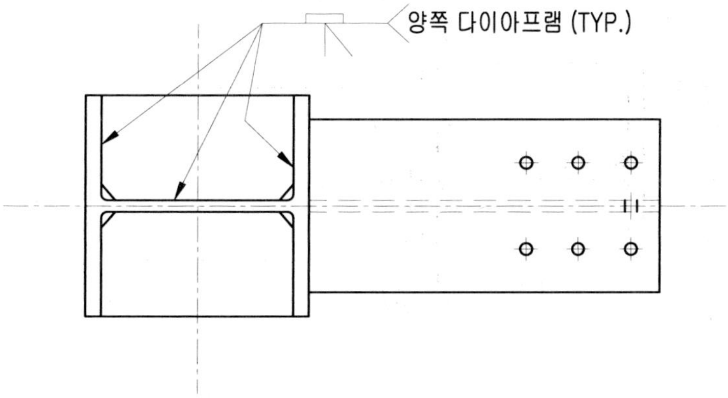

양쪽 다이아프램 (TYP.)

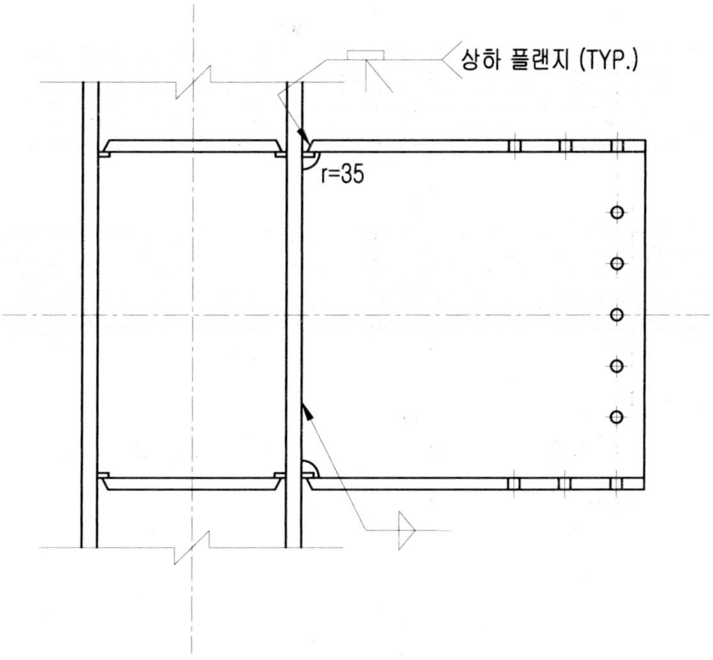

상하 플랜지 (TYP.)

r=35

주 : 〈참고문헌 72 참조〉

1. 공장용접, 전용접한 모멘트접합부.
2. 패널부 수평스티프너(다이어프램)는 필요하면 설치.
3. 패널부 수평스티프너(다이어프램)는 일반적으로 그루브 용접을 원칙으로 하나, 부득이한 경우 구조확인 후 양면 필릿용접도 가능.
4. 패널부 수평스티프너(다이어프램)의 스캘럽(용접접근공)은 없어도 가능.
5. 개선상세요령은 3.8에 따라 선택적으로 사용.
6. 내진성능 및 설계조건 : 중간모멘트 골조(보 춤 750mm 이하)

상세명칭	CB:ST-H/H-2	**H-H강축 전용접 (현장용접)**	4-2-2

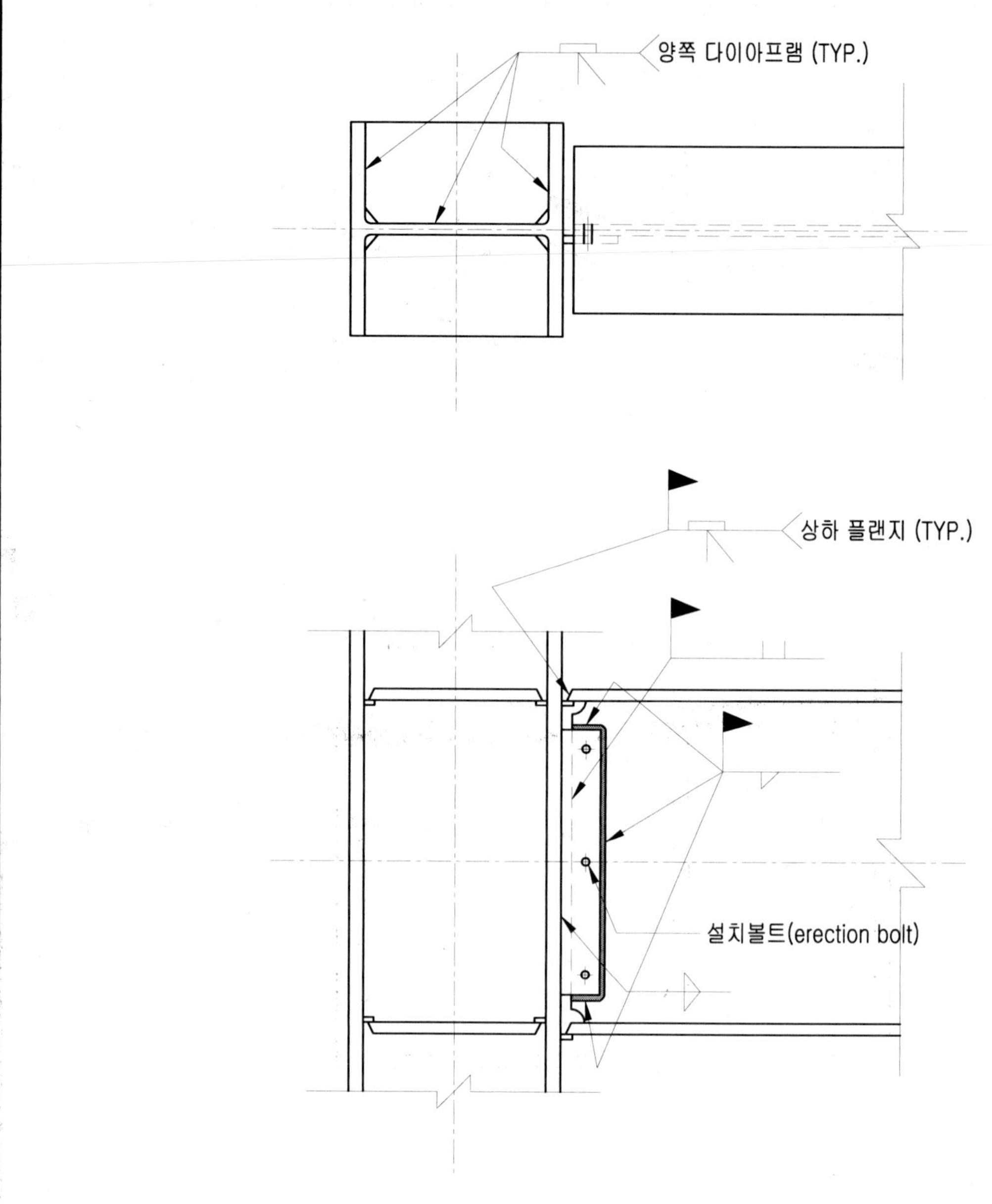

주 : 〈참고문헌 72 참조〉

1. 공장용접된 전단탭에 현장에서 설치볼트(erection bolt)로 보웨브를 고정시키고, 보 웨브와 기둥플랜지 사이에 그루브 용접 후, 보플랜지와 기둥플랜지를 그루브용접하여 전단탭과 보 웨브를 3면필릿용접함으로써 전용접접합부를 구축.
2. 패널부 수평스티프너(다이어프램)는 필요하면 설치.
3. 패널부 수평스티프너(다이어프램)는 일반적으로 그루브 용접을 원칙으로 하나, 부득이한 경우 구조확인 후 양면 필릿용접도 가능.
4. 패널부 수평스티프너(다이어프램)의 스캘럽(용접접근공)은 없어도 가능.
5. 내진성능 및 설계조건 : 중간모멘트 골조에 준하는 성능 발휘 (보 춤 750mm 이하)

상세명칭	CB:ST-H/H-3	**H-H강축 논스캘럽 전용접 (공장용접)**	4-2-3

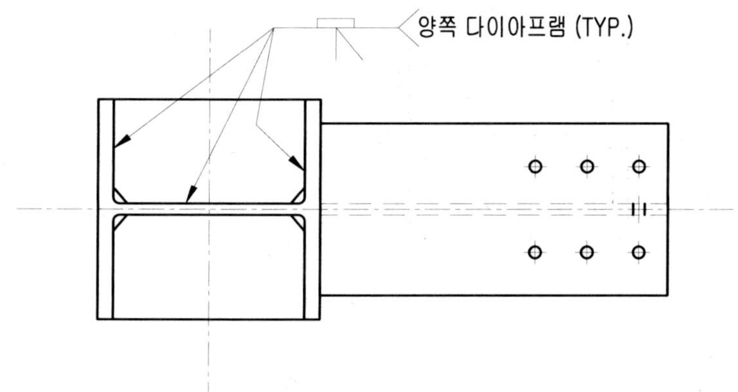

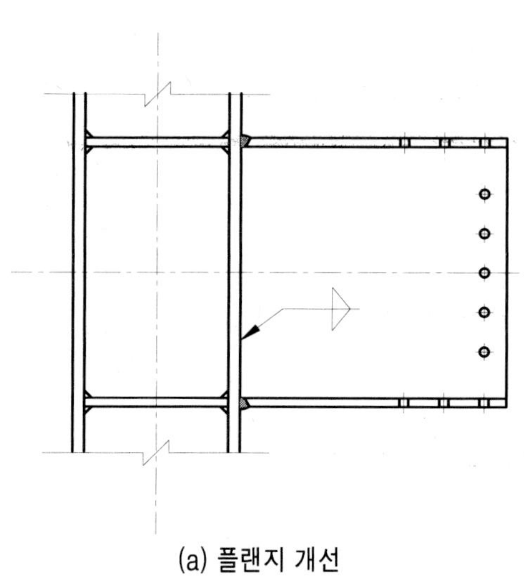

(a) 플랜지 개선

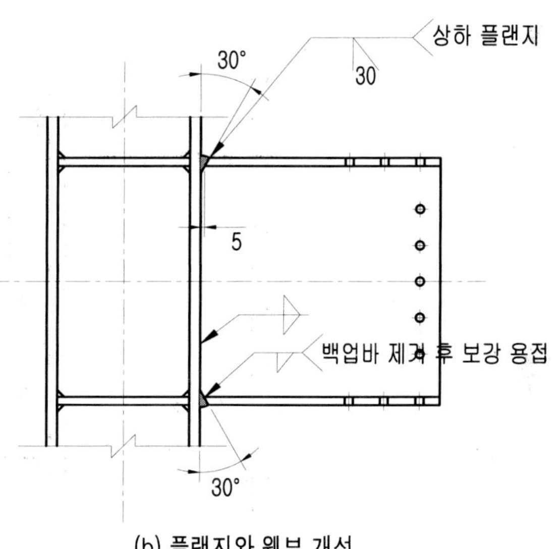

(b) 플랜지와 웨브 개선

주 : <참고문헌 72 참조>

1. 공장용접, 전용접한 모멘트접합부.
2. 패널부 수평스티프너(다이어프램)는 필요하면 설치.
3. 패널부 수평스티프너(다이어프램)는 일반적으로 그루브 용접을 원칙으로 하나, 부득이한 경우 구조 확인 후 양면 필릿용접도 가능.
4. 루트 간격은 5mm 이상으로 함.
5. 내진성능 및 설계조건 : 중간모멘트 골조이상의 내진 성능 발휘 (보 춤 750mm 이하)

상세명칭	CB:ST-H/H-4	**H-H강축 웨브볼트 플랜지현장용접**	4-2-4

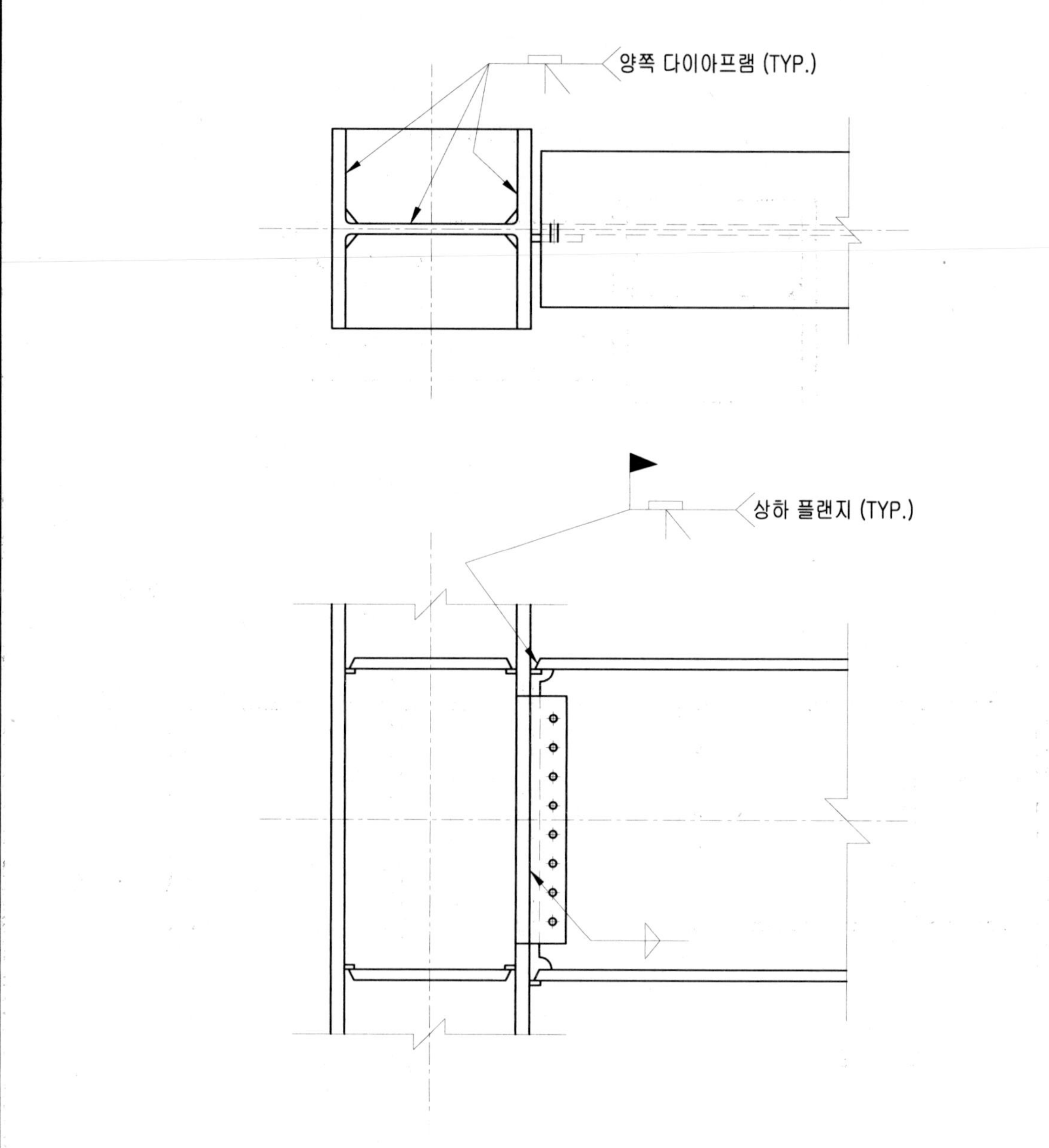

주 : 〈참고문헌 72 참조〉

1. 공장용접된 전단탭에 보웨브를 볼트로 체결한 후 플랜지를 현장용접하여 접합부를 형성 (보웨브의 고장력볼트는 설계전단력을 고려하여 산정.)
2. 패널부 수평스티프너(다이어프램)는 필요하면 설치.
3. 패널부 수평스티프너(다이어프램)는 일반적으로 그루브 용접을 원칙으로 하나, 부득이한 경우 구조 확인 후 양면 필릿용접도 가능.
4. 패널부 수평스티프너(다이어프램)의 스캘럽(용접접근공)은 없어도 가능.
5. 내진성능 및 설계조건 : 중간모멘트 골조에 준하는 성능 발휘 (보 춤 750*mm* 이하, 내진설계기준에 적접한 보 웨브 볼트 배치)

상세명칭	CB:ST-H/H-5	**H-H강축 강접 모멘트 접합**	4-2-5

CJP

(a) 플랜지 직접용접 접합

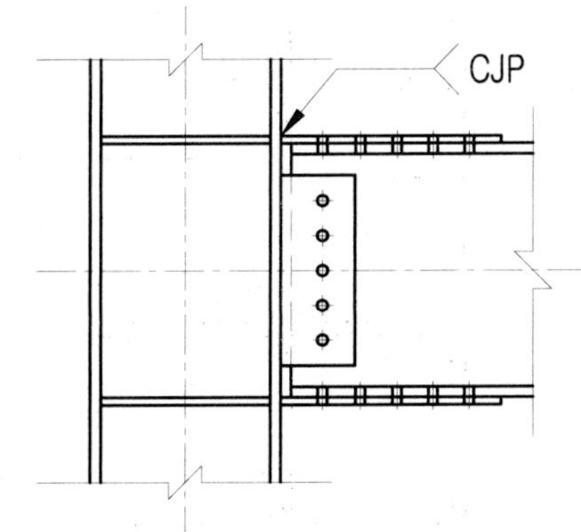

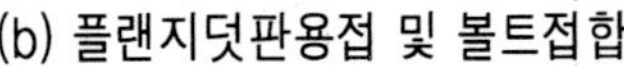

(b) 플랜지덧판용접 및 볼트접합

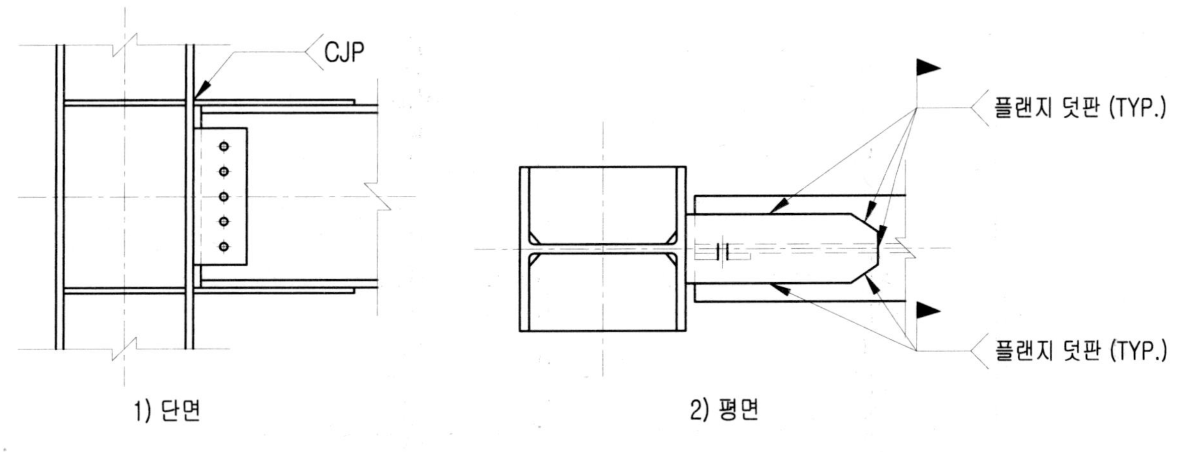

1) 단면

2) 평면

(c) 플랜지덧판용접 접합

주 : 〈참고문헌 72 참조〉

1. (a) 보의 상하 플랜지의 접합은 일반적으로 완전용입그루브용접을 사용. 웨브는 단일판 접합이 일반적.
2. (b) 플랜지덧판은 기둥 플랜지에는 용접접합하고 보 플랜지에는 용접 또는 고장력볼트로 접합. 상부 플랜지덧판의 폭은 보 플랜지 폭보다 25mm 정도 작게 하고, 하부 플랜지덧판의 폭은 보 플랜지 폭보다 25mm 정도 크게 하여야 함. 웨브는 일반적으로 단일판으로 구성.
3. (c) 티스터브(tee stub)를 사용하여 고장력볼트로 보의 상하 플랜지를 기둥 플랜지에 접합하는 방식.
4. 완전강접 모멘트접합부 설계는 “H형강 접합부설계매뉴얼” 3.3에 따름.
5. 내진성능 및 설계조건 : 중간모멘트 골조에 준하는 성능 발휘 (보 춤 750mm 이하)

상세명칭	CB:ST-H/H-EP	**확장형 단부판 모멘트 접합**	4-2-6

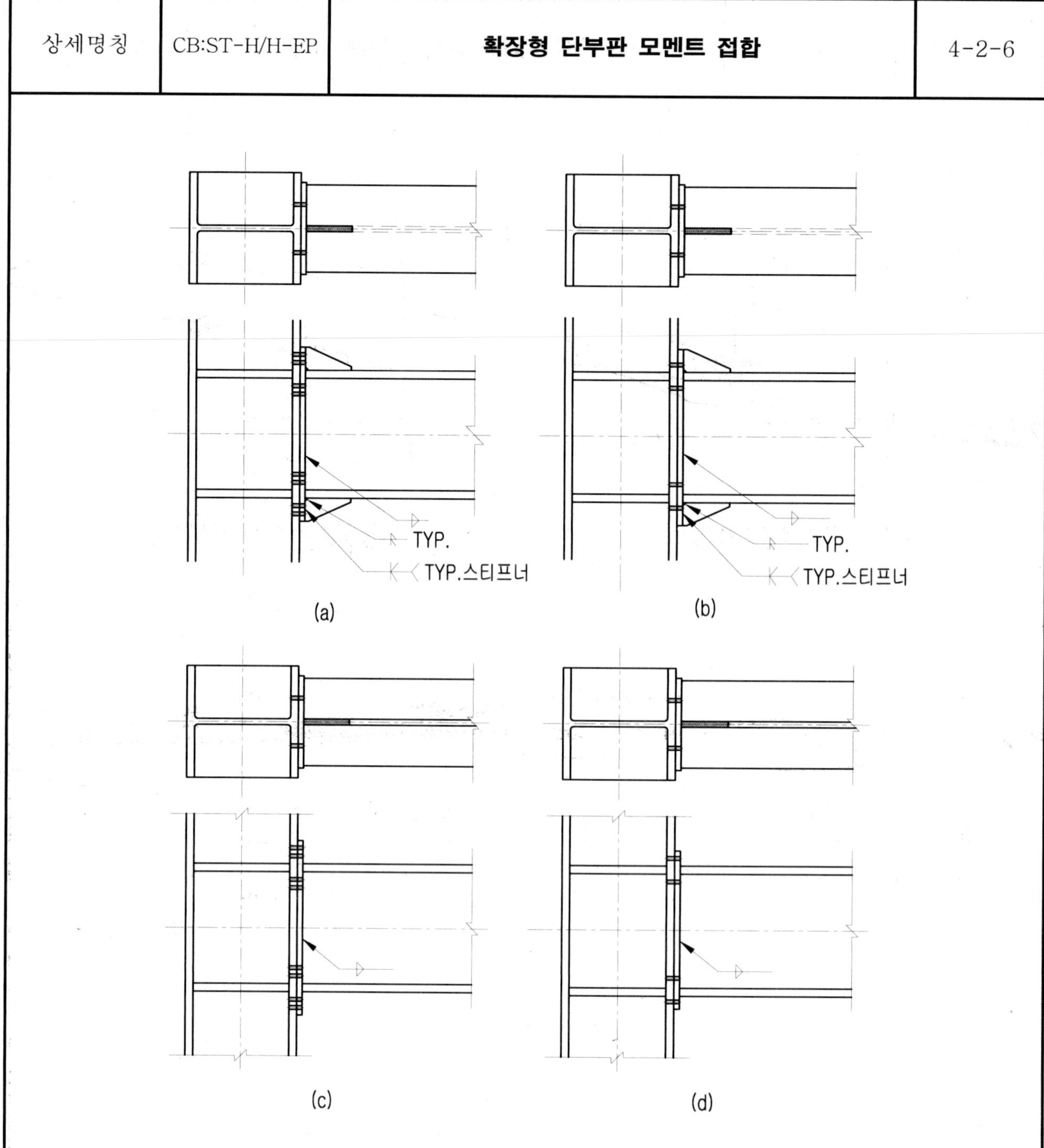

주 :

1. 모든 고장력볼트는 기준에 주어진 설계볼트장력이상으로 체결.
2. 고장력볼트는 F10T 또는 F13T를 사용.
3. 볼트간격은 볼트가 기둥의 웨브와 플랜지 사이의 필릿에 닿지 않도록 최소게이지 (workable gauge) 조건 만족해야 함.
4. 단부판의 폭은 보의 플랜지 폭 이상으로 함.
5. 필요한 경우 보의 플랜지와 단부판 사이에 보강판을 사용.
6. 보강판의 용접이 용이하도록 보강판의 끝부분은 보플랜지와 단부판의 접촉면에서 25mm 정도의 여분을 가져야 함.
7. 보-기둥 단부판모멘트접합부 설계는 "H형강 접합부설계매뉴얼" 3.2에 따름.

상세명칭	CB:WK-H/H-1	**H-H약축 웨브 현장필릿용접**	4-2-7

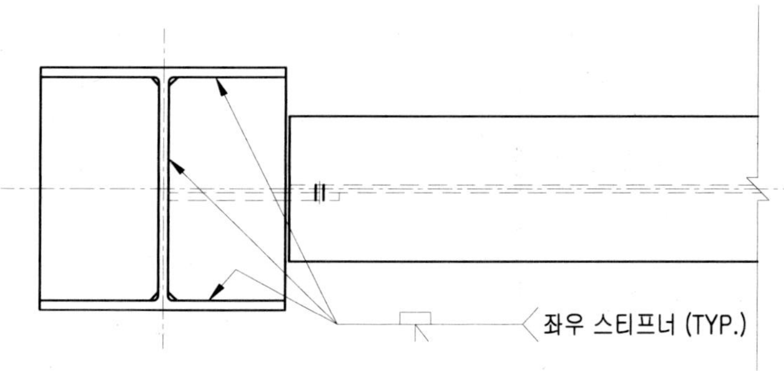

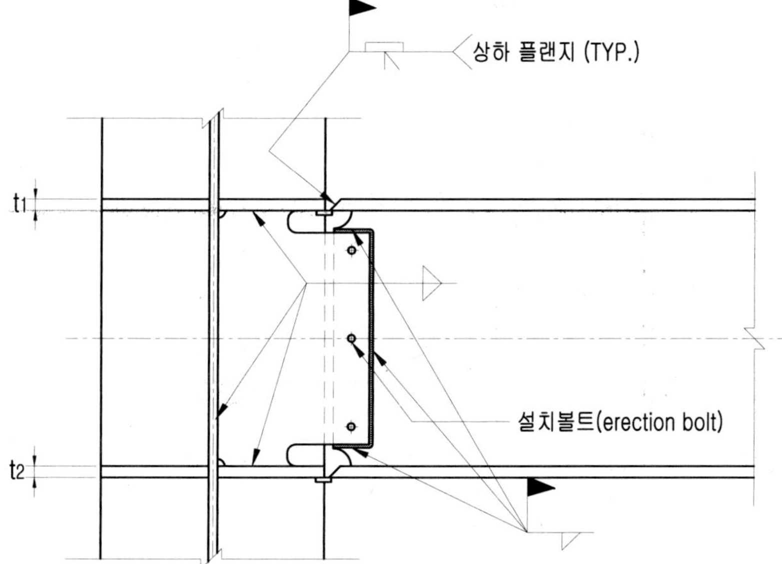

주 :

1. 공장용접된 전단탭에 설치볼트로 보웨브를 고정한 후 3면필릿용접을 통해 약축방향 전용접 모멘트 접합부를 형성.
2. 상부스티프너와 하부스티프너의 두께는 각각 보플랜지보다 7mm, 10mm 두꺼운 판재를 사용하여 접합시공성을 높임(즉, $t_1 \geq t_f + 7, t_2 \geq t_f + 10$).
3. 수평스티프너(다이어프램)의 스캘럽(용접접근공)은 없어도 가능.
4. 내진성능 및 설계조건 : 중간모멘트 골조에 준하는 성능 발휘(보 춤 $750mm$ 이하)

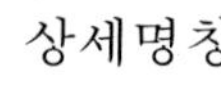 상세명칭	CB:WK-H/H-2	**H-H약축 웨브볼트 플랜지용접**	4-2-8

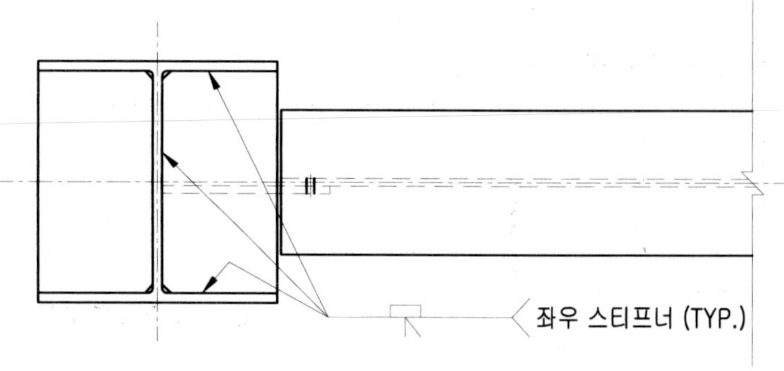

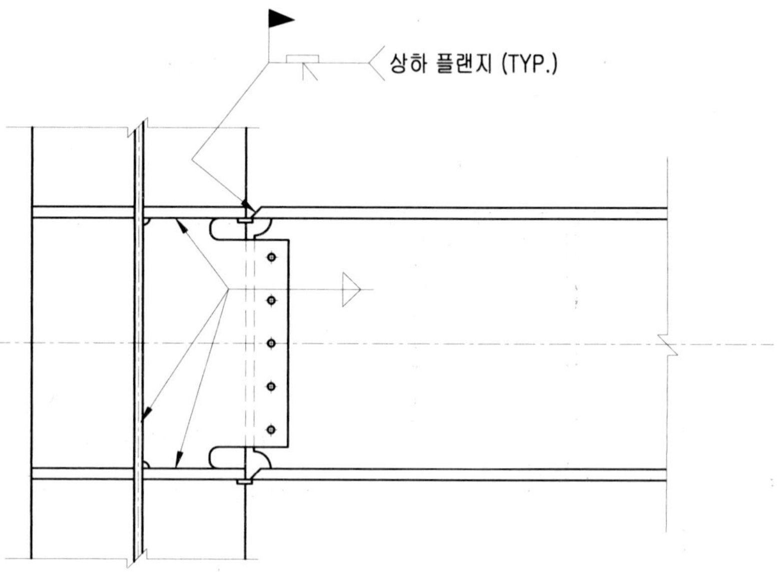

주 :

1. 공장용접한 전단탭에 보웨브를 고장력볼트로서 고정한 후 플랜지를 하향 현장용접하여 접합부를 형성(보웨브의 고장력볼트는 설계전단력을 고려하여 산정)
2. 내진성능 및 설계조건 : 중간모멘트 골조에 준하는 성능 발휘(보 춤 750mm 이하)

상세명칭	CB:WK-H/H-3	**H-H약축 웨브 현장필릿용접 (Stick-out)**	4-2-9

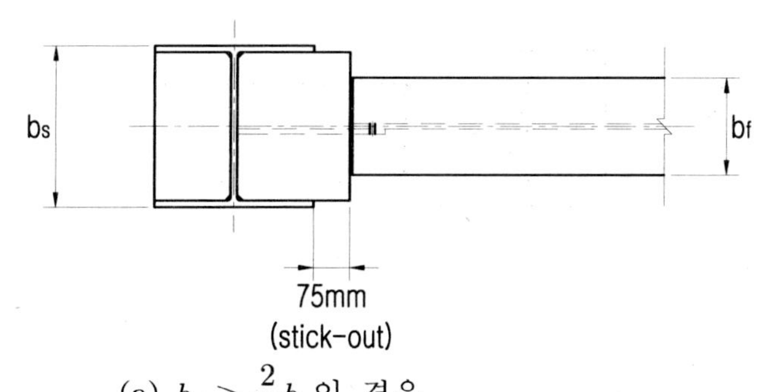

(a) $b_f \geq \frac{2}{3}b_s$인 경우

테이퍼(taper)가 없어도 무방

(b) $b_f < \frac{2}{3}b_s$인 경우

테이퍼(taper) 설치 권장

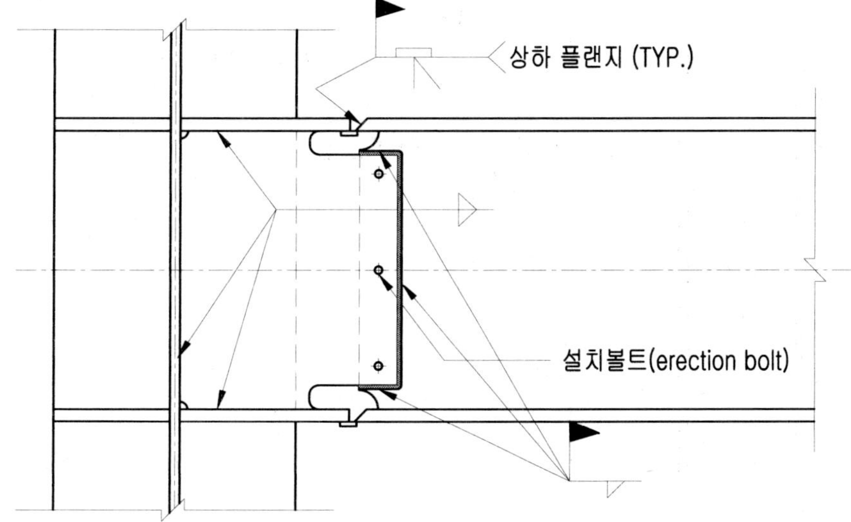

주 :

1. 앞의 CB:WK-H/H-1 상세와 동일하나, 기둥플랜지 끝에 75mm 정도의 돌출부(stick-out)를 두어서 보플랜지 양단의 응력집중을 감소시키기 위한 상세임.
2. 보플랜지폭(b_f)이 스티프너폭(b_s)의 2/3보다 작으면 테이퍼를 설치.
3. 내진성능 및 설계조건 : 중간모멘트 골조에 준하는 성능 발휘(보 춤 750mm 이하)

상세명칭	CB:WK-H/H-4	**H-H약축 웨브볼트 플랜지용접 (Stick-out 포함)**	4-2-10

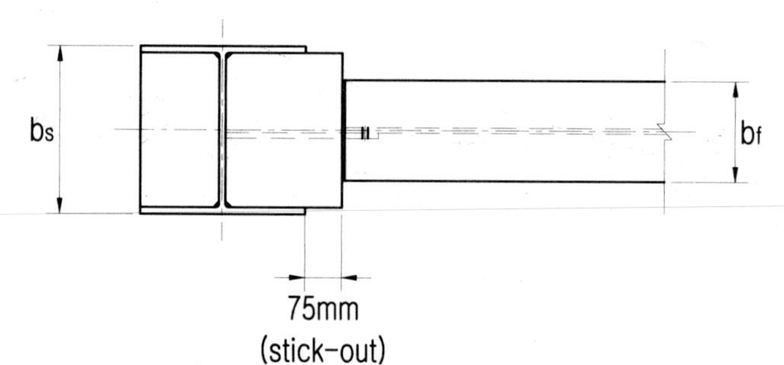

(a) $b_f \geq \frac{2}{3}b_s$인 경우

테이퍼가 없어도 무방

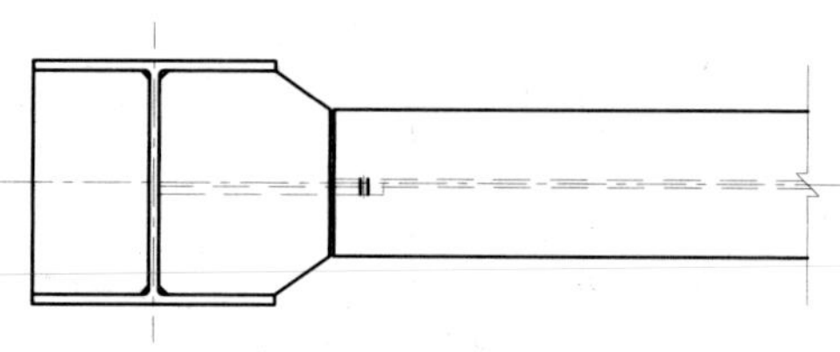

(b) $b_f < \frac{2}{3}b_s$인 경우

테이퍼 설치 권장

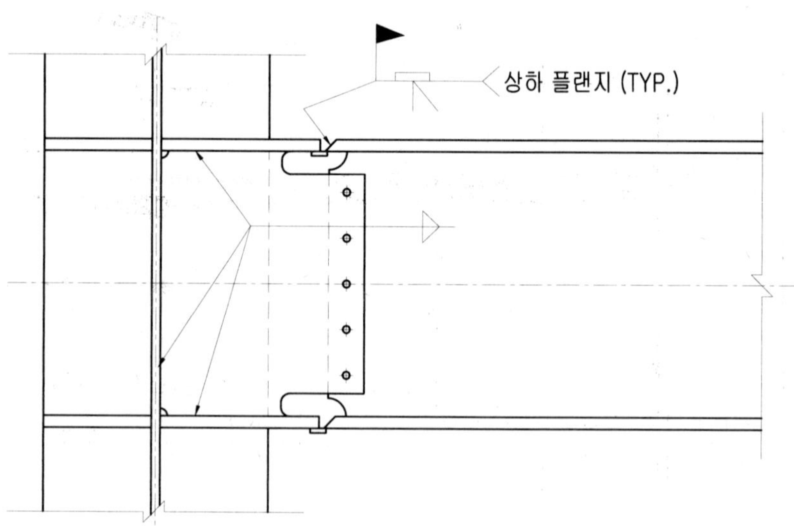

주 :

1. 앞의 CB:WK-H/H-2상세와 동일하나, 기둥플랜지 끝에 75mm 정도의 돌출부(stick-out)를 두어서 보플랜지 양단의 응력집중을 감소시키기 위한 상세임.
2. 보플랜지폭(b_f)이 스티프너폭(b_s)의 2/3보다 작으면 테이퍼를 설치.
3. 내진성능 및 설계조건 : 중간모멘트 골조에 준하는 성능 발휘(보 춤 $750mm$ 이하)

상세명칭	CB:WK-H/H-5	**H-H약축 공장용접**	4-2-11

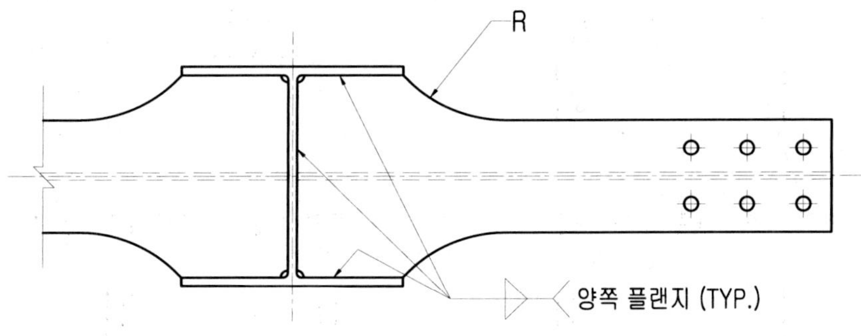

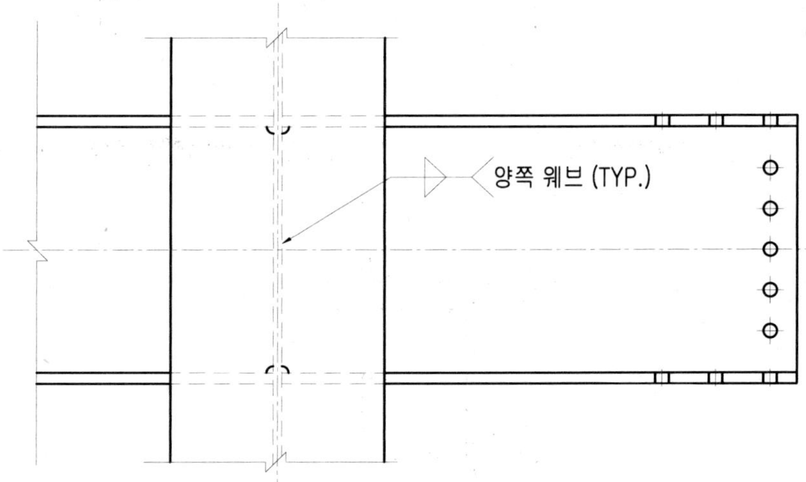

주 :

1. 공장용접에 의한 조립보 스터브를 현장에서 볼트로 이음.
2. 테이퍼(taper)부분은 적절한 반경의 곡면가공을 통해 응력집중을 방지.
3. 내진성능 및 설계조건 : 중간모멘트 골조에 준하는 성능 발휘(보 춤 750mm 이하)

상세명칭	PZ-DB-a~e	**패널존보강판 DP(Doubler Plates)**	4-2-12

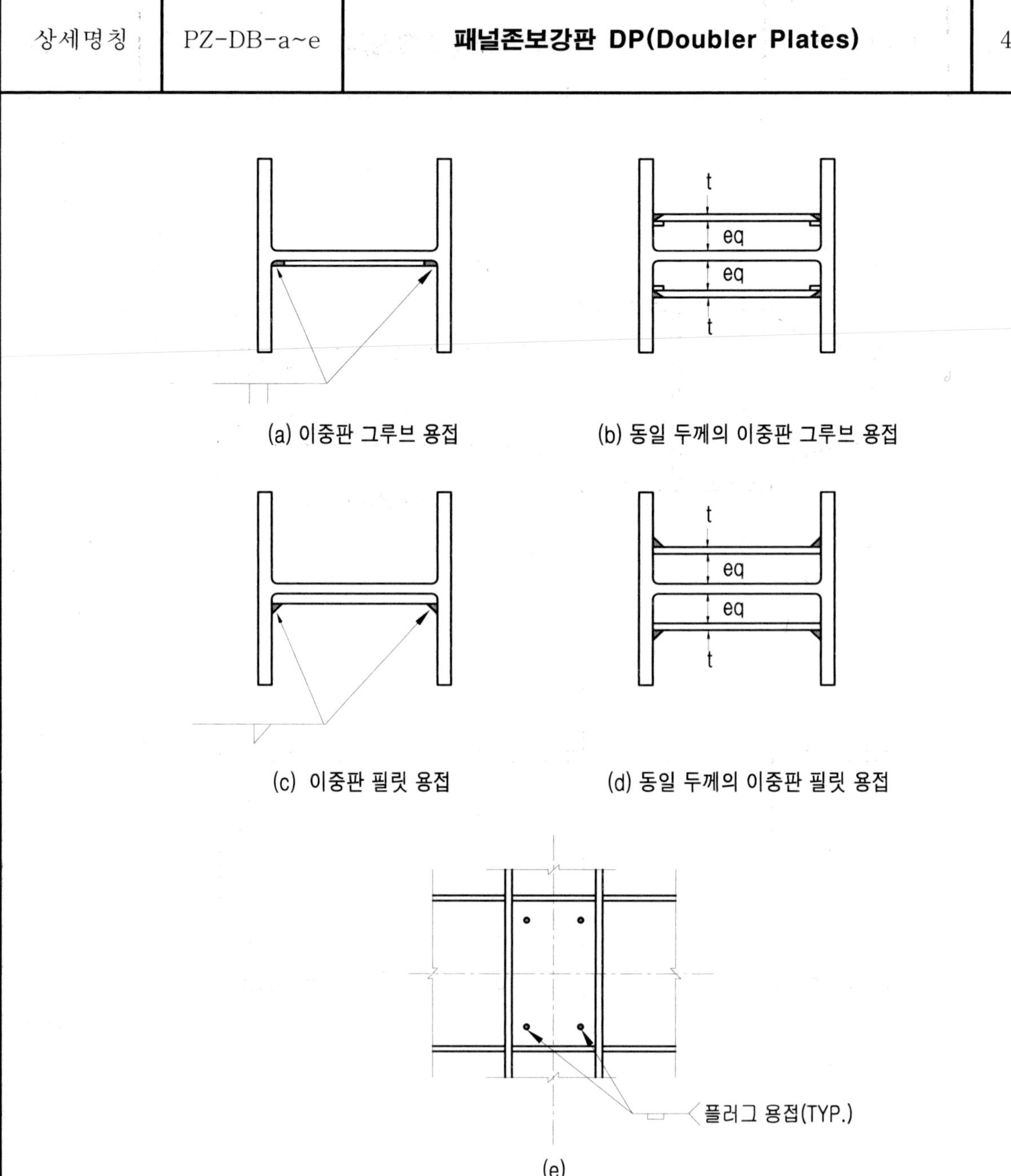

주 :

1. 패널존의 비탄성변형상태에서 전단좌굴을 최소화하기 위한 패널존의 최소두께는 패널존 폭과 높이의 합의 1/90으로 제한되어 있음. 기둥웨브와 패널존보강판을 합친 총두께가 패널존 최소두께 제한사항을 만족해야 함.
2. 그림(c)의 경우 보강판 및 기둥웨브가 개별적으로 패널존 최소두께 제한사항을 만족해야 함.
3. 패널존보강판은 상-하연속판까지 연장하여 기둥플랜지와 연속판에 직접용접 가능. 또는 상-하연속판을 넘어서도록 연장하여 기둥플랜지와 기둥웨브 그리고 연속판에 용접 가능.

상세명칭	CB:H/H-Step	**보의 단차**	4-2-13

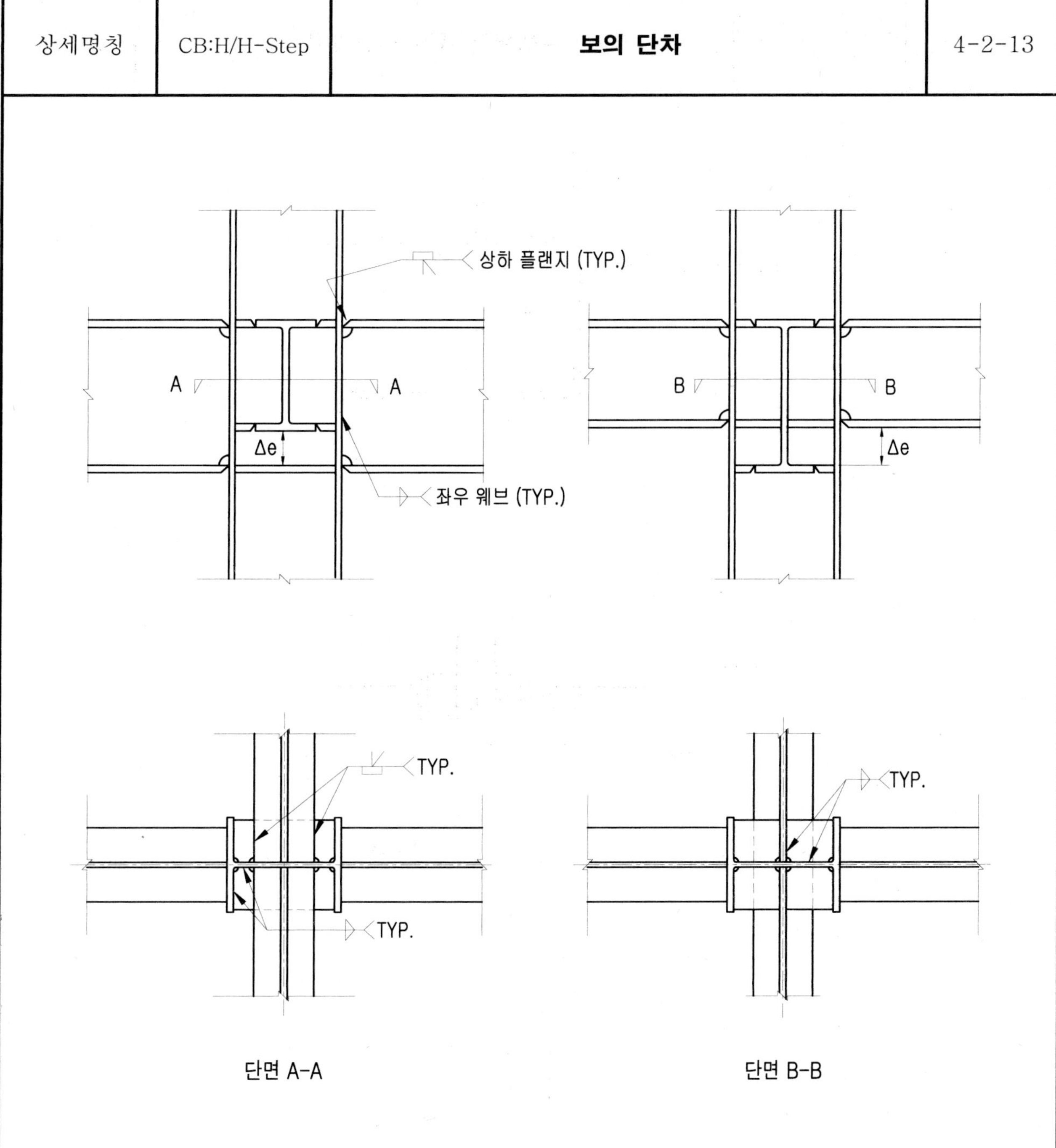

주 :

1. 기둥에 접합되는 보에 단차가 있을 경우 용접성을 고려하여 Δe가 150mm 이상이 되도록 함. 단, 용접에 지장이 없으면 이를 무시할 수 있음.

상세명칭	CB:H/H-Step welding	**맞춤부의 용접 - 단차부**	4-2-14

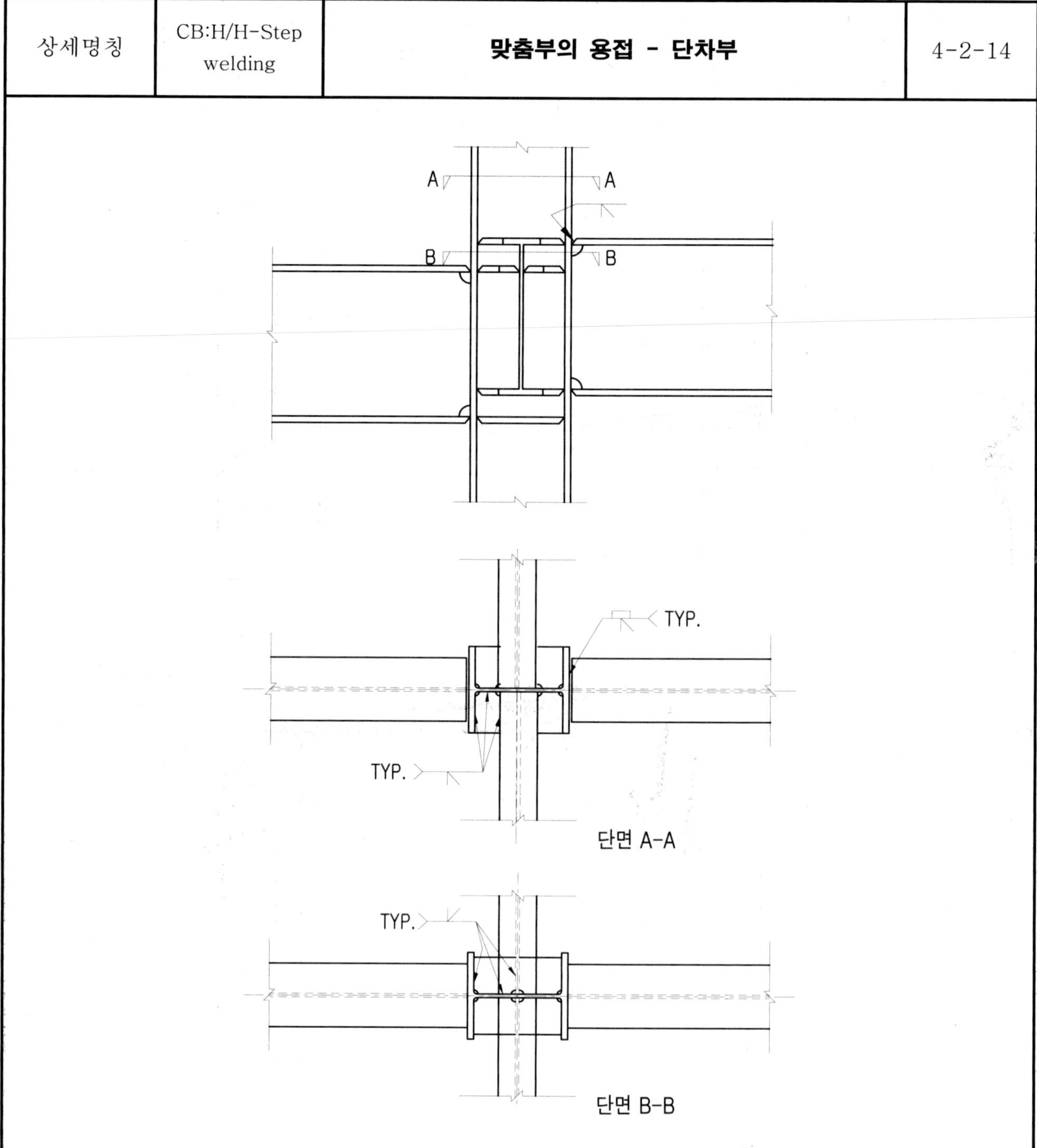

주 :

1. 각 맞춤부 용접 접합의 상세는 공통상세에 따름.

4.3 강관기둥-보 접합

상세명칭	CB:ST/H-TD-1	**□-H 관통다이아프램 형식(뒷댐재사용)**	4-3-1

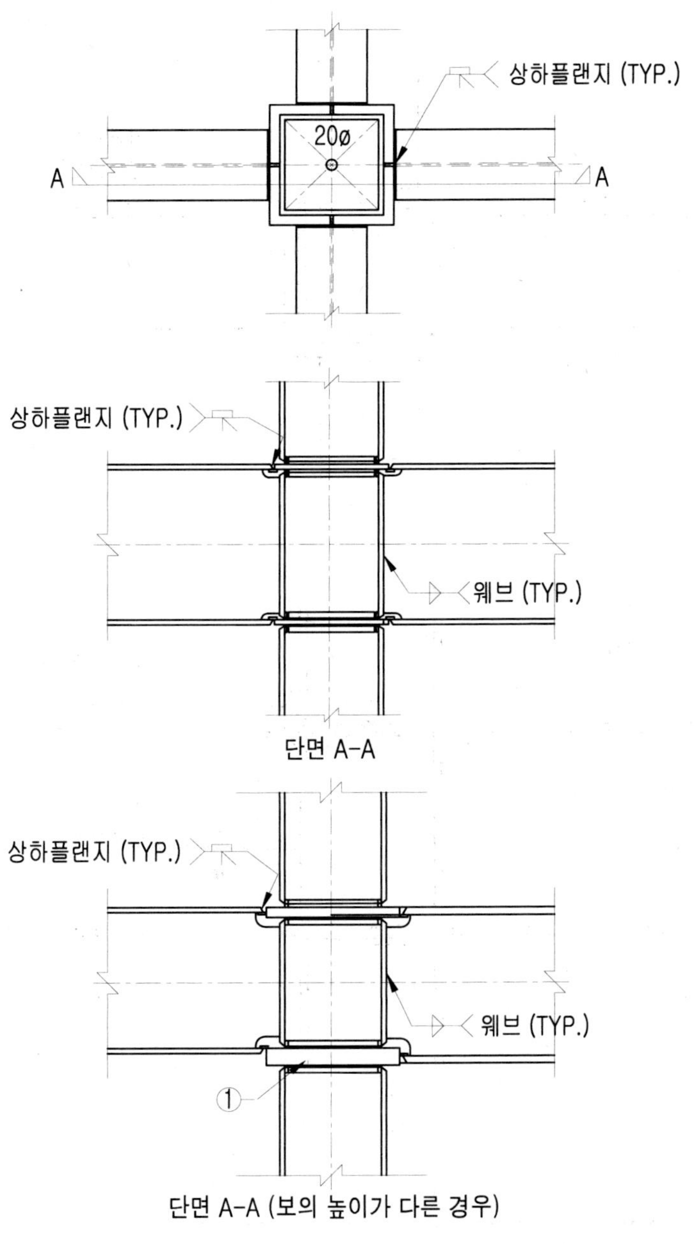

주 : <참고문헌 71 참조>

1. 다이아프램은 기둥판두께 이상 또는 보플랜지두께 이상으로 함.
2. 다이아프램과 보의 높이에 주의.
3. 기둥내의 뒷댐재는 용접상태가 좋지 못할 경우 재손질하기 위해 FB-9×22이상이 필요.
4. 보웨브의 필릿용접은 스캘럽(용접 접근공)부분에서 돌아가면서 용접.
5. ①은 PL-32를 최대로 함.
6. 보플랜지 개선용접시 용접성 확보를 위하여 단부탭(엔드탭) 사용.

상세명칭	CB:ST/H-TD-2	**□-H 관통다이아프램 형식(가우징 할 경우) (1)**	4-3-2

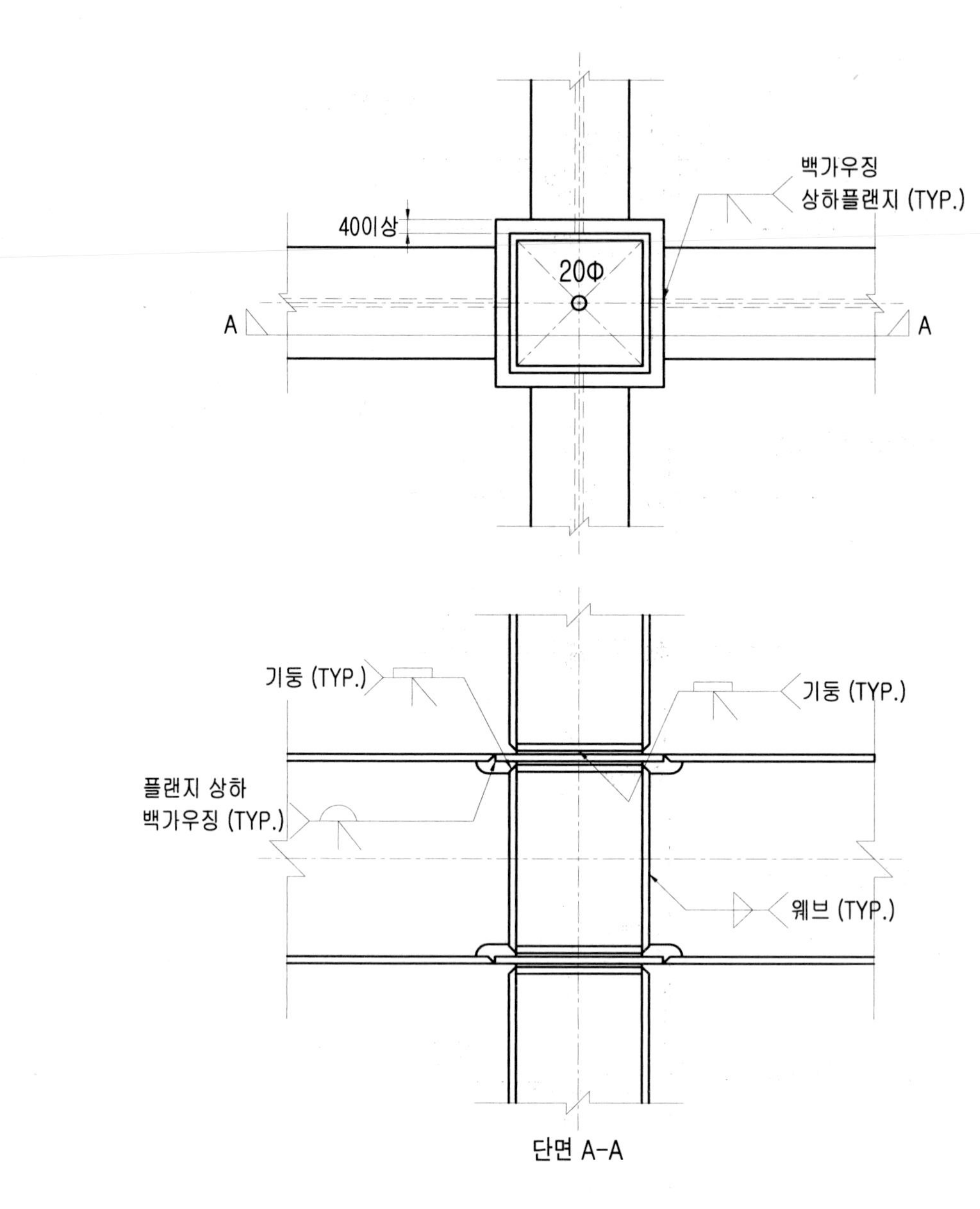

주 : 〈참고문헌 71 참조〉

1. 다이아프램은 기둥두께이상, 보플랜지두께 이상으로 함.
2. 다이아프램과 보의 높이에 주의.
3. 기둥내의 뒷댐재는 용접시 상태가 좋지 못할 경우 재손질을 위해 FB-9×22 이상이 필요.

상세명칭	CB:ST/H-TD-3	**□-H 관통다이아프램 형식(가우징 할 경우) (2)**	4-3-3

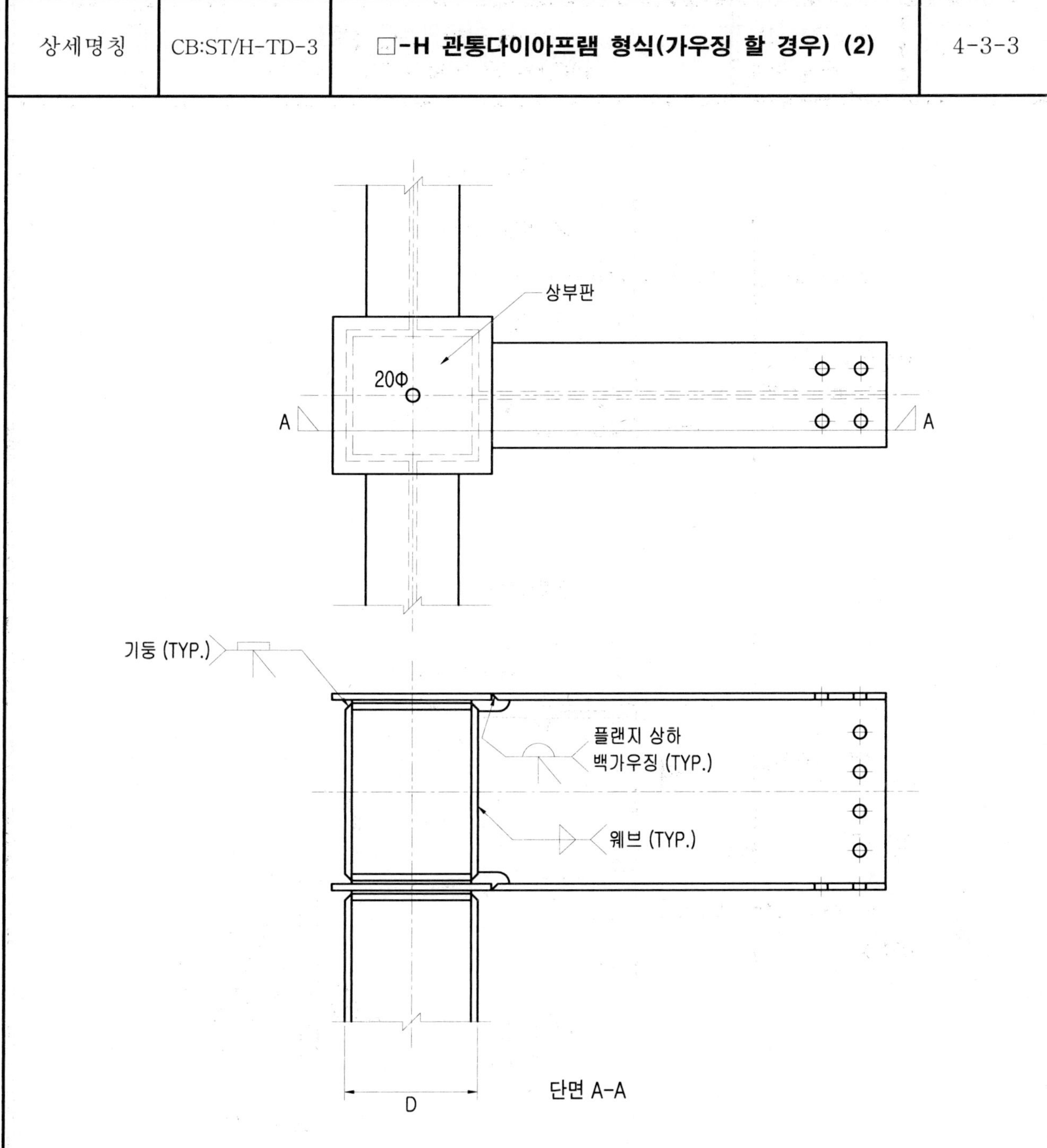

주 :

1. 상부판의 판 두께는 기둥의 판 두께 이상으로 함.
2. 최상층은 용접완료 후 구멍메움.

상세명칭	CB:ST/H-TD-Step	**□-H 다이아프램 형식 (좌우의 보 높이가 다른 경우)**	4-3-4

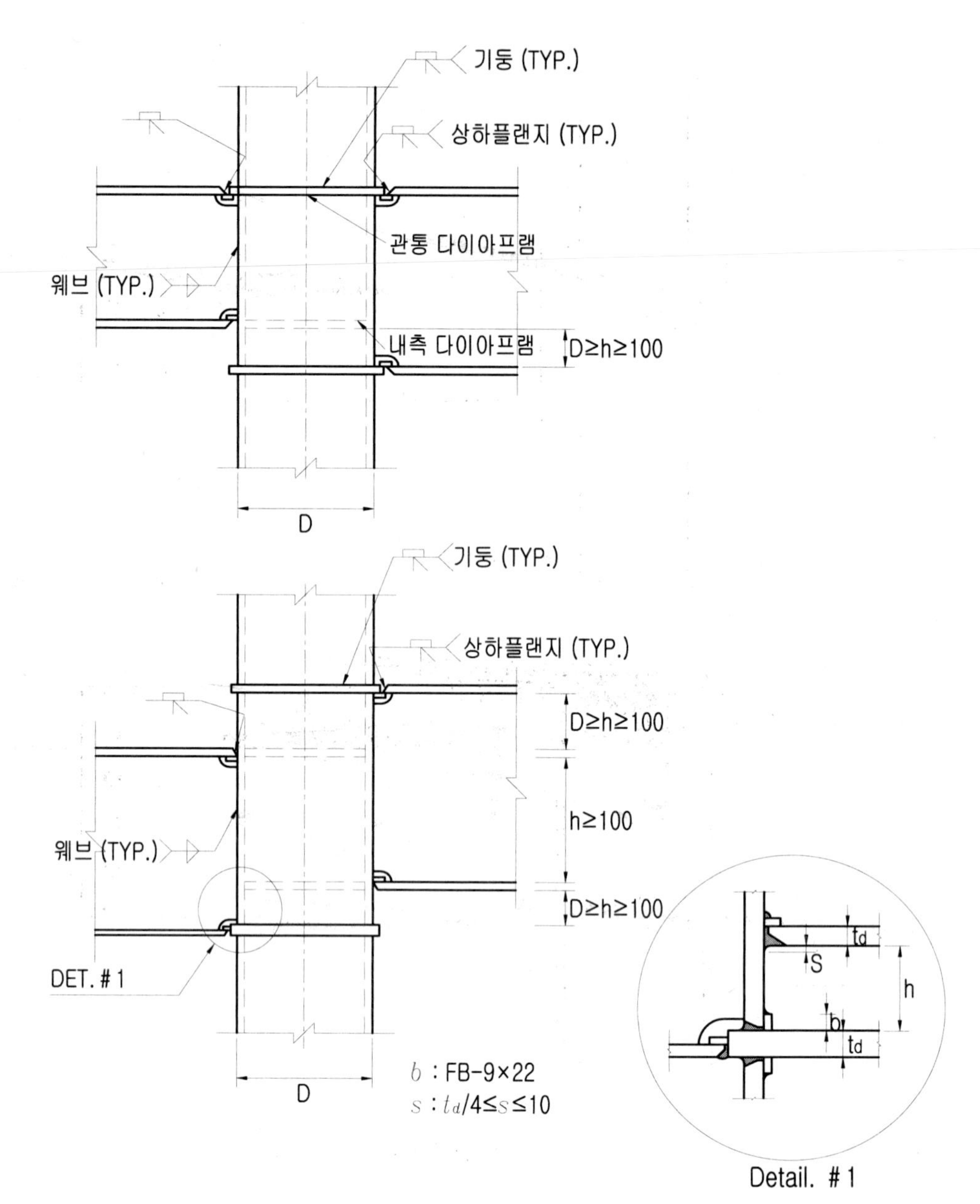

주 :

1. h는 안쪽치수로 하며, 그 이하의 경우는 헌치를 둠(헌치가 붙은 보 참조).
2. 내부 다이아프램의 상하가 근접해 있을 경우는 판 두께를 조절하여 처리할 경우도 있음.
3. 내부 다이아프램에 설치하는 보는 기둥 바깥 면에서 모서리 R부 만큼 속으로 들어갈 것.

상세명칭	CB:ST/H-ID-1	**□-H 내부다이아프램 형식 일반**	4-3-5

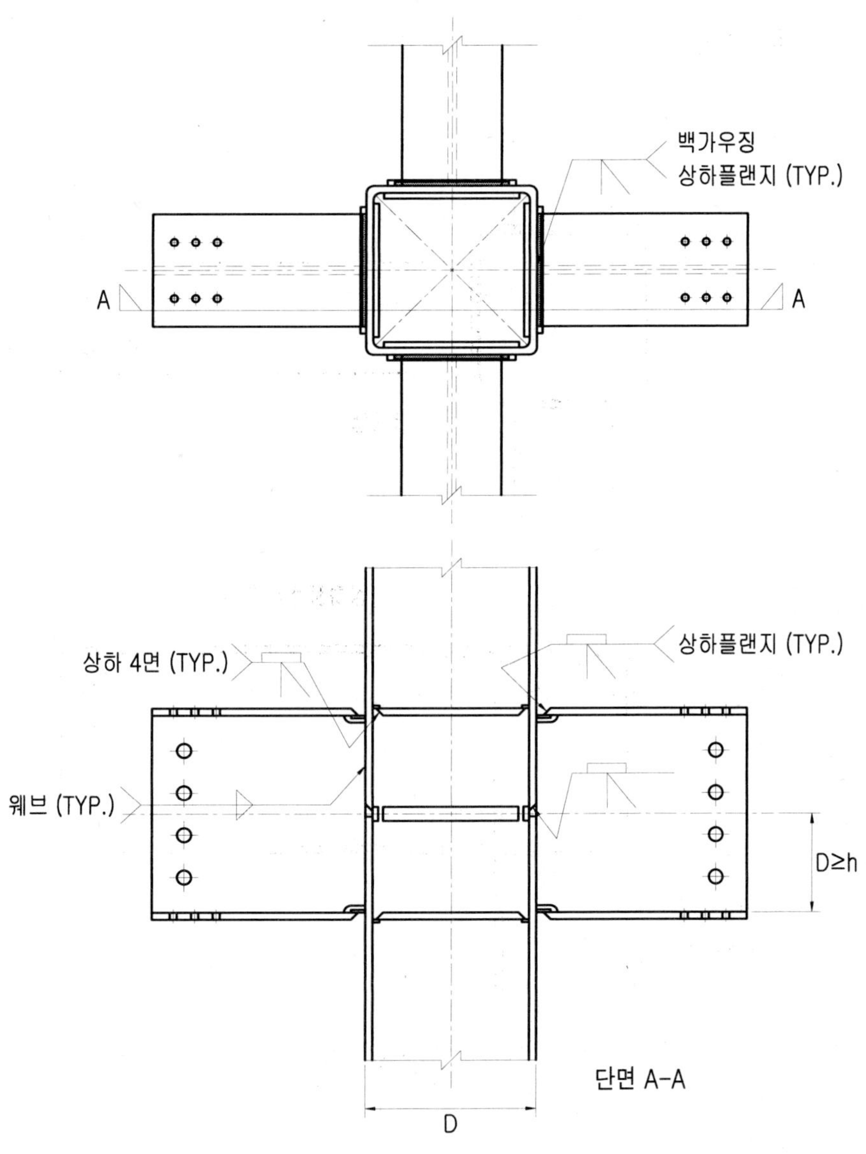

주 :

1. 내부다이아프램의 깊이는 $h \leq D$로 함.
2. 기둥치수와 보플랜지폭을 동일하게 하면 기둥의 모서리용접에 부적합하므로 동일하게 해서는 안됨.
3. 내부다이아프램의 용접에 의한 기둥의 변형에는 충분히 주의할 것.

상세명칭	CB:ST/H-ID-2	**□-H 내부다이아프램 형식 주두부**	4-3-6

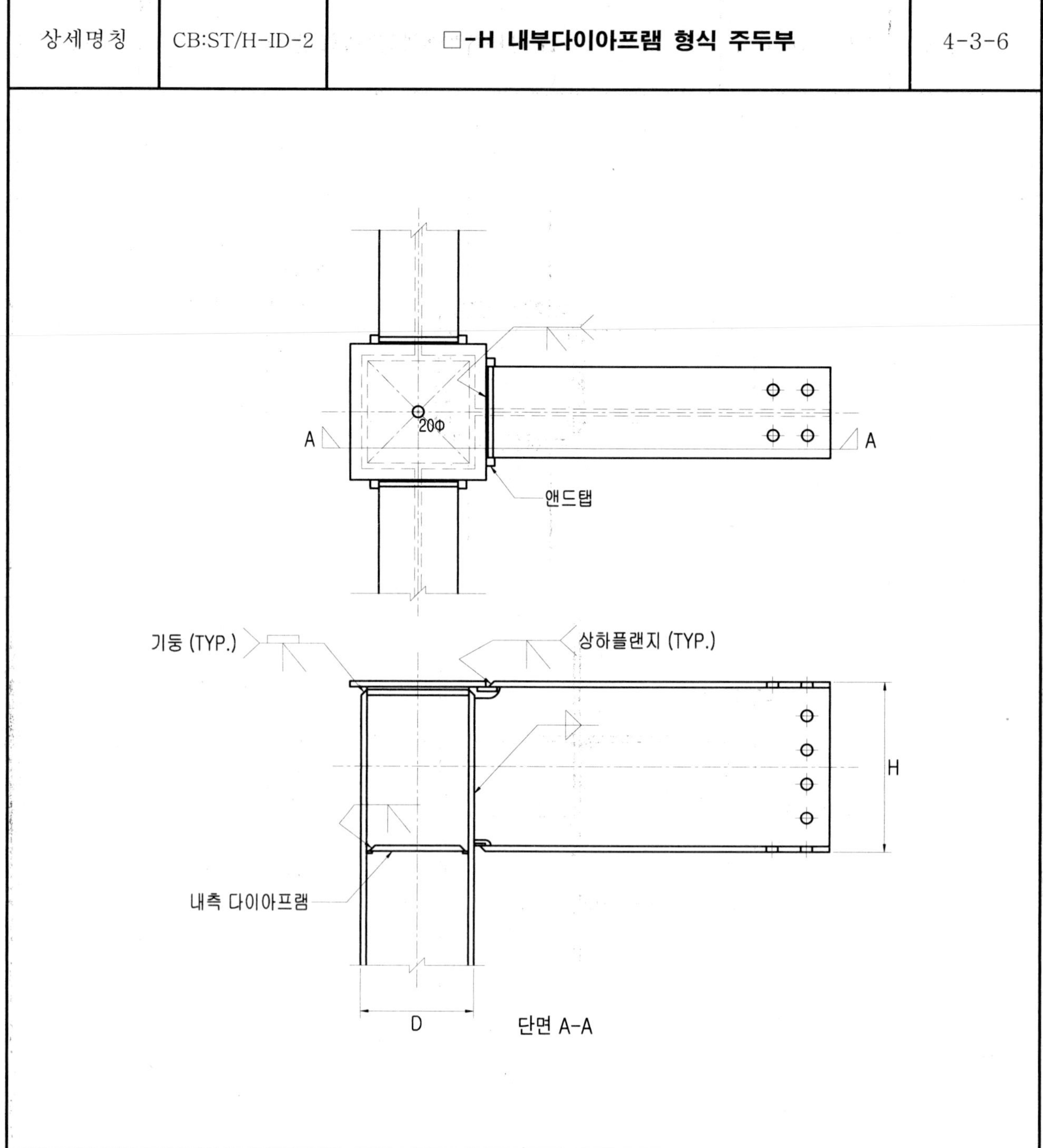

주 :

1. 상하 플랜지내 다이아프램의 보깊이는 $H \leq D$로 한다. $H > D$의 경우는 관통다이아프램 방식으로 함.
2. 최상단은 용접완료 후 구멍메움.

상세명칭	CB:ST/H-ED-1	**□-H 외측다이아프램 방식**	4-3-7

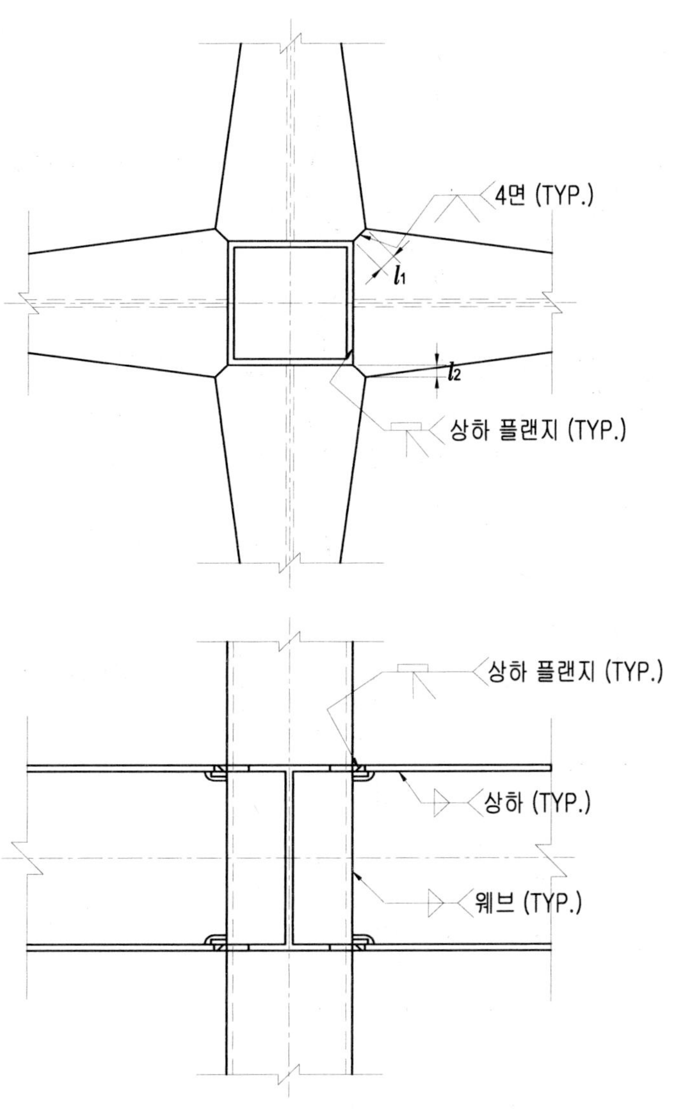

주 :

1. 보의 폭두께비에 주의할 것, l_1, l_2 는 계산에 의해 결정할 것.
2. 조립방법을 충분히 검토할 것, 특히 보 용접시의 하향자세가 되도록 검토할 것. 또 용접으로 기둥모재를 다치지 않도록 함.
3. 보웨브의 필릿용접은 스캘럽(용접 접근공)부분에서 돌아가며 용접.
4. l_1의 용접은 기둥 전체둘레 용접완료 후에 함.

상세명칭	CB:ST/H-ED-2	**□-H 보관통형 보-기둥의 접합**	4-3-8

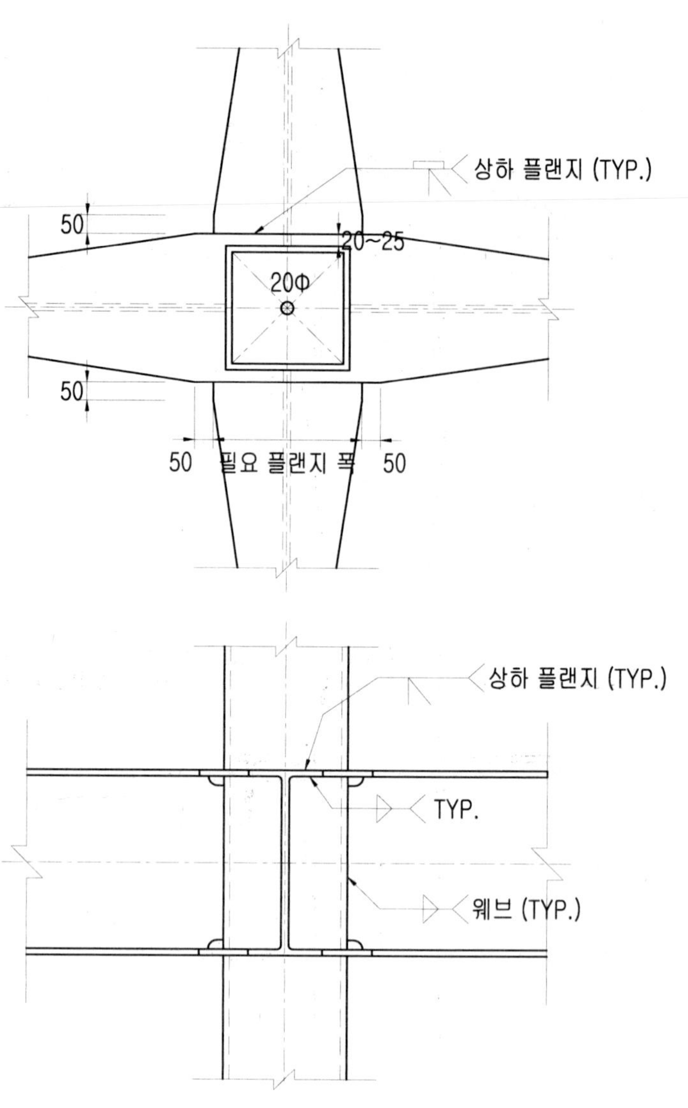

주 :

1. 보 플랜지의 폭두께비에 주의할 것.
2. 두꺼운 쪽 플랜지를 통과시킬 것.

상세명칭	CB:ST/H-ED-3	**□-H 테이퍼플랜지 보-기둥의 접합**	4-3-9

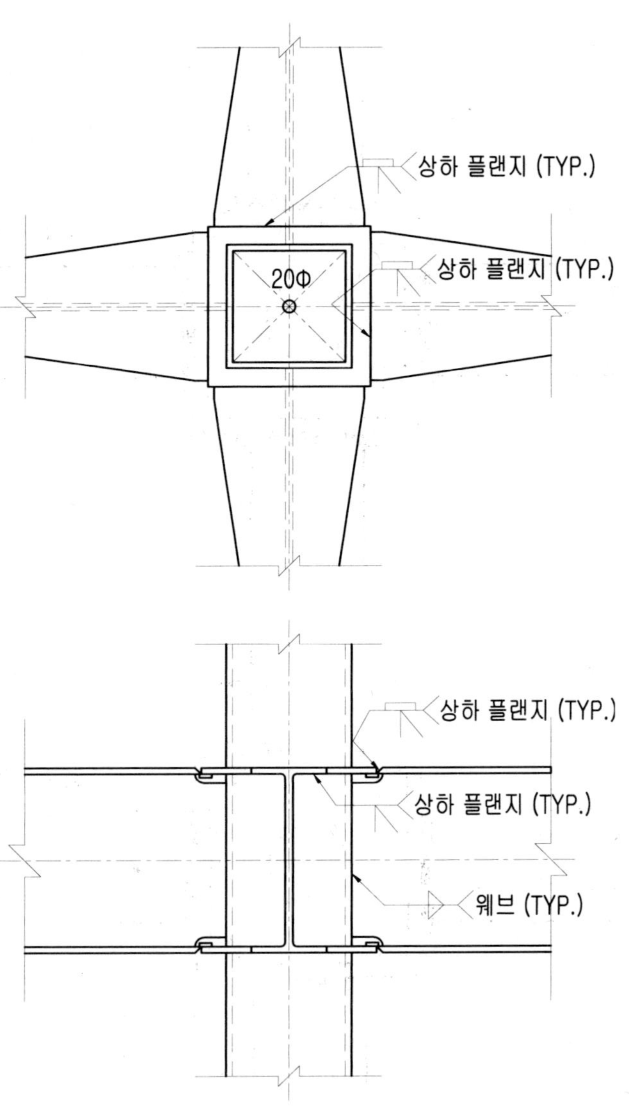

주 :

1. 보가 조립H형이기 때문에 플랜지두께와 폭의 조절에 따라 보의 길이를 통일할 수 있음.
2. 보플랜지의 폭두께비에 주의.

4.4 CFT 기둥-보 접합

상세명칭	CB:CFT/H-ID-1	**각형강관CFT 내측다이아프램 모멘트접합**	4-4-1

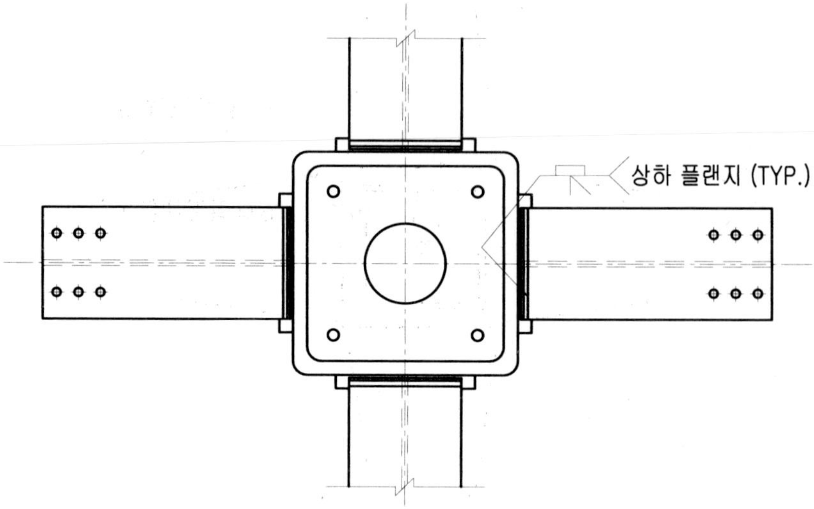

상하 플랜지 (TYP.)

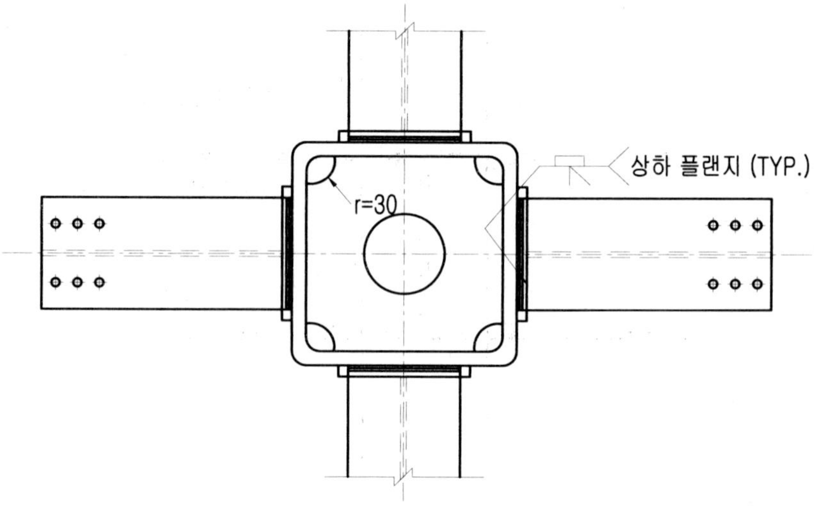

상하 플랜지 (TYP.)

r=30

주 :

1. 공기배출구멍(직경 30mm 이상인 동시에 다이아프램 두께 이상)을 균등하게 4개소 배치.
2. 타설구의 면적
   1) 하부압입의 경우 콘크리트 단면적의 15%이상 또는 100mm이상
   2) 상부타설의 경우 트레미관의 외경 이상
3. 보강판의 두께는 보 플랜지 두께 중 가장 두꺼운 두께 기준임.

상세명칭	CB:CFT/H-ED-1	**각형강관CFT 외측다이아프램 모멘트접합**	4-4-2

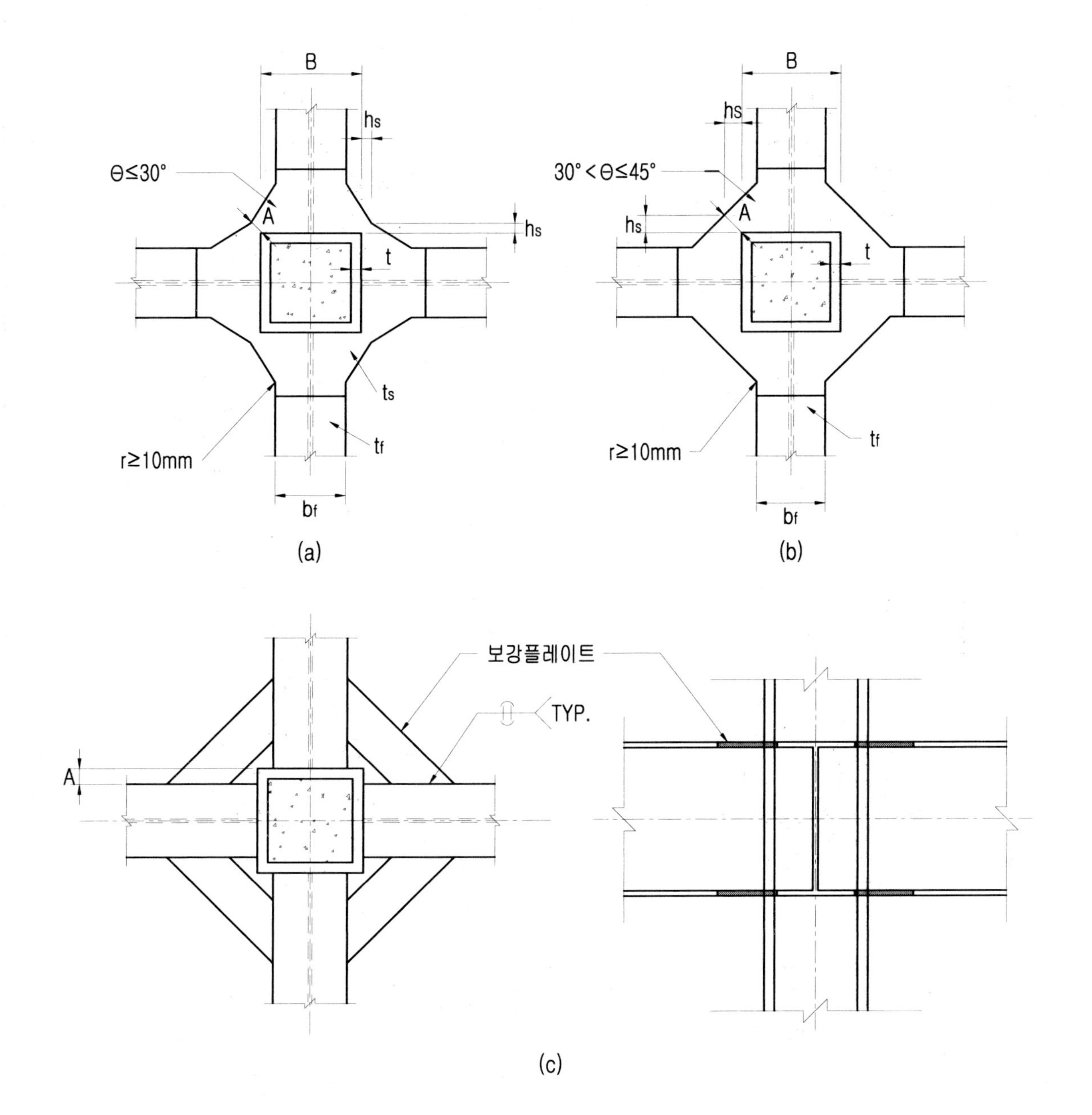

주 :

1. A의 치수는 구조계산에 의해 결정.
2. 내진성능 및 설계조건 : 중간모멘트 골조(보 춤 750*mm* 이하)

상세명칭	CB:CFT/H-ED-2	**원형강관CFT 외측다이아프램 모멘트접합**	4-4-3

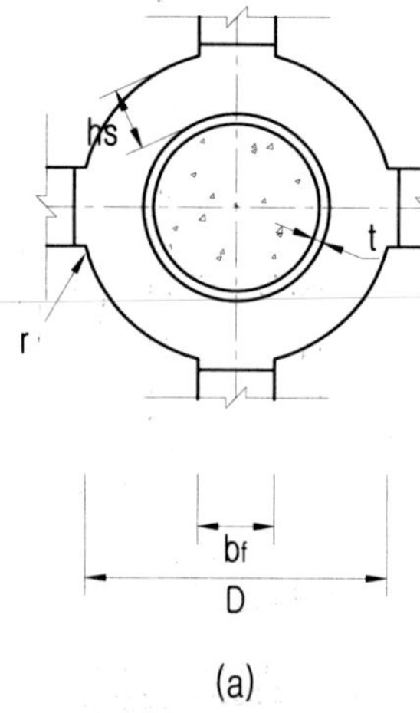

(a)

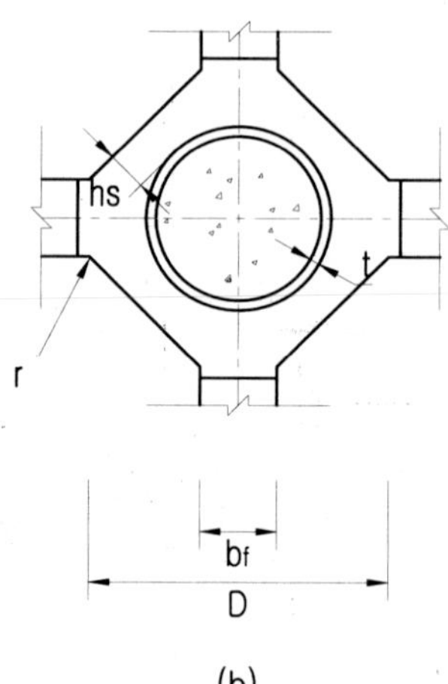

(b)

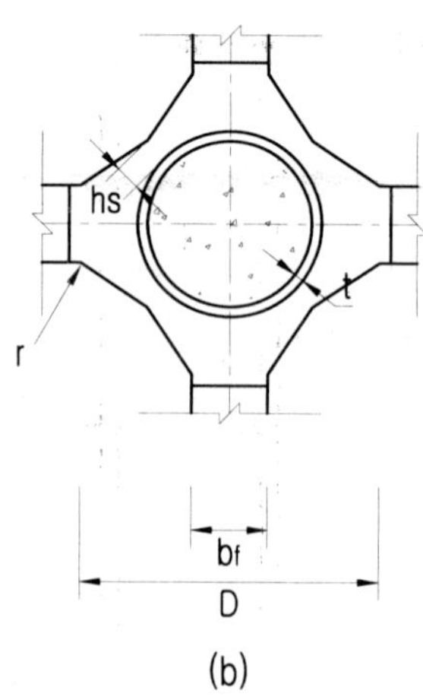

(b)

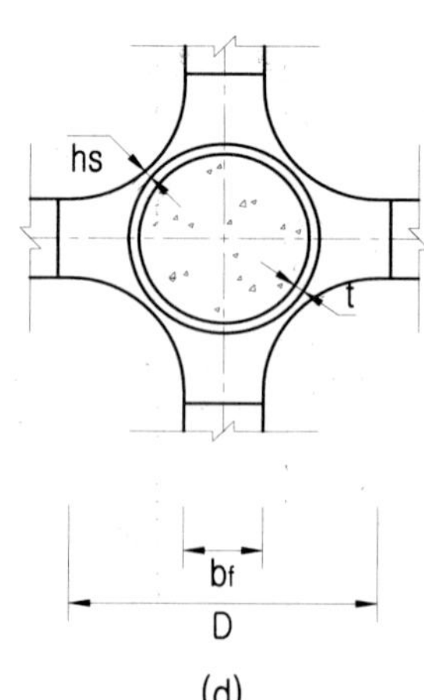

(d)

주 :

1. h_s의 치수는 구조계산에 의해 결정.
2. $r \geq 10mm$(TYP)로 함.
3. 내진성능 및 설계조건 : 중간모멘트 골조(보 춤 750mm 이하)

상세명칭	CB:SC-CFT/H-1	**T형강을 이용한 CFT기둥(각형)-보 단순접합**	4-4-4

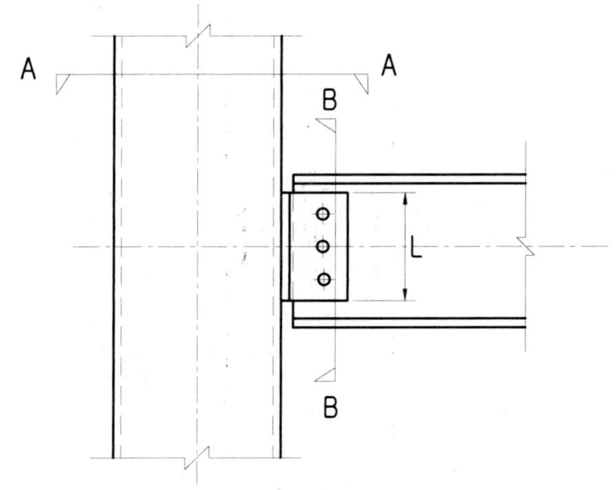

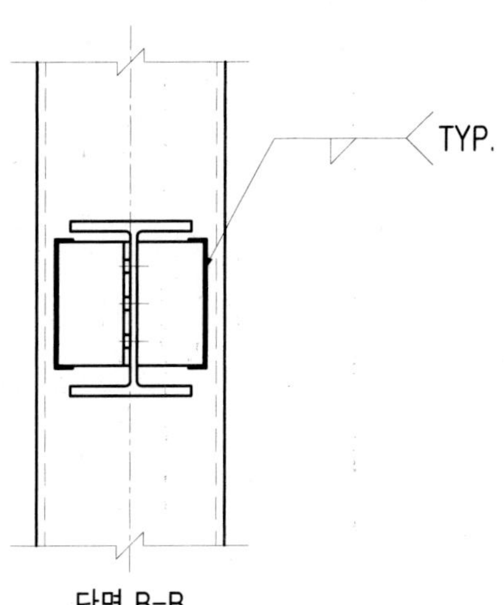

단면 B-B

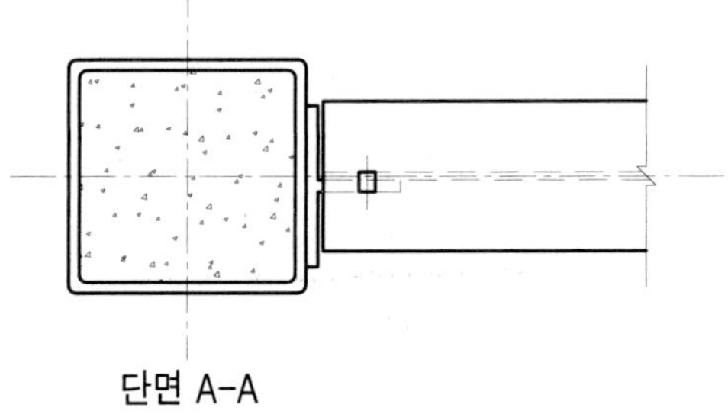

단면 A-A

주 :

1. 유효한 전단능력과 유연성을 제공하며 강관기둥면의 변형을 최소화함.
   회전의 유용성을 위하여 $t_{s,\max} \leq d_h/2 + 1.6r$
2. 기둥에 용접되는 T형강은 그림과 같이 ㄷ형태로 용접하여 보의 웨브 부분이 회전하도록 하여 모멘트전달을 최소화함.
3. T형강은 보의 중심을 기둥의 중심선에 맞추기 위해 기둥의 중심에서 약간 벗어나게 위치시킴.
4. 설치작업의 안정성을 위하여 형강 최소길이는 지지되는 보의 필릿반경을 제외한 웨브높이의 1/2이상을 권장함($L \geq [H - 2t_f + r]/2$).

상세명칭	CB:SC-CFT/H-2	**T형강을 이용한 CFT기둥(원형)-보 단순접합**	4-4-5

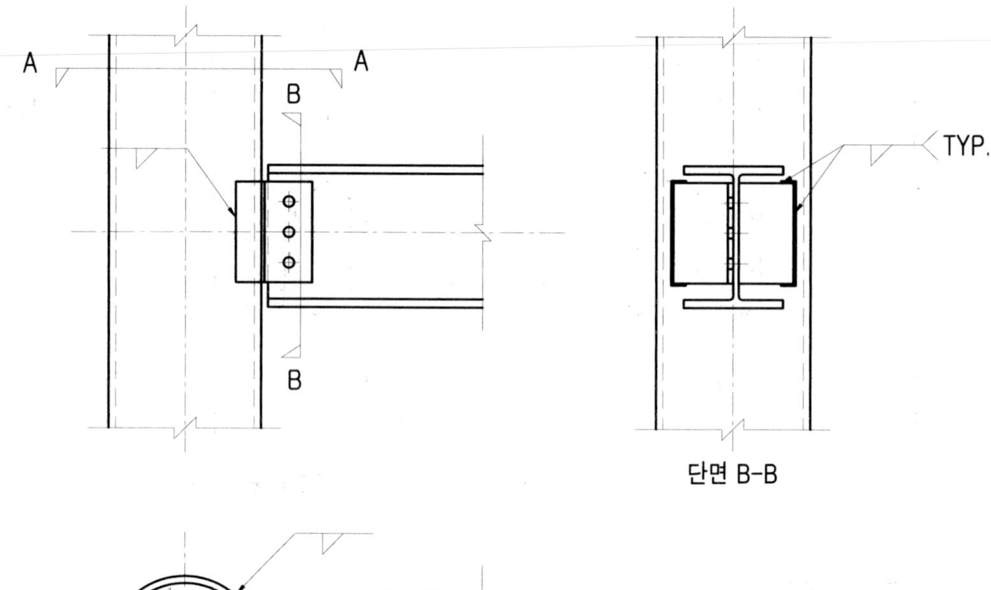

단면 A-A

주 :

1. 유효한 전단 능력과 유연성을 제공하여 강판 기둥면의 변형을 최소화함.
2. 기둥에 용접되는 T형강은 그림과 같이 ㄷ형태로 용접하여 보의 웨브 부분이 회전하도록 하여 모멘트전달을 최소화함.
3. T형강은 보의 중심을 기둥의 중심선에 맞추기 위해 기능의 중심에서 약간 벗어나게 위치시킴.

상세명칭	CB:SC-CFT/H-3	**ㄱ형강을 이용한 CFT기둥(각형)-보 단순접합**	4-4-6

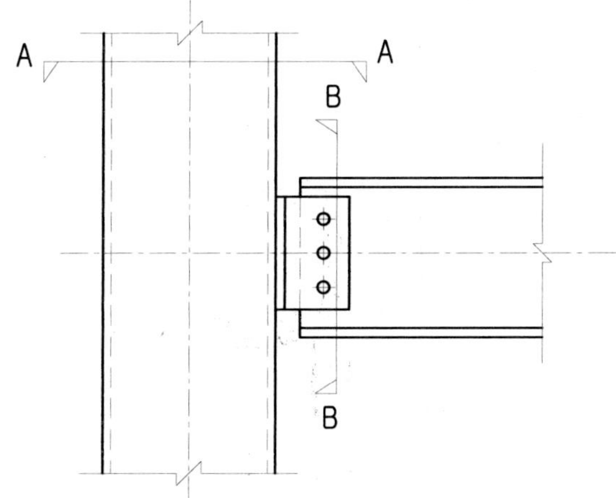

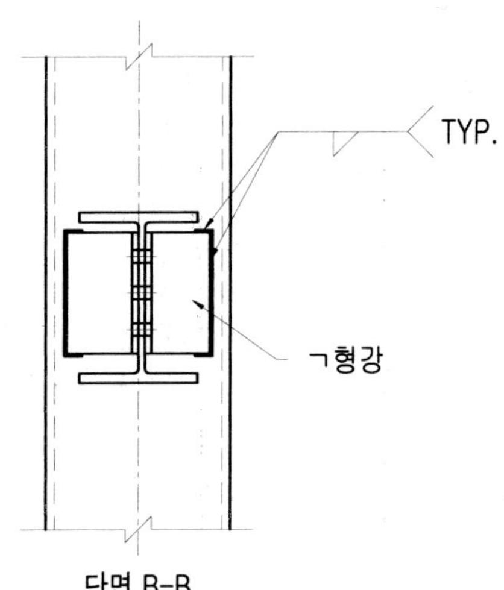

단면 B-B

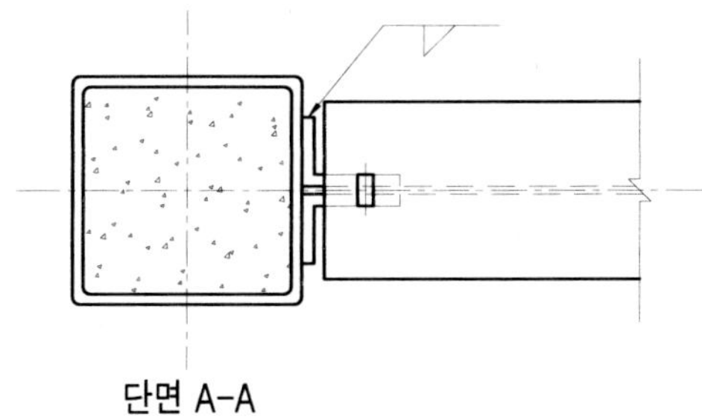

단면 A-A

주 :

1. ㄱ형강의 용접은 T형강의 용접과 같음.
2. 볼트 및 플레이트의 설계는 전단접합에 관련된 설계기준에 따름.

상세명칭	CB:SC-CFT/H-4	**ㄱ형강을 이용한 CFT기둥(원형)-보 단순접합**	4-4-7

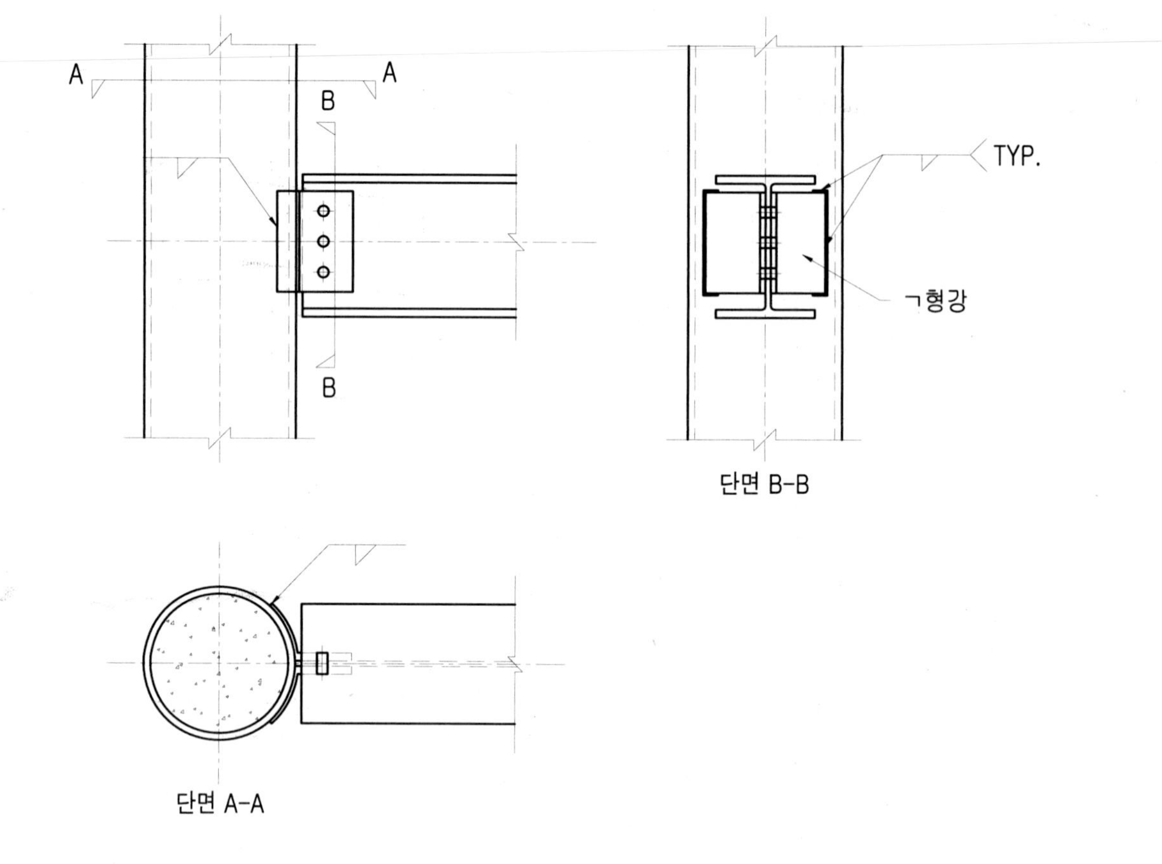

주 :

1. ㄱ형강의 용접은 T형강의 용접과 같음.
2. 볼트 및 플레이트의 설계는 전단접합에 관련된 설계기준에 따름.

상세명칭	CB:SC-CFT/H-5	**플레이트를 이용한 CFT기둥(각형)-보 단순접합**	4-4-8

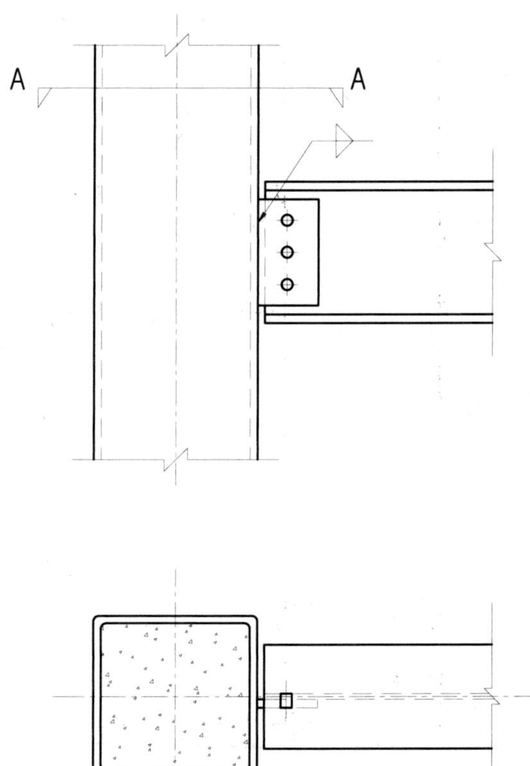

단면 A-A

주 :

1. 접합플레이트의 세로길이(춤)는 모멘트 전달을 줄이기 위해 형강춤의 2/3 이하가 되도록 함.
2. 이러한 접합부는 기둥이 충분한 횡지지를 받을 경우에 사용하고, 기둥하부는 기둥내력의 60% 이하를 받도록 함.
3. 접합부 근처에서 비틀림에 의한 파단 가능성 있으므로 접합부 근처에서 보의 횡좌굴 방지를 위한 횡지지가 필수적임.

상세명칭	CB:SC-CFT/H-6	**플레이트를 이용한 CFT기둥(각형)-보 단순접합**	4-4-9

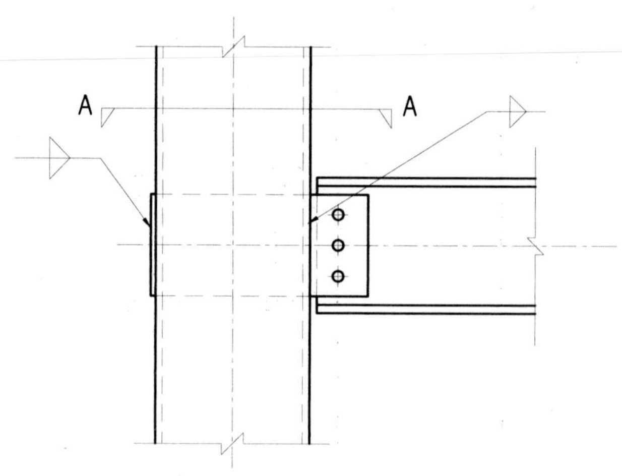

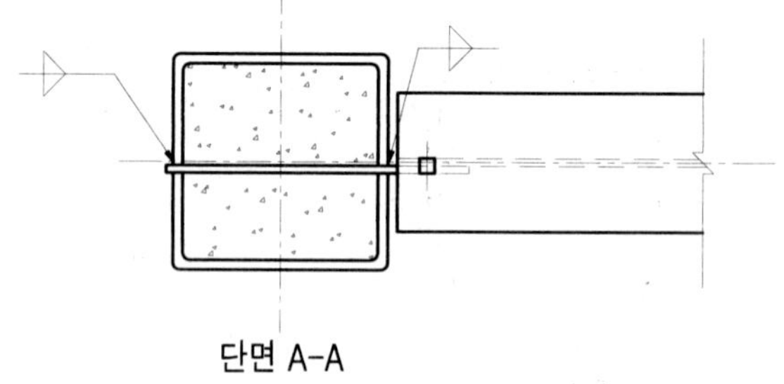

단면 A-A

주 :

1. 접합플레이트의 세로길이(춤)는 모멘트 전달을 줄이기 위해 형강춤의 2/3 이하가 되도록 함.
2. 이러한 접합부는 기둥이 충분한 횡지지를 받을 경우에 사용하고, 기둥하부는 기둥내력의 60% 이하를 받도록 함.
3. 접합부 근처에서 비틀림에 의한 파단 가능성 있으므로 접합부 근처에서 보의 횡좌굴 방지를 위한 횡지지가 필수적임.

상세명칭	CB:SC-CFT/H-7	**플레이트를 이용한 CFT기둥(원형)-보 단순접합**	4-4-10

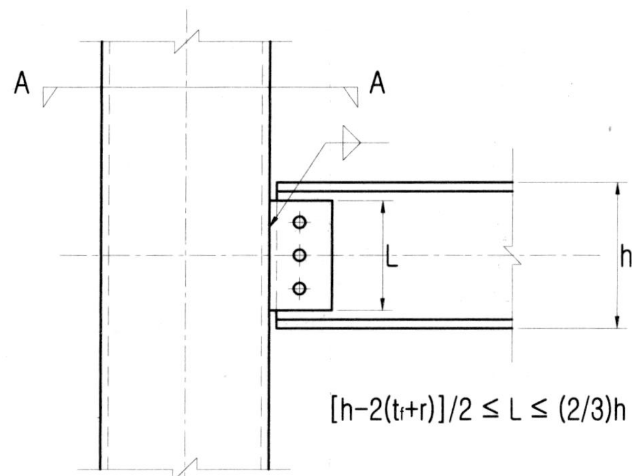

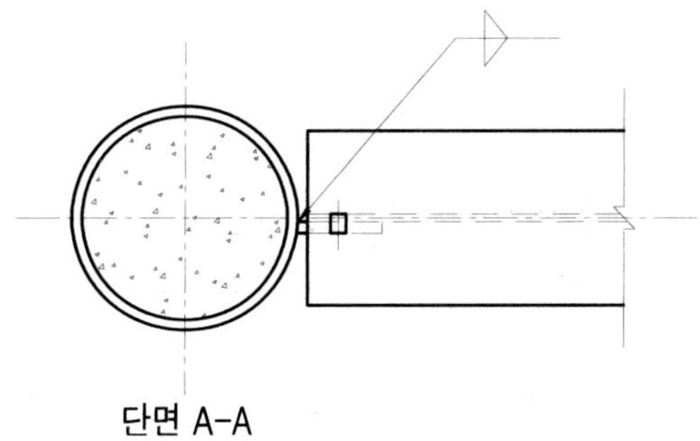

단면 A-A

주 :

1. 접합플레이트의 세로길이(춤)는 모멘트 전달을 줄이기 위해 형강춤의 2/3 이하가 되도록 함.
2. 이러한 접합부는 기둥이 충분한 횡지지를 받을 경우에 사용하고, 기둥하부는 기둥내력의 60%이하를 받도록 함.
3. 접합부의 근처에서 비틀림에 의해 파괴되기 쉬우므로 접합부 근처에서 보의 횡좌굴을 막기 위해 횡지지가 필수적임.

상세명칭	CB:SC-CFT/H-7	**플레이트를 이용한 CFT기둥(원형)-보 단순접합**	4-4-11

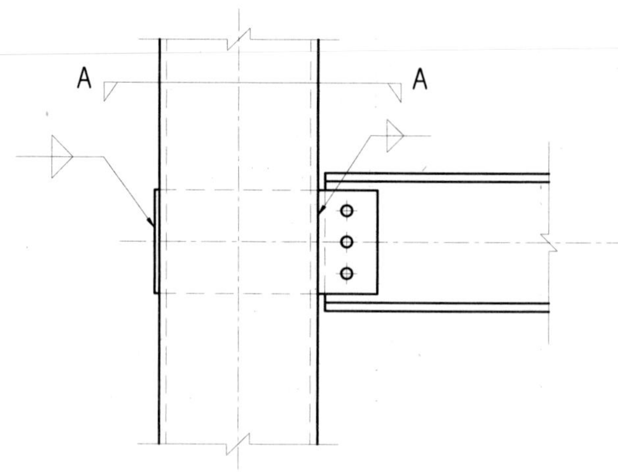

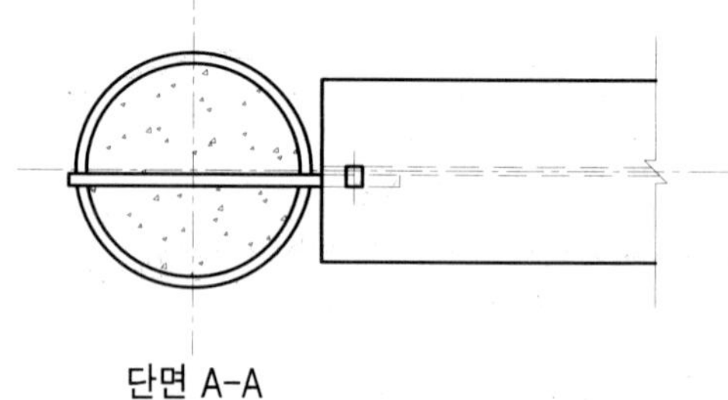

단면 A-A

주 :

1. 접합플레이트의 세로길이(춤)는 모멘트 전달을 줄이기 위해 형강춤의 2/3 이하가 되도록 함.
2. 접합부는 기둥이 충분한 횡지지를 받을 경우에 사용하고, 기둥하부는 기둥내력의 60% 이하를 받도록 함.
3. 접합부 근처에서 비틀림에 의한 파괴발생이 우려되므로 접합부 근처에 보의 횡좌굴 방지용 횡지지가 필수적임.

5장. 이음 및 단순전단접합 일반표준상세

5.1 개요

이 장에서는 H형강에 대한 보이음, 기둥이음, 단순전단접합으로 크게 분류하고, 고장력볼트 및 용접을 사용한 경우의 표준상세를 제시하였다.

고장력볼트접합의 경우 이음부 볼트 배치는 정렬배치만 다루며 형태만 나타내고 자세한 치수는 제2장에서 다룬다.

(1) 고장력볼트 구멍중심 간의 부재축 방향, 즉 종방향 거리는 M16, M20, M22의 경우 60mm로 동일하게 하고, M24의 경우 70mm로 한다.

(2) 볼트중심에서 부재축에 대한 종연단거리는 H형강에 대해서 50mm로 하며, 이음판에 대해서 40mm로 한다.

(3) 볼트중심에서 부재축에 대한 횡연단거리는 [표 2.2]의 최소거리 이상으로 적용하여야 한다.

(4) 보, 기둥 및 전단접합에서 H형강의 이음간격은 시공성을 고려하여 10mm로 한다.

용접접합에서는 그루브용접 및 필릿용접을 기본으로 하였으며, 고장력볼트와 용접을 병용하는 경우는 고장력볼트를 먼저 체결하고 용접이음을 실시하도록 제시하였다. H형강 보 및 기둥의 루트간격은 시공성을 고려하여 5mm로 한다.

상세명칭의 기호에서는 첫 번째 기호는 접합유형을, 2번째 기호는 접합되는 부재의 단면형상을 나타내고, 3번째 기호는 표준상세의 세부유형을 나타낸 것으로 다음과 같다.

BS : 보이음(Beam Splice)
CS : 기둥이음(Column Splice)
GB : 큰보-작은보접합(Girder-Beam Connection)
CB : 기둥-보접합(Column-Beam Connection)
H/H : H형강과 H형강의 접합
DAC : 쌍ㄱ형강접합
SAC : 단일ㄱ형강접합
SEC : 단부판 전단접합
UsSC : 비보강받침접합
StSC : 보강받침접합
TSC : T형강접합
SPC : 단일판접합

5.2 보이음

상세명칭	BS:H/H-1	**고장력볼트 1면이음판 이음**	5-2-1

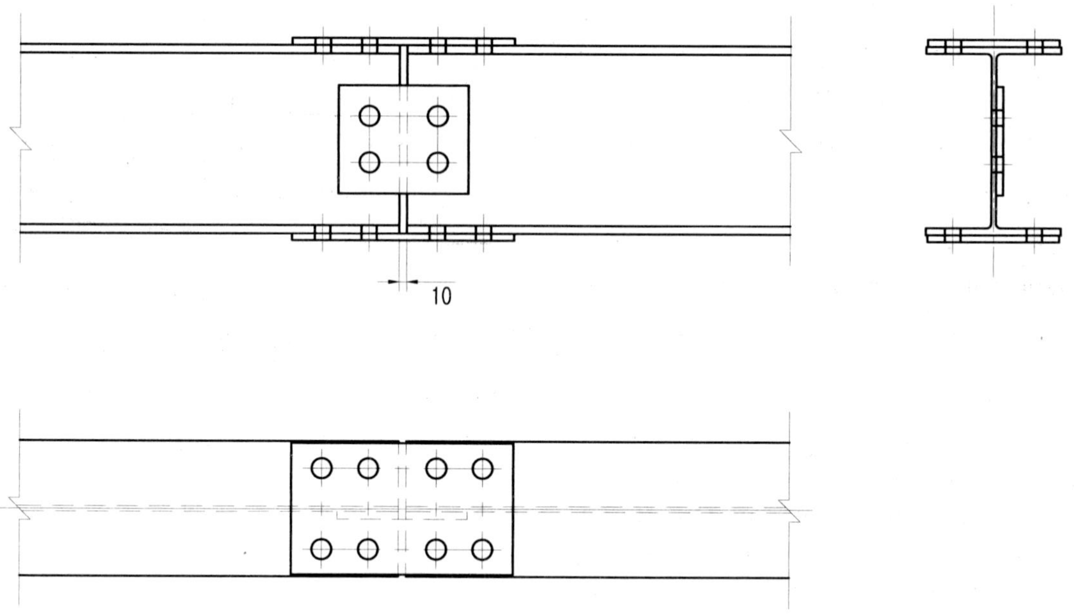

10

주 :

1. 볼트접합표준에 관한 사항은 제2장 고장력볼트접합표준을 참조

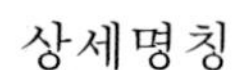

상세명칭	BS:H/H-2	**고장력볼트 2면이음판 이음**	5-2-2

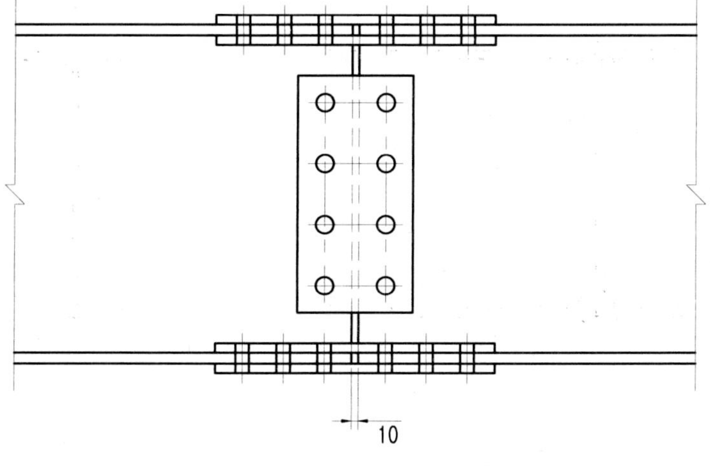

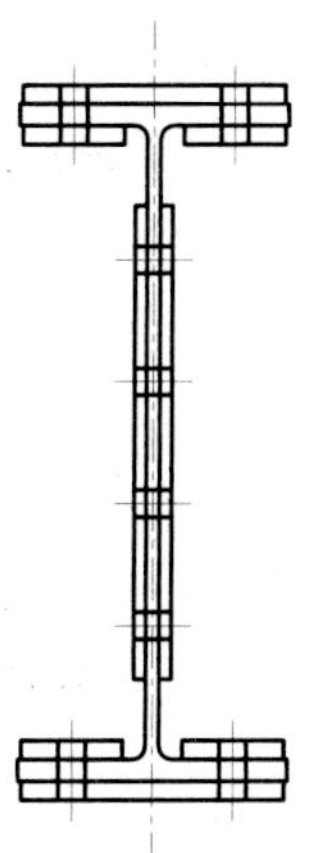

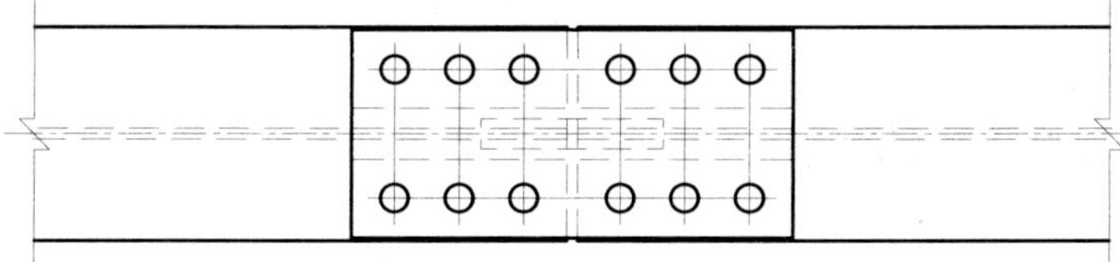

주 :

1. 볼트접합표준에 관한 사항은 제2장 고장력볼트접합표준을 참조

상세명칭	BS:H/H-3	**보의 전용접이음**	5-2-3

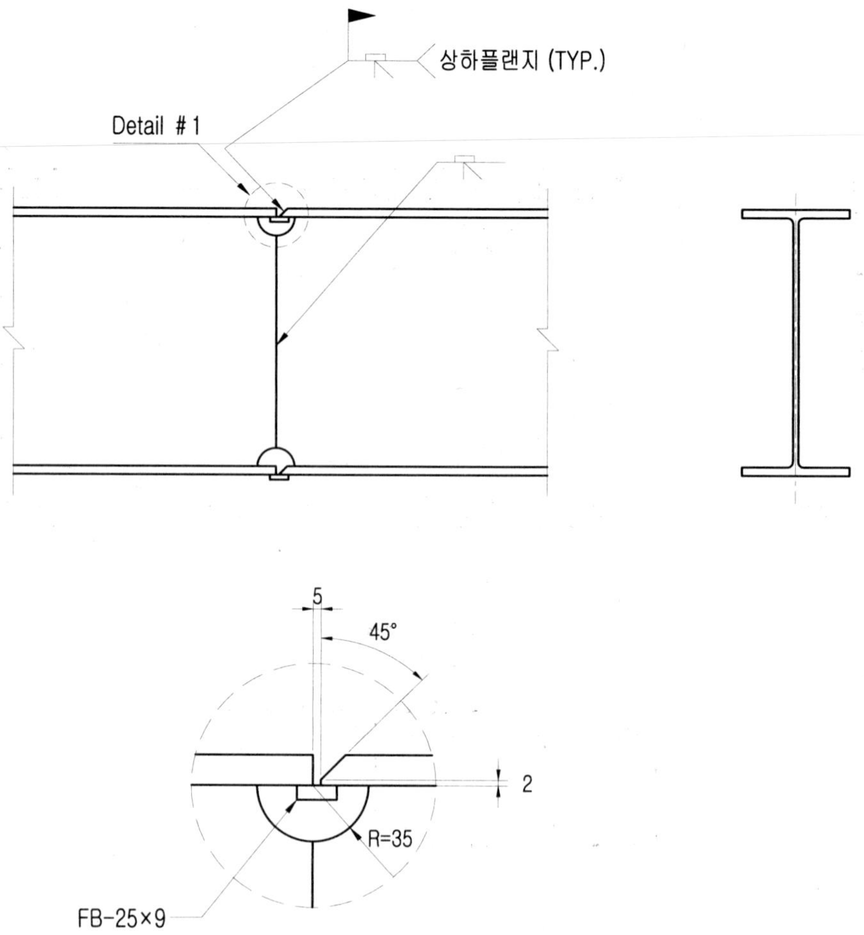

상하플랜지 (TYP.)

Detail # 1

5

45°

2

R=35

FB-25×9

Detail # 1

주 :

1. 상하플랜지는 현장에서 뒷댐재를 사용하여 위 그림(좌측)과 같이 일면개선 그루브용접-맞댐용접 및 하향용접으로 이음함
2. 웨브는 한쪽 개선하여 이음함

상세명칭	BS:H/H-4	**고장력볼트와 용접의 병용이음 (웨브볼트, 플랜지용접)**	5-2-4

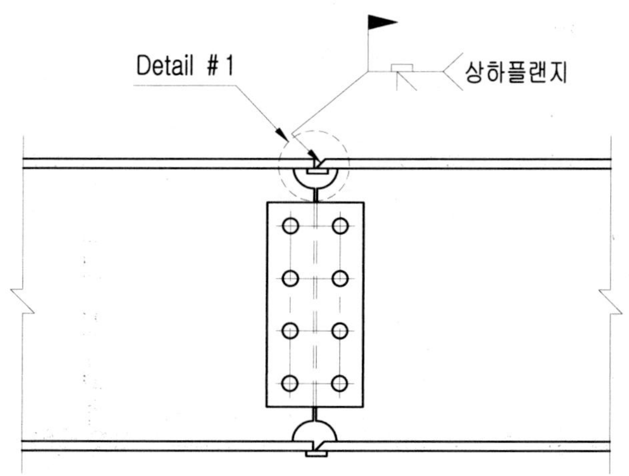

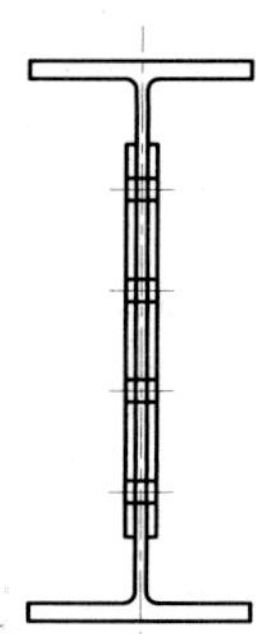

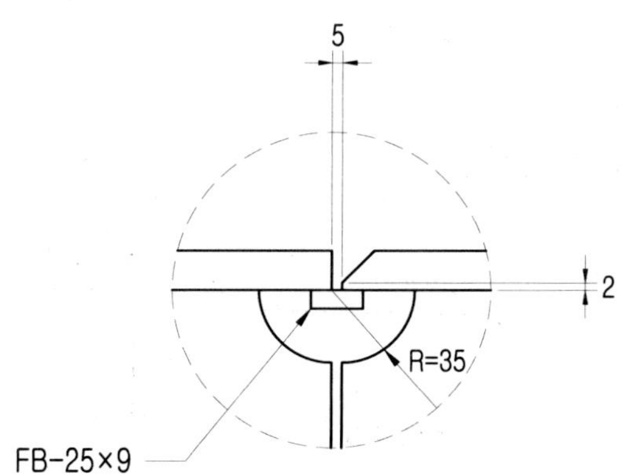

Detail #1

주 :

1. 고장력볼트와 용접을 병용하는 경우에는 고장력볼트를 먼저 체결하고 용접이음을 실시
2. H형강보의 이음간격은 시공성을 고려하여 웨브와 플랜지 모두 5mm 정도로 함
3. 고장력볼트 이음의 일반사항은 제2장 고장력볼트접합표준을 참고
4. 상하플랜지는 현장에서 뒷댐재를 사용하여 위 그림과 같이 일면개선 그루브용접-맞댐용접 및 하향용접으로 이음

상세명칭	BS:H/H-5	**고장력볼트와 용접의 병용이음 (웨브 및 하부플랜지 볼트, 상부플랜지 용접)**	5-2-5

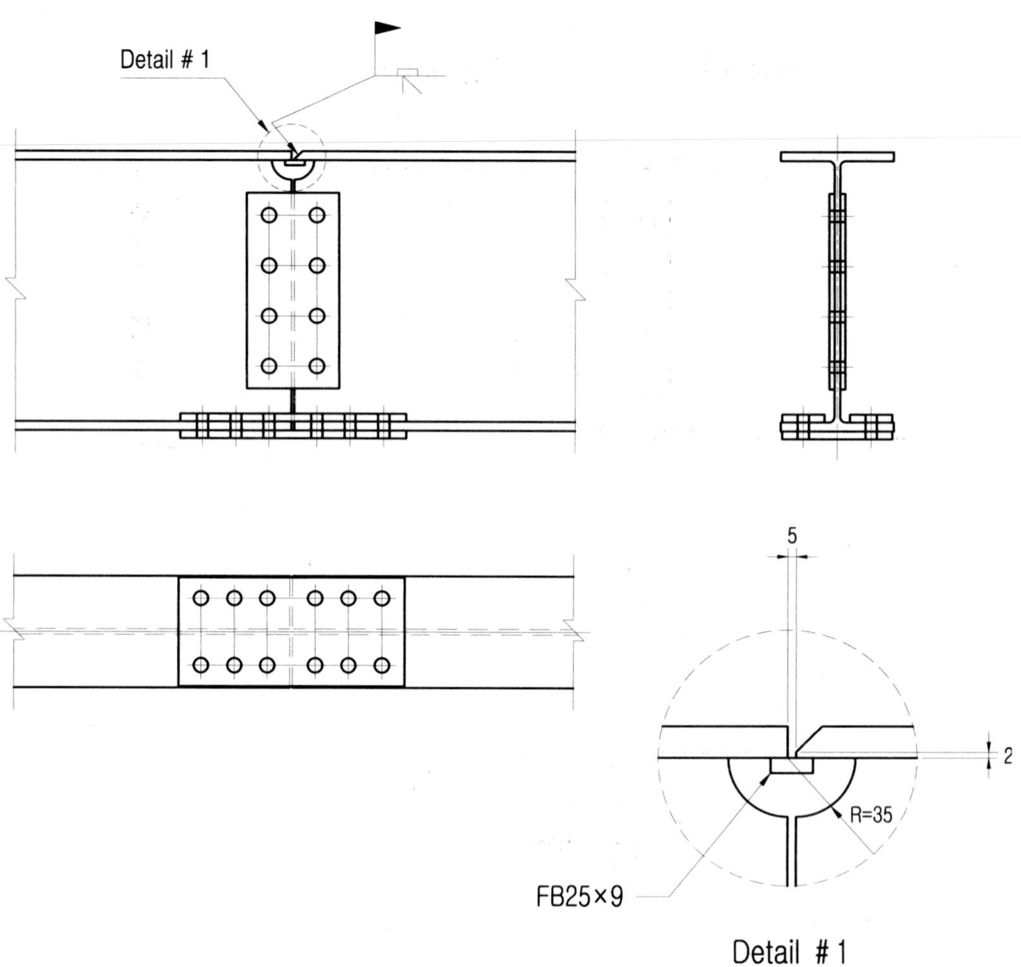

주 :

1. 고장력볼트와 용접을 병용하는 경우에는 고장력볼트를 먼저 체결하고 용접이음을 실시
2. H형강보의 이음간격은 시공성을 고려하여 웨브와 플랜지 모두 5mm 정도로 함
3. 고장력볼트이음의 일반사항은 제2장 고장력볼트접합표준 참조
4. 상부플랜지는 현장에서 뒷댐재를 사용하여 위 그림과 같이 일면개선 그루브용접-맞댐용접 및 하향용접으로 이음
5. 개선방법은 제3장 용접표준접합 참조

상세명칭	BS:H/H-6	**전단이음접합**	5-2-6

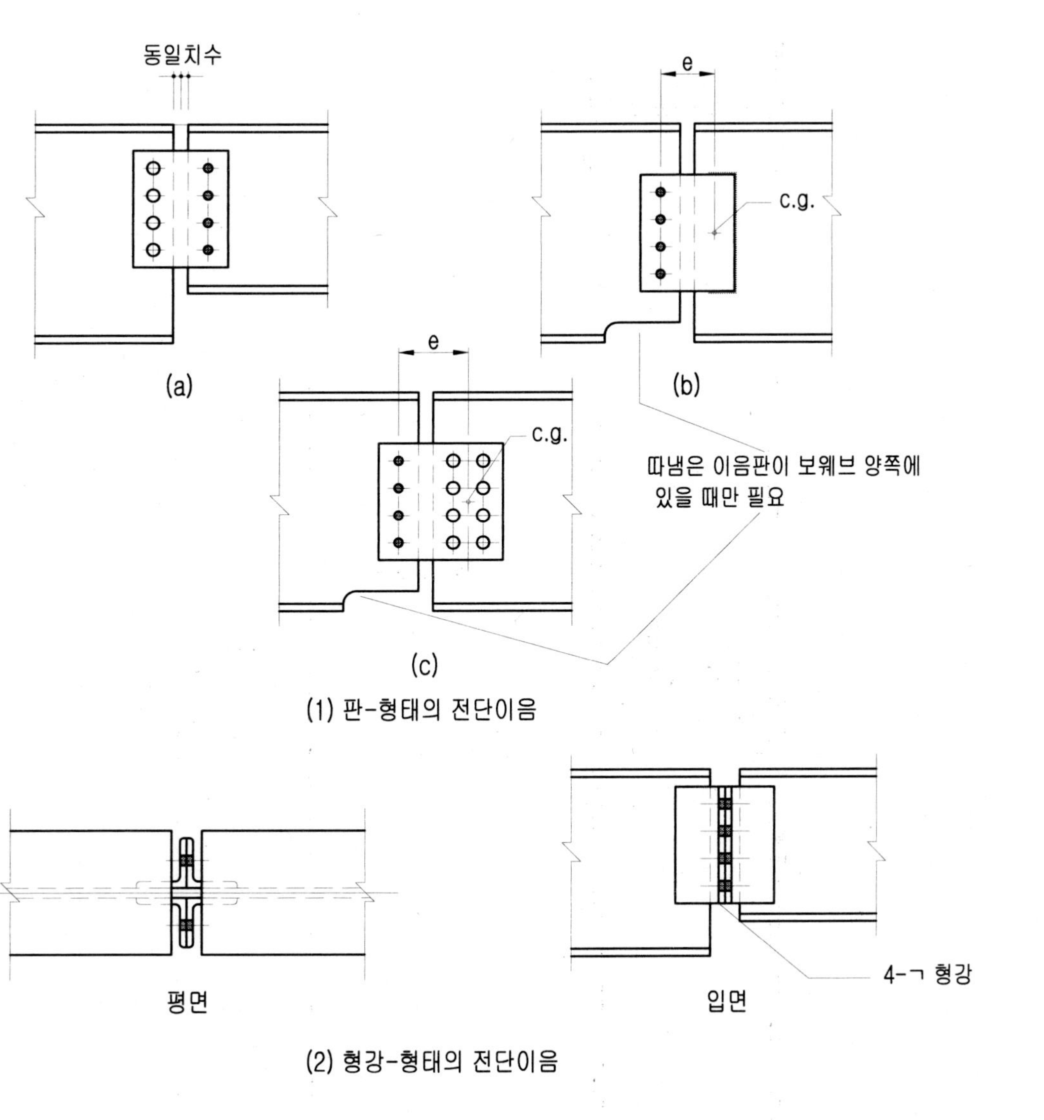

(1) 판-형태의 전단이음

(2) 형강-형태의 전단이음

주 :

1. 그림(1)(a)는 통상 1장의 이음판으로 또는 그림(1)(b)와 (c)와 같이 2장의 이음판으로 만든다.
2. 이음부에 높은 회전유연성이 필요한 경우 그림(2)와 같이 4개의 ㄱ형강을 이용한 이음을 적용한다.
3. 그림(1)의 경우 전단이음의 설계는 편심을 고려해야 한다. 편심의 고려는 "강구조접합부 설계매뉴얼" 3.1.12에 따른다.

상세명칭	CS:H/H-1	**고장력볼트 1면이음판 이음 (상하 동일 단면인 경우)**	5-3-1

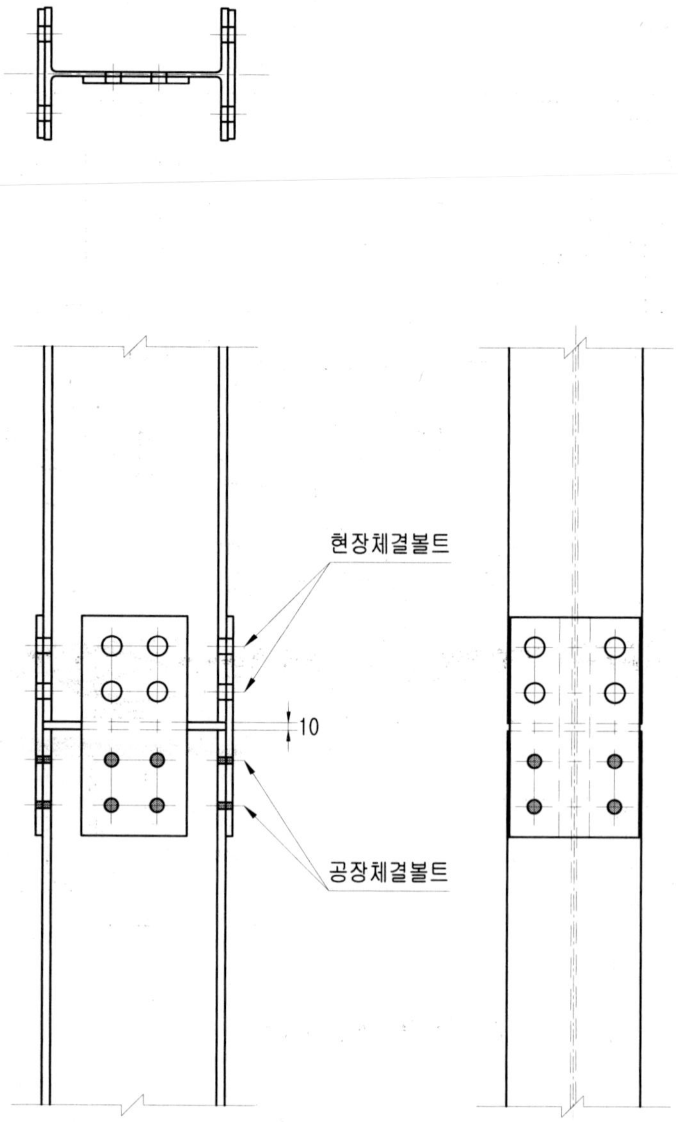

현장체결볼트

10

공장체결볼트

주 :44

1. 볼트접합표준에 관한 사항은 제2장 고장력볼트접합표준을 참조
2. H형강기둥의 이음간격은 시공성을 고려하여 웨브와 플랜지 모두 10mm 정도로 함7

상세명칭	CS:H/H-2	**고장력볼트 2면이음판이음 (상하 단면차이가 없는 경우)**	5-3-2

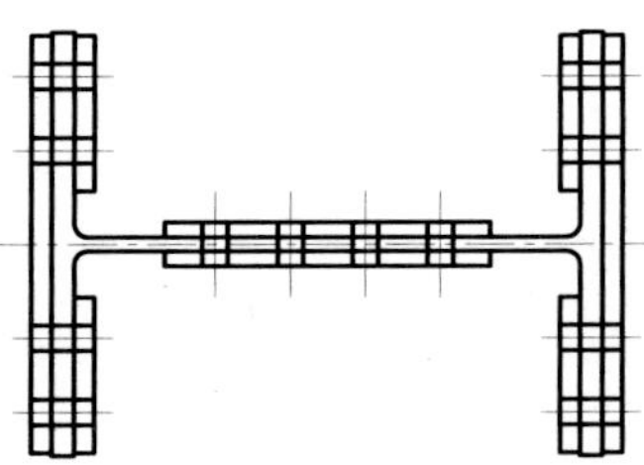

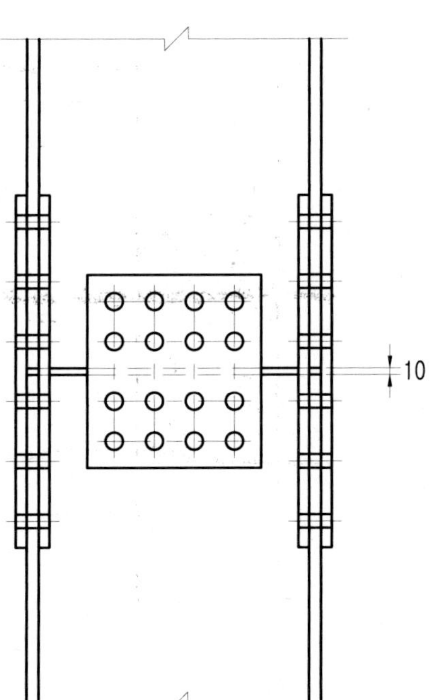

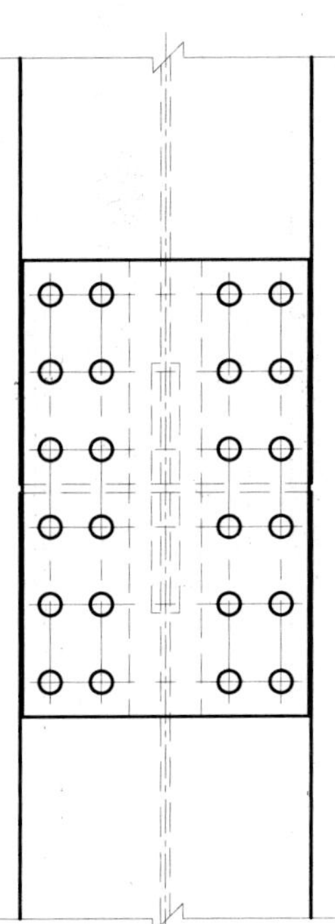

주 :

1. 볼트접합표준에 관한 사항은 제2장 고장력볼트접합표준을 참조
2. H형강기둥의 이음간격은 시공성을 고려하여 웨브와 플랜지 모두 10mm 정도로 함

상세명칭	CS:H/H-3	**고장력볼트 1면이음판이음 (끼움판[Filler]이 있는 경우)**	5-3-3

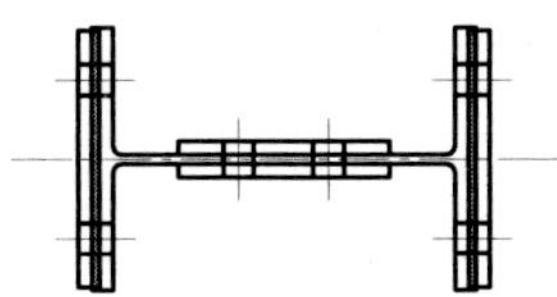

단면 A-A

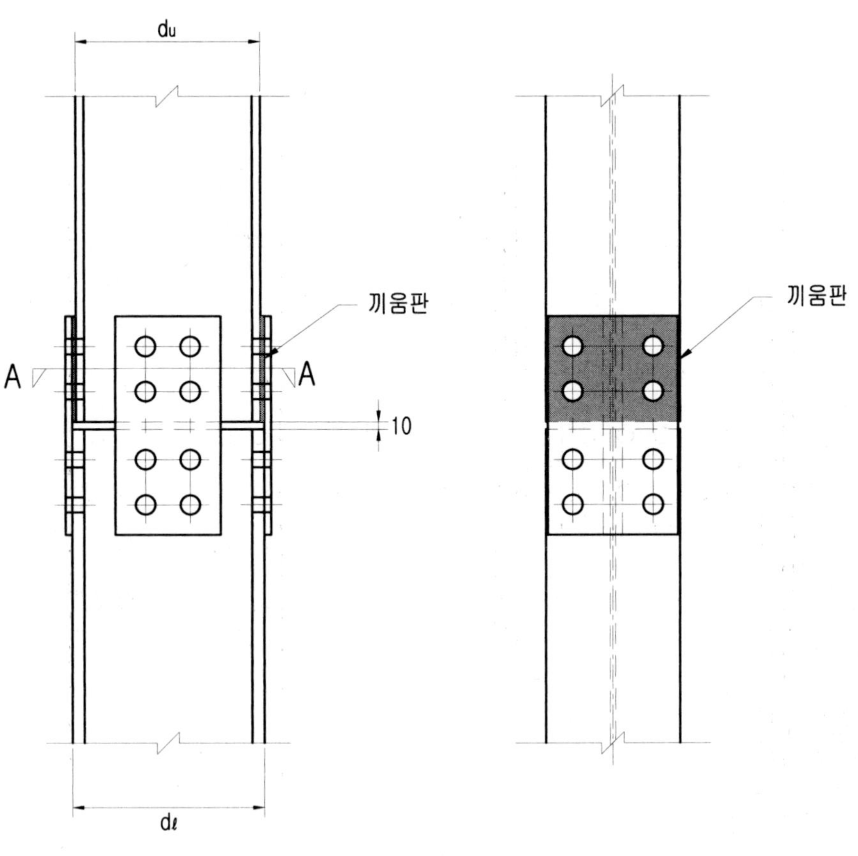

주 :

1. H형강기둥 상하부 단면 춤의 차이가 30mm 이하인 경우에는 플랜지두께의 차이를 끼움판(Filler)으로 줄인 후, 이음판을 사용함
2. H형강기둥 상하부 단면 춤의 차이가 1mm 이하인 경우에는 끼움판 생략 가능
3. 끼움판의 두께는 $(d_l-d_u)/2-(3\sim5)$mm으로 한다. 이 때, 끼움판의 두께는 상부 H형강플랜지의 두께를 초과할 수 없음. 그리고 끼움판은 되도록 1장을 사용하며, 최대 3장 이내로 함
4. H형강기둥의 이음간격은 시공성을 고려하여 웨브와 플랜지 모두 10mm 정도로 함
5. 고장력볼트이음의 일반적인 사항은 제2장을 참조

상세명칭	CS:H/H-4	**고장력볼트 2면이음판 이음 (끼움판[Filler]이 있는 경우)**	5-3-4

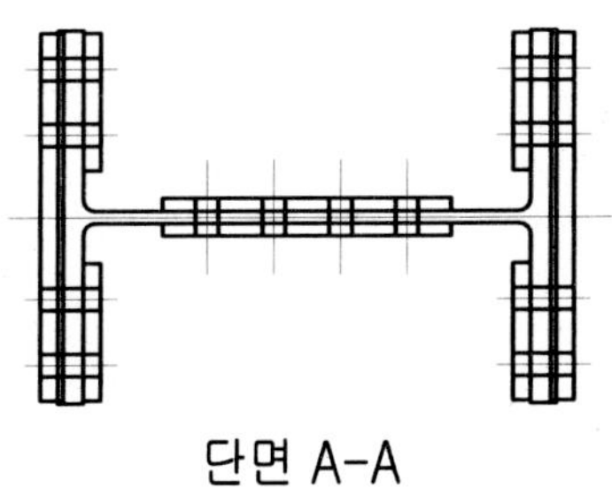

단면 A-A

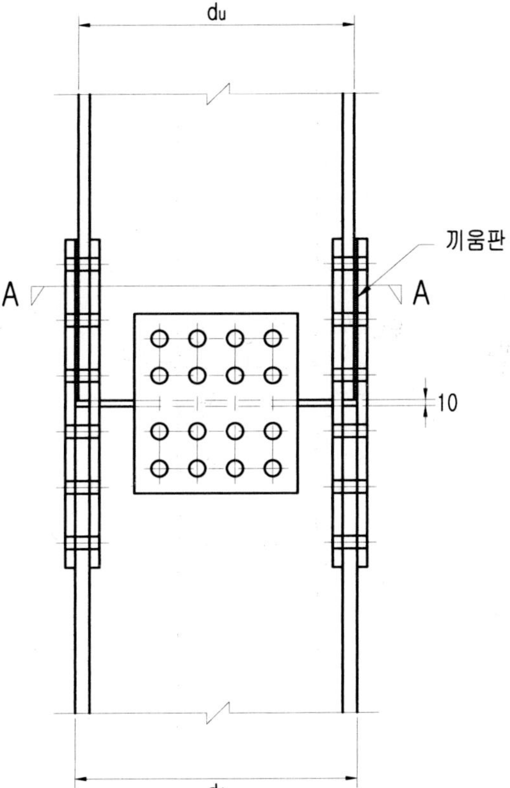

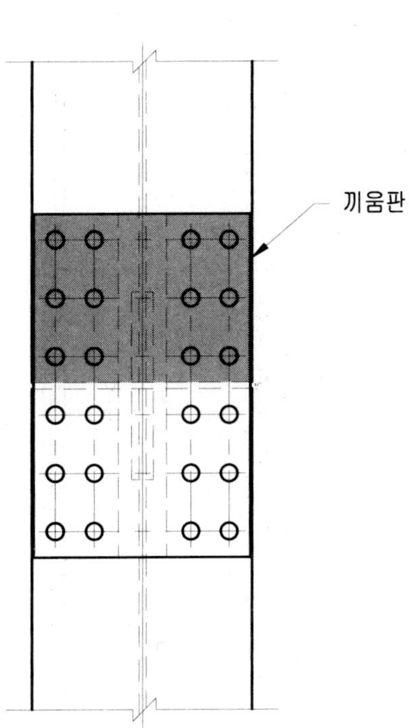

주 :

1. H형강기둥 상하부 단면 춤의 차이가 30mm 이하인 경우에는 플랜지두께의 차이를 끼움판(Filler)으로 줄인 후, 이음판을 사용함
2. 끼움판의 두께는 $(d_l-d_u)/2-(3\sim5)$mm으로 한다. 이 때, 끼움판의 두께는 상부 H형강플랜지의 두께를 초과할 수 없음. 그리고 끼움판은 되도록 1장을 사용하며, 최대 3장 이내로 함
3. H형강기둥의 이음간격은 시공성을 고려하여 웨브와 플랜지 모두 10mm 정도로 함
4. 고장력볼트이음의 일반적인 사항은 제2장을 참고
5. 이음판의 폭은 플랜지 공칭폭과 같게 하고 상부기둥의 플랜지 공칭폭 보다 크지 않게 한다.

상세명칭	CS:H/H-5	**고장력볼트 1면이음판 이음 (맞댐판[Butt Plate]이 있는 경우)**	5-3-5

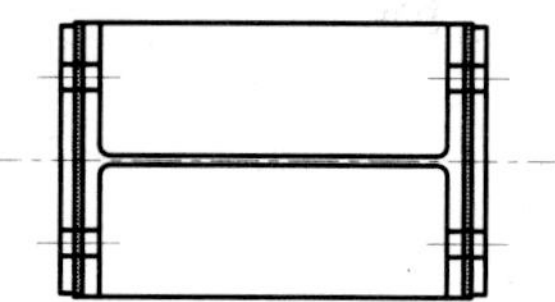

단면 A-A

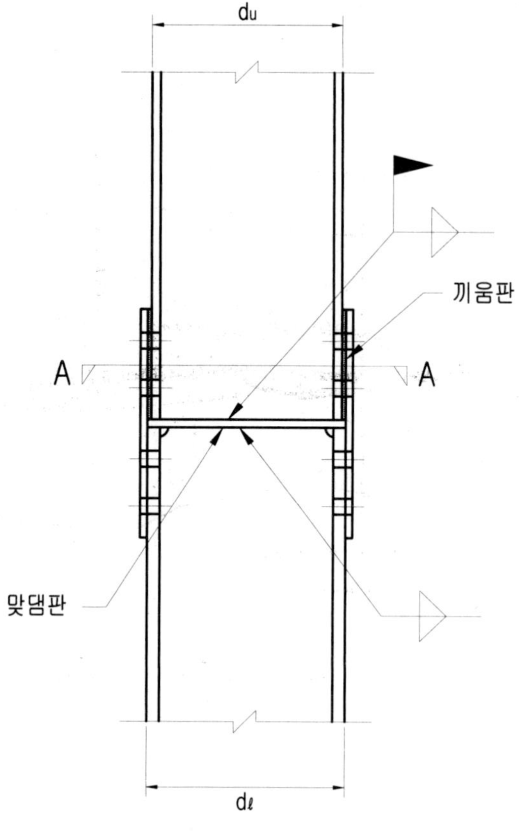

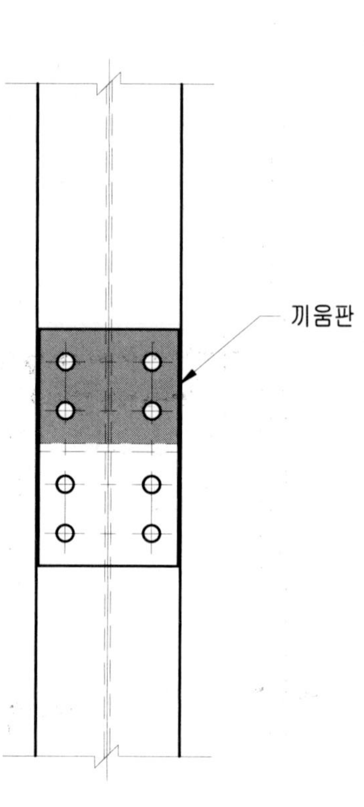

주 :

1. H형강기둥 상하부 단면 춤의 차이가 30mm 이상인 경우에는 맞댐판(Butt Plate)을 사용함
2. 상하 기둥의 중심선은 가능한 일치시키고, 이음판과 플랜지 사이에 생기는 틈에는 끼움판(Filler)을 삽입하여 조정함. 이 때 끼움판의 두께는 $(d_l-d_u)/2-(3\sim5)$mm으로 하고, 끼움판의 두께는 상부 H형강플랜지의 두께를 초과할 수 없음. 그리고 끼움판은 되도록 1장을 사용하며, 최대 3장 이내로 함.
3. 상부기둥의 웨브만 하부 맞댐판에 양면필릿용접함. 맞댐판의 폭은 상부기둥의 폭과 같게 하고, 맞댐판의 길이는 (d_l-6)mm로 한다.
4. 고장력볼트이음의 일반적인 사항은 제2장을 참조
5. 플랜지는 용접하지 않음

상세명칭	CS:H/H-6	**고장력볼트 2면이음판 이음 (메탈터치[Metal Touch]의 경우)**	5-3-6

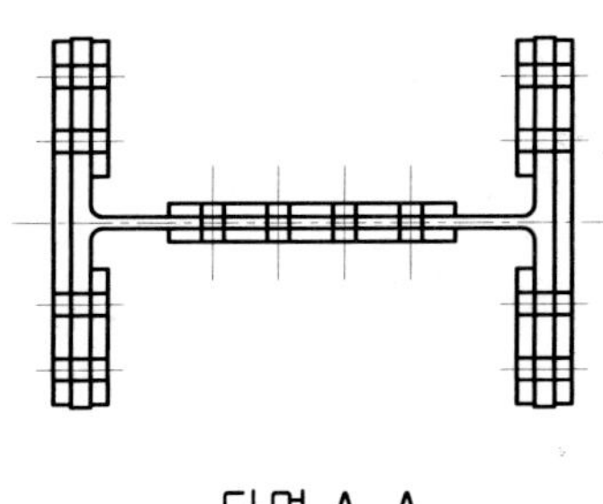

단면 A-A

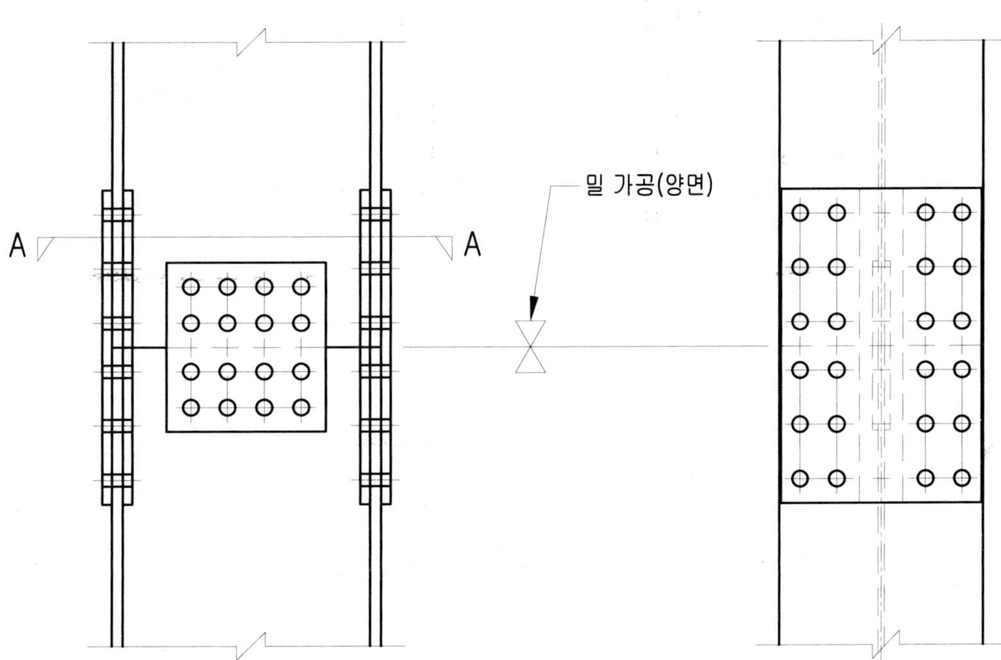

주 :

1. H형강기둥이음부에 인장력이 발생하지 않고 접합부 면이 절삭마감(메탈터치)에 의하여 밀착되는 경우 접촉면으로 소요압축강도 및 소요휨강도의 1/2이 전달되는 것으로 설계할 수 있음. 다만 전단력은 접촉면으로 전달되지 않음. (KDS 41 31 00 4.7.1.5 참조)
2. 이러한 이음부의 면은 페이싱 머신(facing machine) 또는 로터리 플레이너(rotary planer) 등의 절삭가공기를 사용하여 마감함
3. 고장력볼트이음의 일반적인 사항은 제2장을 참고

상세명칭	CS:H/H-7	**기둥전체의 용접이음**	5-3-7

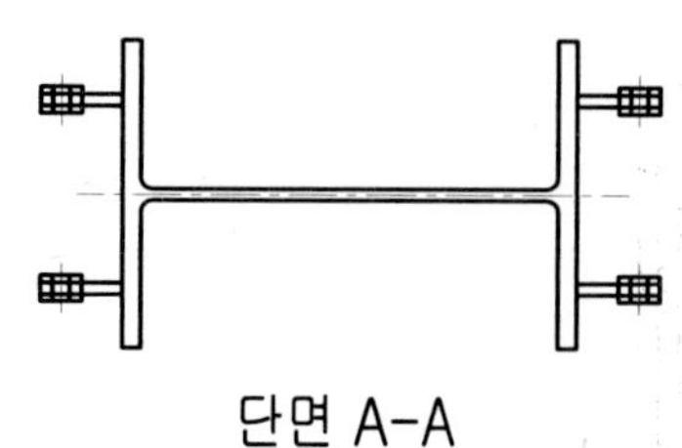

단면 A-A

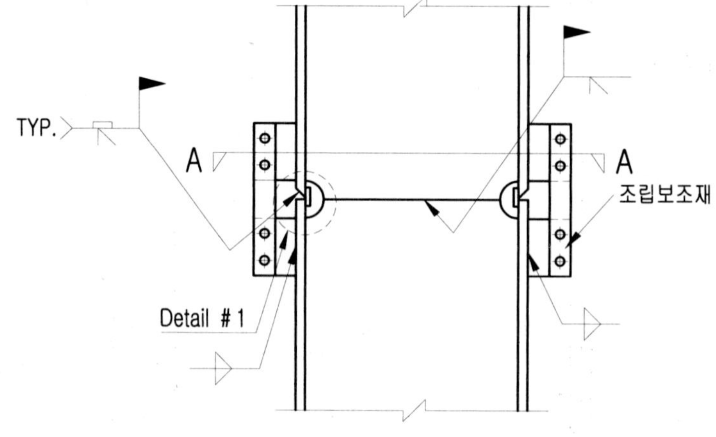

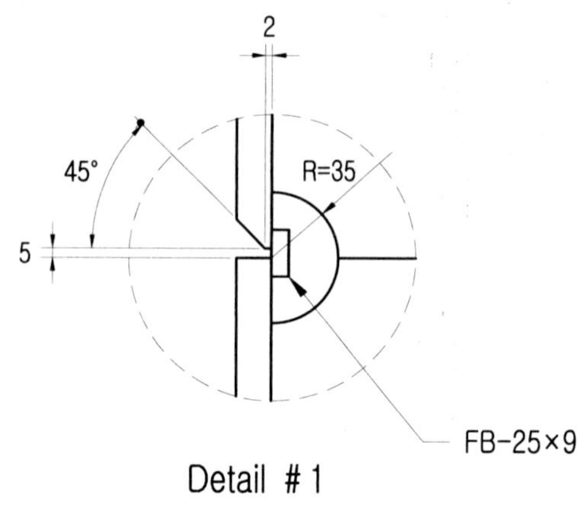

Detail #1

주 :

1. 상하 플랜지는 현장에서 뒷댐재를 사용하여 위 그림과 같이 일면개선 그루브용접-맞댐용접으로 이음
2. 웨브는 한쪽 개선하여 이음
3. 그루브용접의 형태는 제3장 참조

상세명칭	CS:H/H-8	**고장력볼트와 용접이음의 병용이음**	5-3-8

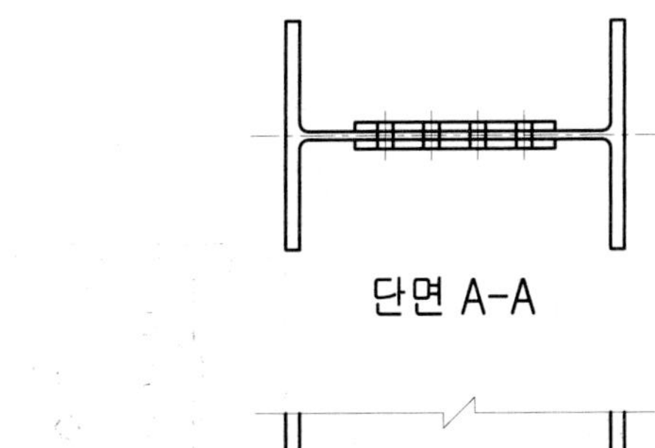

단면 A-A

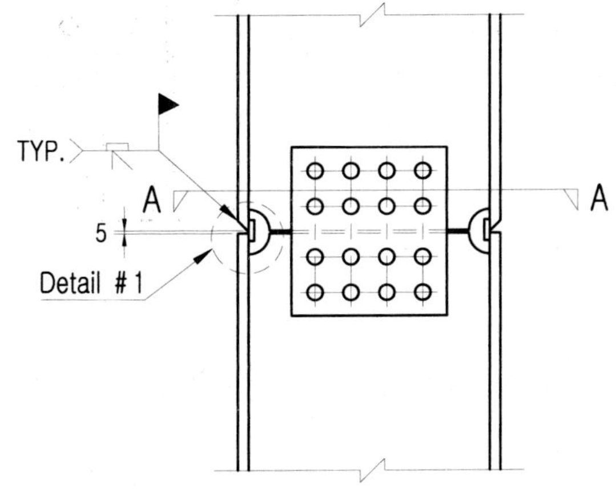

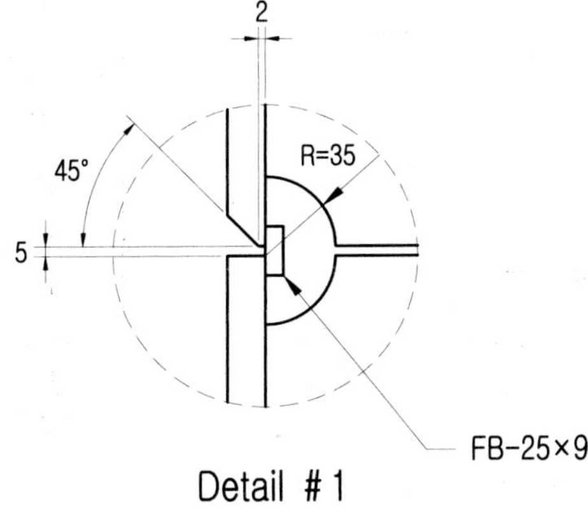

Detail #1

주 :

1. 고장력볼트와 용접을 병용하는 경우에는 고장력볼트를 먼저 체결하고 용접이음을 실시
2. H형강기둥의 이음간격은 시공성을 고려하여 웨브와 플랜지 모두 5mm정도로 함
3. 고장력볼트이음의 일반사항은 제2장 참조
4. H형강기둥의 상하 플랜지는 현장에서 뒷댐재를 사용하여 위 그림과 같이일면개선 그루브용접 -맞댐용접및 수평용접으로 이음함

5.4 단순전단접합

상세명칭	GB:H/H-1	**큰보-작은보의 고장력볼트 전단접합**	5-4-1

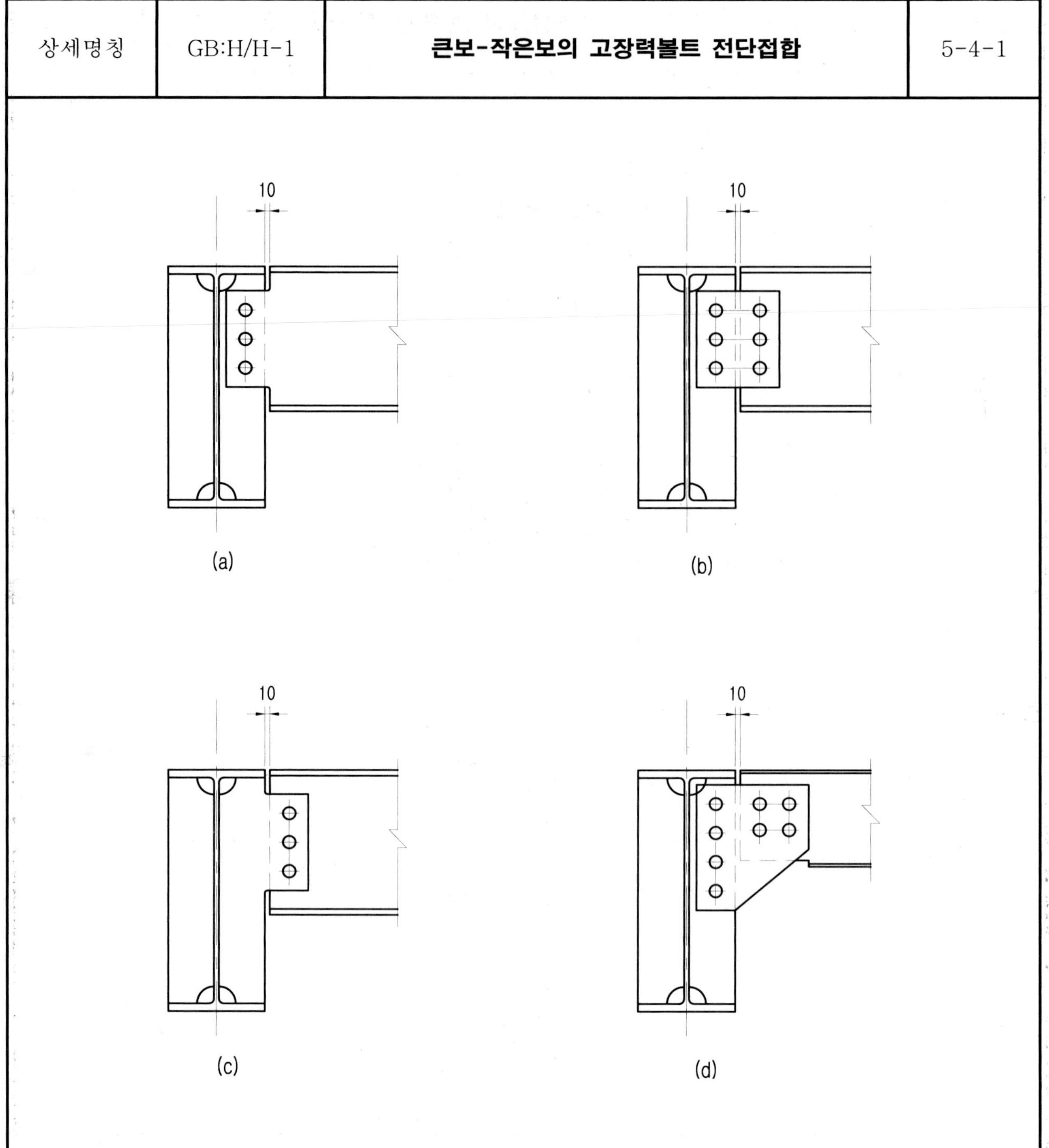

(a) (b) (c) (d)

주 :

1. (a) 큰보의 수직스티프너에 작은보의 상하플랜지를 절단하여 고장력볼트로 접합
2. (b) 큰보의 수직스티프너에 이음판을 사용하여 작은보와 고장력볼트로 접합
3. (c) 큰보의 수직스티프너 한쪽을 내밀어 작은보와 고장력볼트로 접합
4. (d) 큰보의 수직스티프너에 작은보의 하부플랜지를 절단하여 이음판을 사용하여 작은보와 고장력볼트로 접합
5. 위 큰보와 작은보와의 접합은 단순접합으로 설계하며, 작은보로부터 전단력반이 큰보로 전달되도록 한 접합임

상세명칭	GB:H/H-2	**올려놓는 보 접합 (볼트접합)**	5-4-2

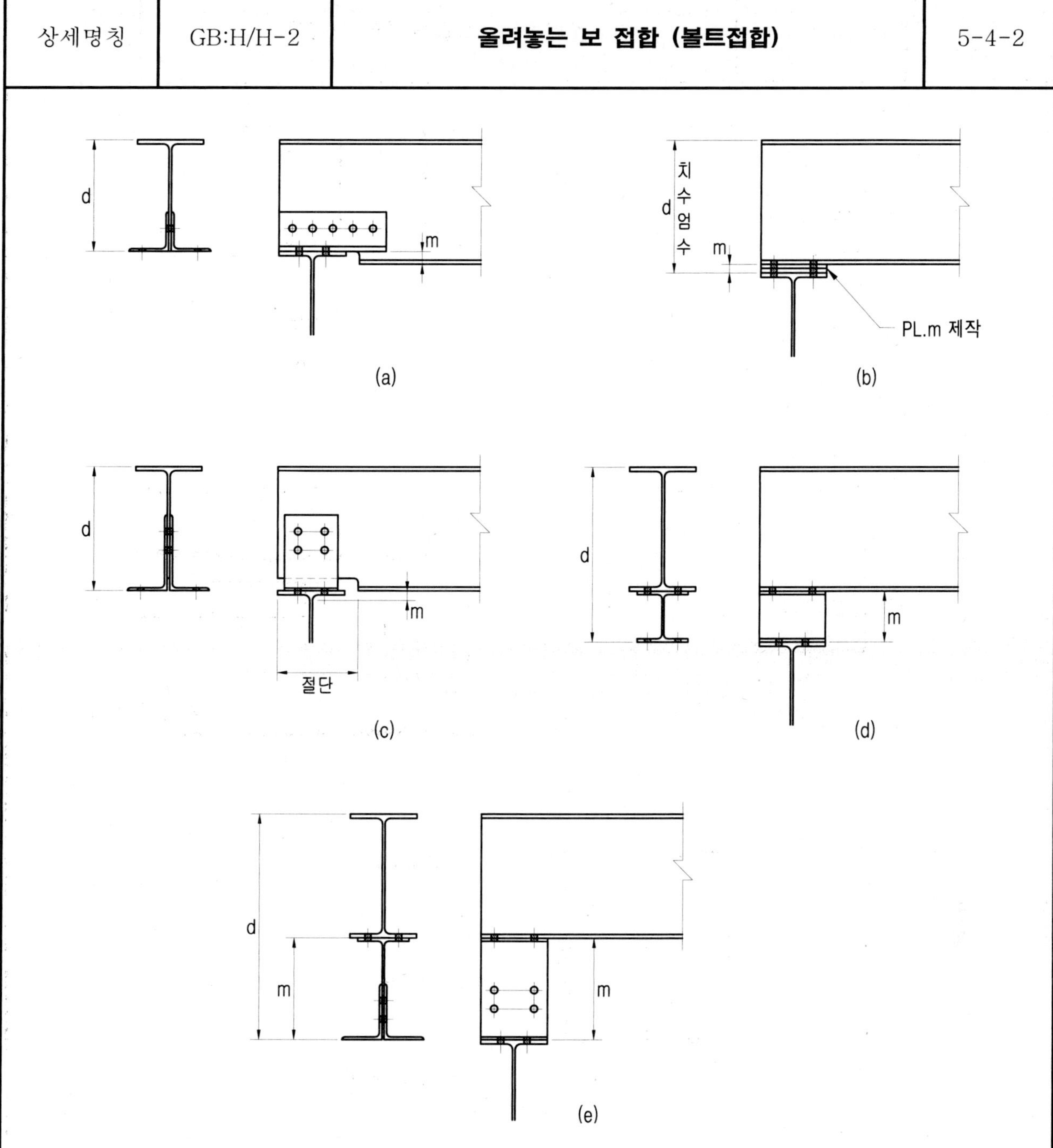

주 :

1. (a) 올려놓는 보의 하부플랜지 일부를 잘라내고 쌍ㄱ형강을 사용하여 볼트 접합하는 방식
2. (b) 올려놓는 보의 하부면과 지지하는 보의 상부면 사이에 끼움재를 설치하는 접합 방식
3. (c) m이 150~175mm 일 때 주로 사용하는 방식
4. (d) H형강을 잘라서 만든 받침대나 좌대를 사용하는 방식. m의 크기에 따라서 필요하면 끼움재를 함께 사용할 수 있다.
5. (e) 한 쌍의 ㄱ형강이나 T형강을 받침대 또는 좌대로 사용하는 방식

상세명칭	GB:H/H-3	**올려놓는 보 접합 (용접접합)**	5-4-3

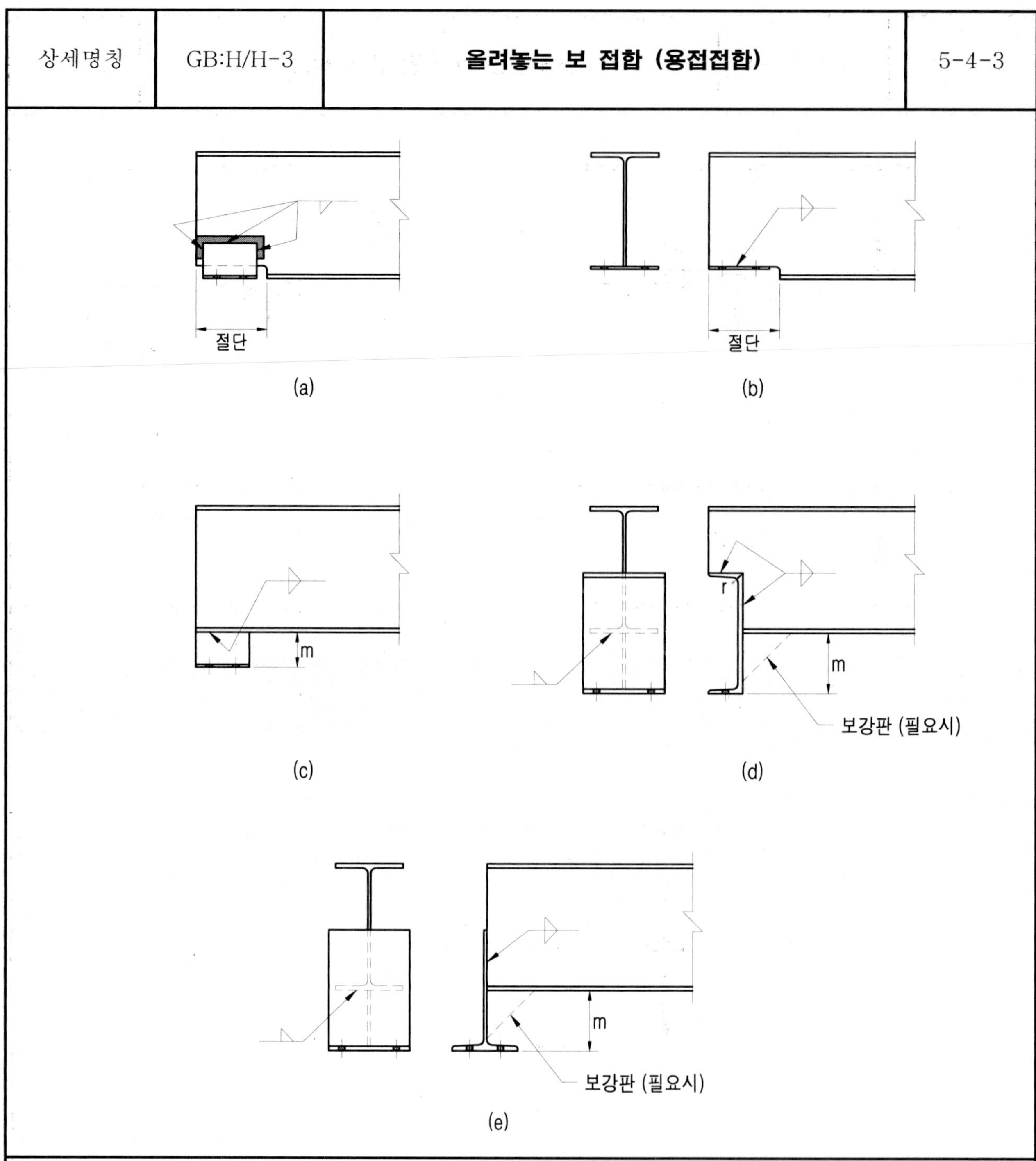

주 :

1. (a) 올려놓는 보의 하부플랜지 일부를 잘라내고 쌍ㄱ형강을 사용하여 용접접합하는 방식
2. (b) 두 개의 ㄱ형강 대신 수평판을 사용하는 방식
3. (c) 중심선을 보웨브에 맞춘 T형강을 보의 플랜지에 용접접합하는 방식
4. (d), (e) 보의 변형으로 인하여 생기는 보 단부의 회전을 허용하는 접합방식으로 만일 간격 m이 75mm내지 100mm를 초과하는 경우에는 보의 한쪽 단부에 삼각형의 보강판을 설치하는 것을 권장함.

상세명칭	GB:H/H-DAC	**쌍ㄱ형강 전단접합**	5-4-4

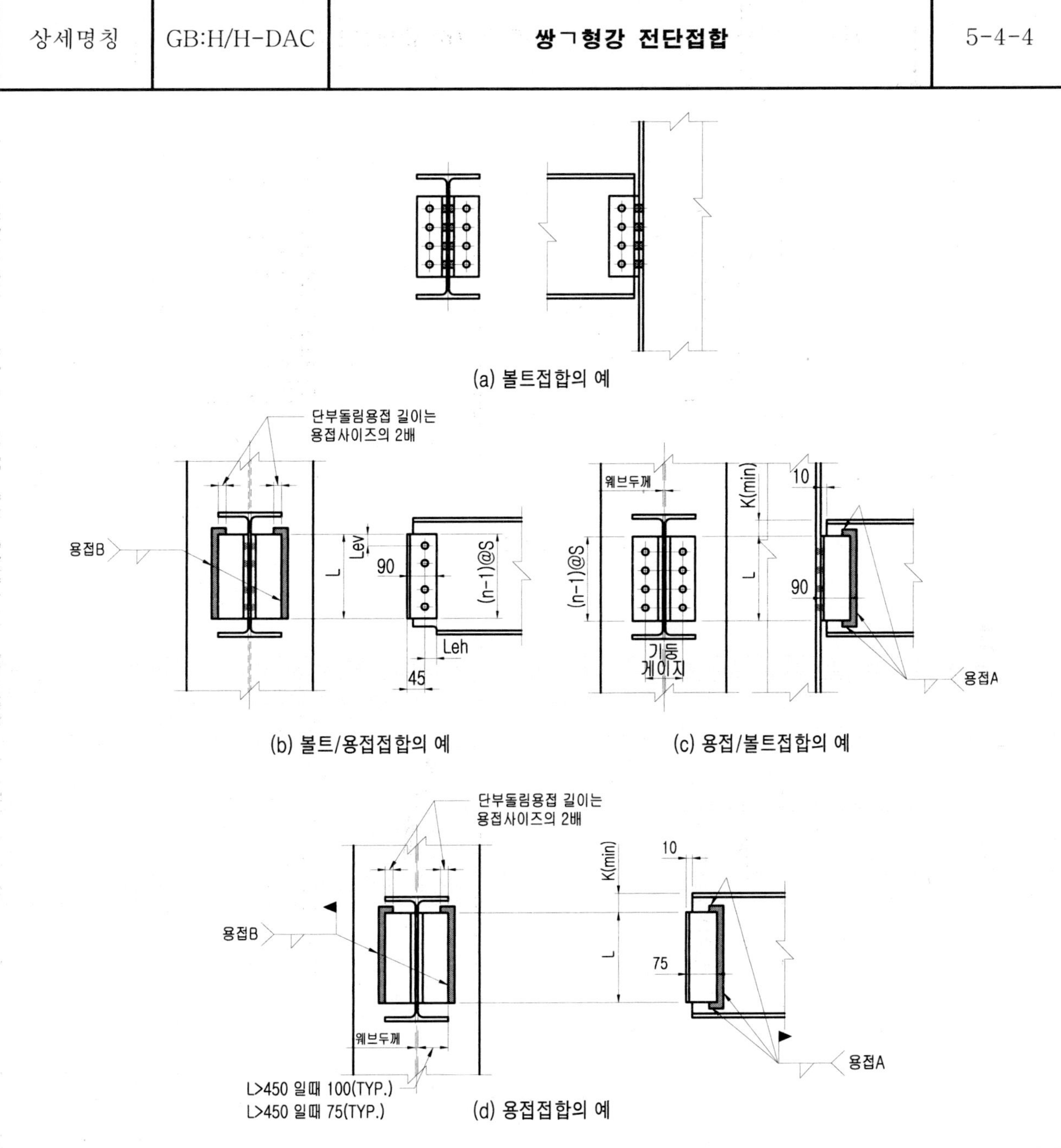

(a) 볼트접합의 예

(b) 볼트/용접접합의 예

(c) 용접/볼트접합의 예

(d) 용접접합의 예

주 :

1. 쌍ㄱ형강 전단접합부는 보웨브/지지부재에 (a)볼트/볼트, (b)볼트/용접, (c)용접/볼트 또는 (d)용접/용접을 사용할 수 있다.
2. 볼트접합의 경우 볼트는 수직1열로 2개~12개까지 사용할 수 있다.
3. 볼트접합의 경우 표준구멍 및 단슬롯구멍은 편심의 영향을 무시할 수 있다.
4. 접합부의 설계강도는 볼트와 용접 및 접합요소인 ㄱ형강에 대한 한계상태의 볼트전단과 지압 및 ㄱ형강의 전단과 블록전단파단에 대하여 검토해야 한다.
5. ㄱ형강을 지지부재에 용접할 경우에는 보단부에 충분한 유연성을 확보하기 위하여 ㄱ형강의 상부 절단면에는 용접사이즈의 2~3배인 단부돌림용접만을 한다.
6. 보웨브 또는 지지부재에 용접접합할 경우에는 각각 편심의 영향을 고려해야 한다.
7. 따낸보(coped beams)를 볼트접합할 경우에는 블록전단파단과 지압을, 상·하플랜지를 모두 따낸 경우에는 횡좌굴을 함께 검토해야 한다.

상세명칭	GB:H/H-SAC	**단일ㄱ형강 전단접합**	5-4-5

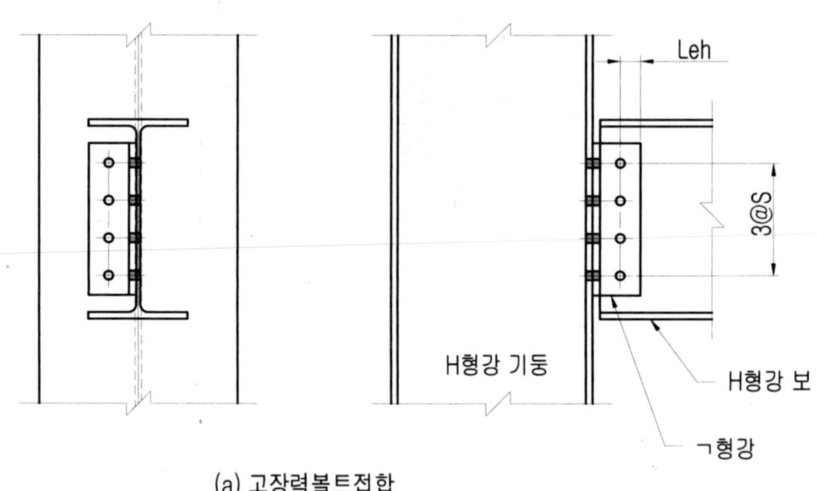

(a) 고장력볼트접합

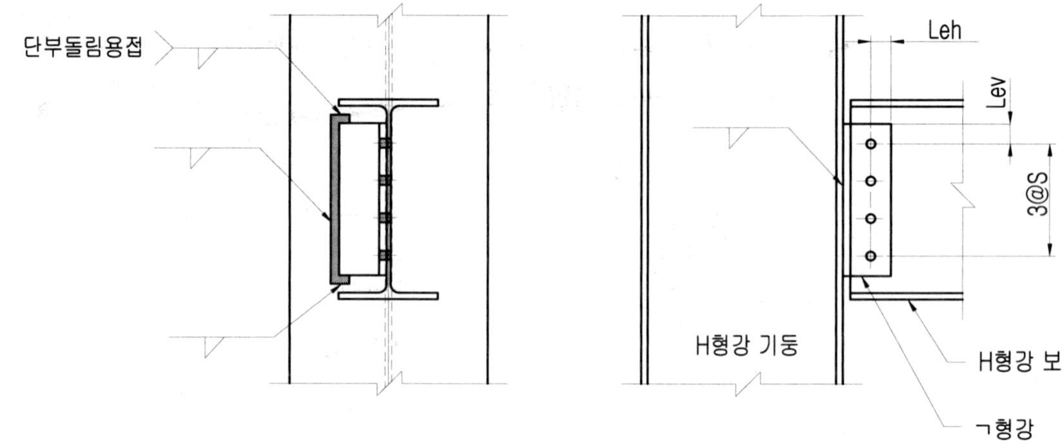

(b) 고장력볼트/용접접합

주 :

1. 보웨브와 ㄱ형강 사이는 고장력볼트로 접합한다.
2. ㄱ형강과 지지부재(기둥의 플랜지와 웨브 또는 큰보의 웨브 등) 사이는 고장력볼트 또는 용접으로 접합한다.
3. ㄱ형강을 지지부재에 용접할 때에는 ㄱ형강의 앞굽(toe)과 하부전체에 용접하고, 상부에는 유연성을 확보하기 위하여 단부돌림용접만을 한다.
4. 지지부재에 부착되는 ㄱ형강다리에 대한 편심의 영향을 고려해야 한다.
5. ㄱ형강을 보웨브에 용접접합할 때에는 편심의 영향을 고려해야 한다.

상세명칭	GB:H/H-SEC	**단부판 전단접합**	5-4-6

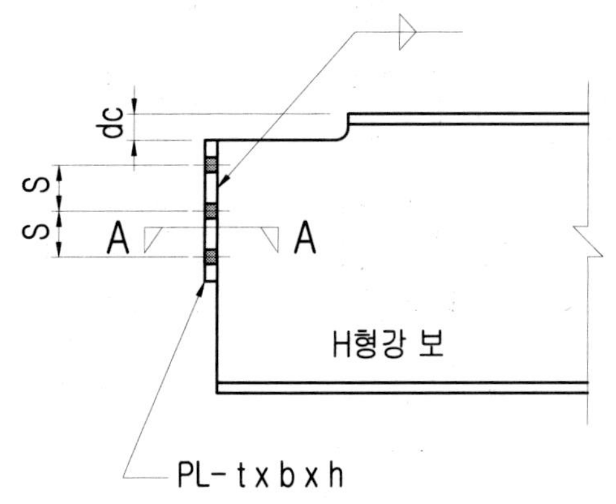

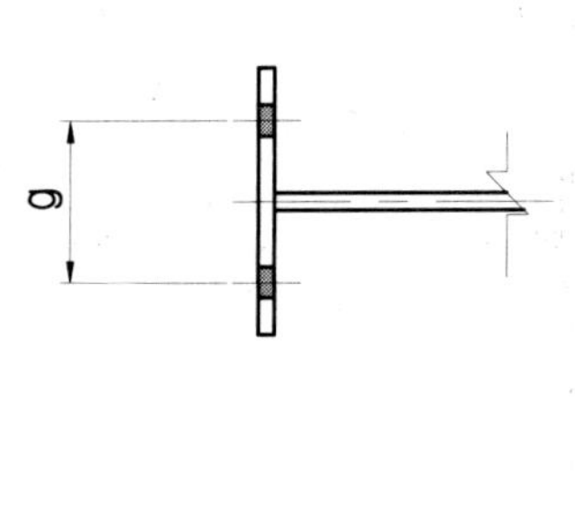

(a) 지지부재에 볼트접합

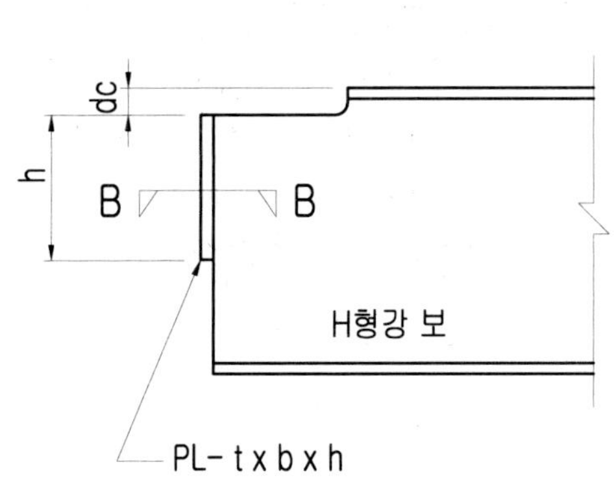

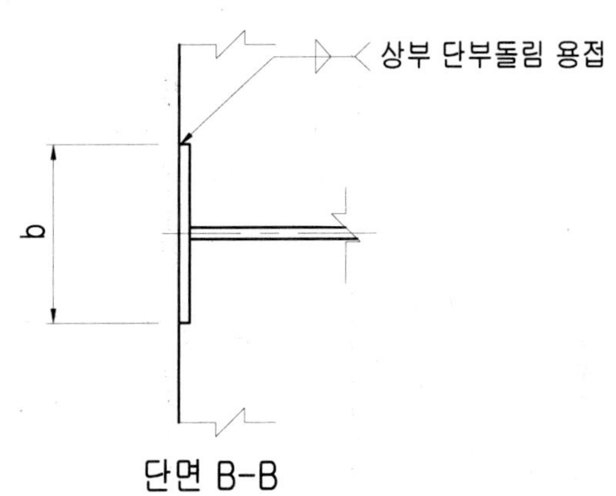

(b) 지지부재에 용접접합

주 :

1. 단부판(end plate)은 보웨브에 양면 필릿용접한다.
2. 단부판과 지지부재 사이는 볼트 또는 용접으로 접합한다.
3. 단부판과 지지부재 사이의 용접은 판의 양쪽 연단을 따라 수직으로 용접하고 상부에는 유연성 확보를 위하여 단부돌림용접만을 한다.
4. 용접부의 강도산정을 위한 용접길이는 단부판 길이에서 용접사이즈의 2배를 감한 값으로 한다.

상세명칭	GB:H/H-UsSC	**ㄱ형강받침접합**	5-4-7

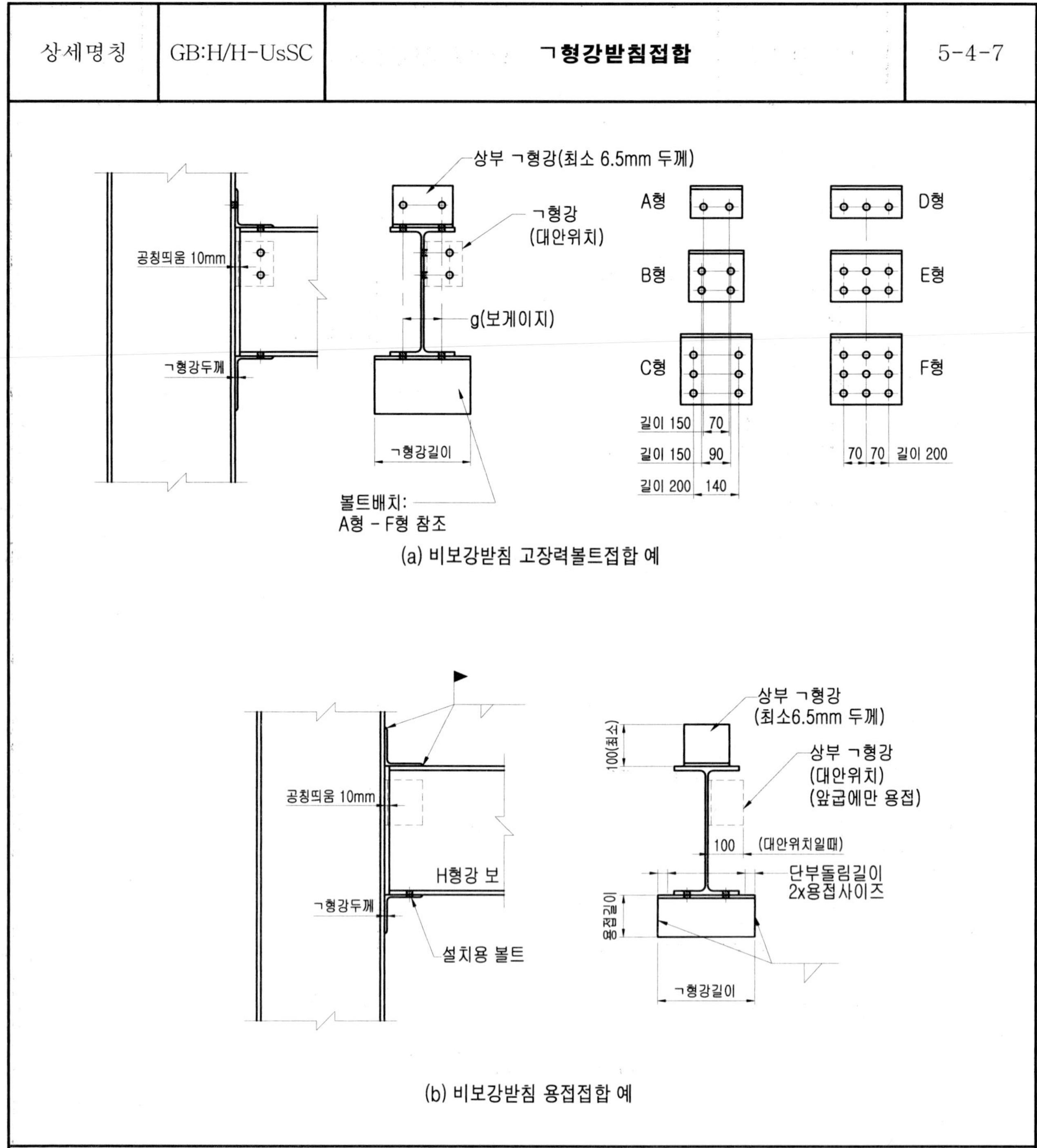

(a) 비보강받침 고장력볼트접합 예

(b) 비보강받침 용접접합 예

주 :

1. ㄱ형강받침접합은 받침용 하부ㄱ형강과 안정용 상부ㄱ형강으로 구성한다.
2. 받침용ㄱ형강의 내민다리(OSL)는 접합하는 보의 전체 반력을 지지하도록 설계한다.
3. 하부ㄱ형강은 긴쪽다리를 수직(LLV; Long Leg Vertical)으로 하여 지지부재에 고장력볼트 또는 용접으로 접합한다.
4. 수평열의 볼트수는 지지부재의 조건에 따라 2개 또는 3개로 하고, 수직열의 고장력볼트수는 반력의 크기에 따라 1~3열로 한다.
5. 안정용 상부ㄱ형강은 보의 플랜지 상부 또는 웨브 상단에 고장력볼트 또는 용접으로 접합하며, 용접시에는 보의 단부회전능력의 확보를 위하여 ㄱ형강의 다리끝(toe)에만 직선으로 용접한다.

상세명칭	GB:H/H-StSC	**T형강받침접합**	5-4-8

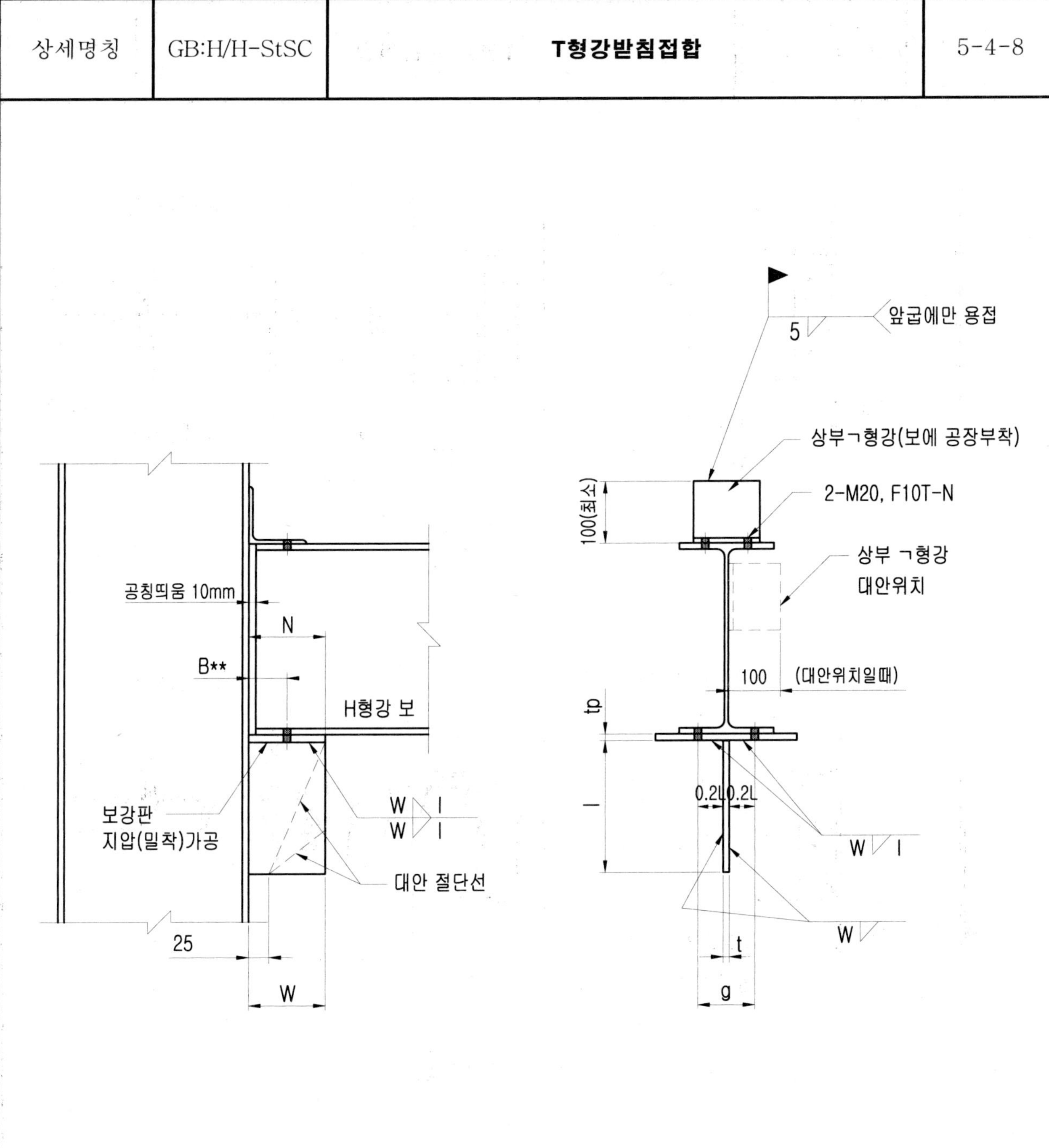

주 :

1. T형강받침접합은 보하부받침판과 보반력을 지지하는 구조용 T나 한쌍의 ㄱ형강으로 된 보강요소 또는 보강판과 안정용 상부ㄱ형강으로 구성한다.
2. 보강판은 받침판 전체길이의 80%에서 접합하는 보 전체 단부반력을 지지하는 것으로 설계한다.
3. 상부ㄱ형강을 보에 용접할 때에는 접합부에 충분한 회전능력이 확보되도록 한다(비보강받침접합 주5. 참조).
4. 보웨브의 국부항복과 크리프링에 대하여 검토해야 한다.

상세명칭	GB:H/H-TSC	**T형강 전단접합**	5-4-9

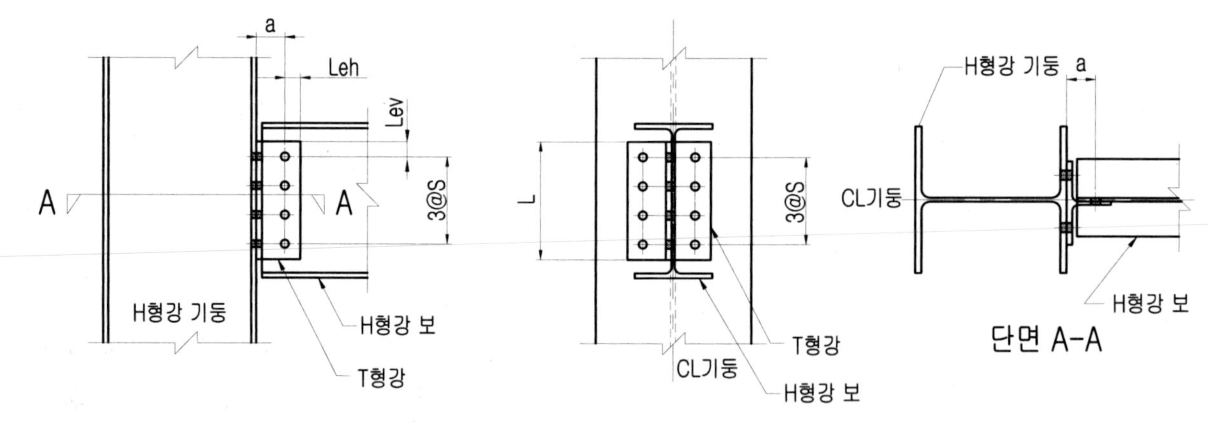

(a) 고장력볼트접합

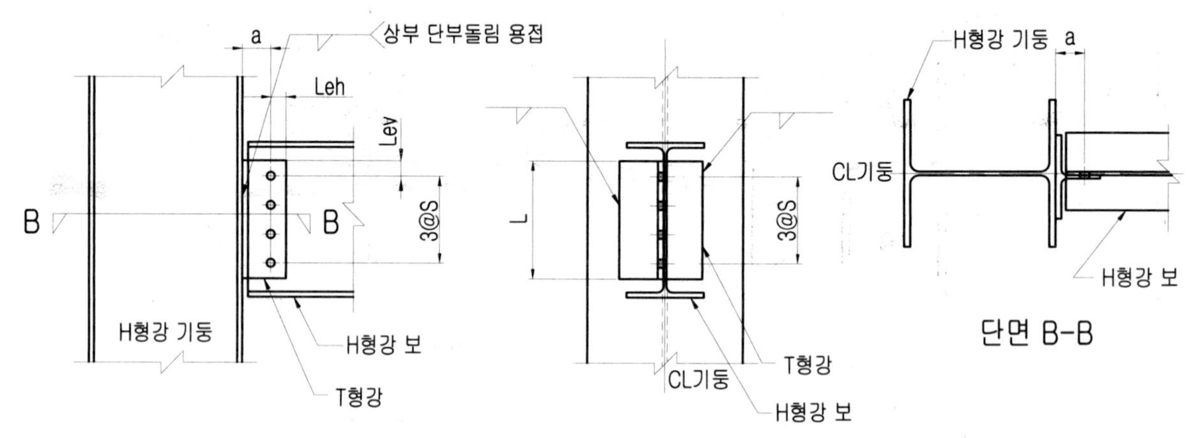

(b) 고장력볼트/용접접합

주 :

1. 보웨브와 T형강 사이는 고장력볼트로 접합한다.
2. T플랜지와 지지부재 사이는 고장력볼트 또는 용접으로 접합한다.
3. T와 지지부재 사이 용접은 연성확보를 위하여 T플랜지를 따라 선형으로 용접하고, 상부에는 단부돌림용접만을 한다.
4. 보와 T사이의 고장력볼트접합부의 설계에는 편심의 영향을 고려하고, 연성확보를 위하여 고장력볼트직경과 T스템(stem)의 최대 두께를 검토한다.

상세명칭	GB:H/H-SPC	**일반단일판 전단접합**	5-4-10

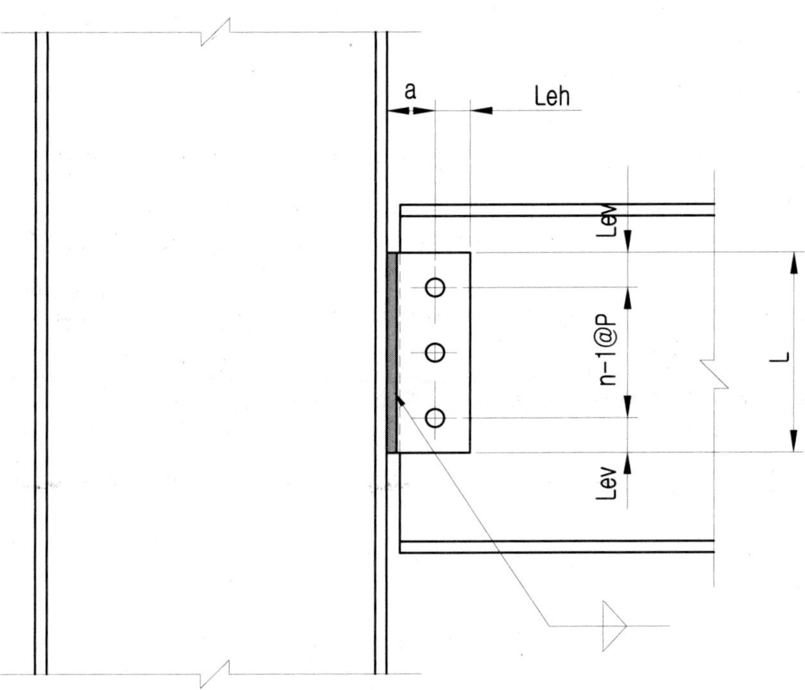

주 : (일반형 단일판 전단접합)

1. 단일판은 보웨브에 고장력볼트접합하고, 지지부재에는 양면 필릿용접한다.
2. 고장력볼트는 수직으로 1열로 하며, 고장력볼트수는 2~12개로 제한한다.
3. 용접선에서 고장력볼트선까지의 거리 a는 90mm 이내로 한다.
4. 표준볼트구멍과 보의 반력방향에 수직인 단슬롯구멍을 사용할 수 있다.
5. 수직연단거리 L_{ev}는 KDS 41 31 00<표4.7-2>를 만족해야 한다.
6. 수평연단거리 L_{eh}는 판과 보웨브 모두 볼트직경 d_b의 2배이상($2d_b$)으로 한다.
7. 편심의 영향을 고려하여 볼트군의 설계강도를 산정한다.
8. 보단부의 회전연성 확보를 위하여 판과 보웨브의 최대두께는 다음의 조건을 만족해야 한다.
   표준구멍: 볼트수 2~5개일 때; $t \leq d_b/2+1.5$, 6~12개일 때; $t \leq d_b/2-1.5$
   단슬롯구멍: 볼트수 2~5개일 때; 제한없음, 6~12개일 때; $t \leq d_b/2+1.5$

6장. 강관의 이음 및 트러스접합 일반표준상세

6.1 개요

6장에서는 강구조 실무에서 국내외적으로 표준적 관행으로 사용되어온 주요 강관접합 및 이음 상세를 취급한다. 6R장에서는 표준상세의 지위는 아니나 실무에 유용하게 참고할 수 있는 권장상세를 다룬다. 6R장의 뒷부분에서는 쌍ㄱ형강 조립단면으로 구성된 트러스의 상세도 일부 다룬다. 6장 및 6R장의 구성은 다음과 같다.

- 6.2/6.2R절: 강관의 맞댐이음
- 6.3/6.3R절: 주강관-지강관 분기이음(강관트러스접합)
- 6.6R절: 중도리 접합
- 6.6R절: 쌍ㄱ형강 조립단면 트러스

6.3 및 6.3R절의 트러스 접합은 연속된 주강관에 지강관이 용접으로 연결되는 상세에 대해 다루었다. 구형의 접합요소를 활용한 스페이스프레임도 자주 쓰이는 트러스 구성 방식이지만 이 접합상세는 지적재산권과 관련되는 상업용 상세가 대부분이므로 본 지침에서는 제외하였다.

본 지침의 이전 버전에는 원형강관 단부를 압착한 후(end-flattening) 접합하는 상세도 일부 소개된 바 있으나 이러한 접합 방식은 건축구조기준(KDS)에 포함되어 있지 않으며 또한 건축구조의 주요요소에 권장되는 표준상세가 아니므로 제외하였다.

6 및 6R장의 접합상세의 설계는 건축구조기준의 하중저항계수설계법에 따른다.

6 및 6R장의 집필에 참고한 주요문헌은 아래와 같다:

- AWS (2020). AWS D1.1/D1.1M: Structural Welding Code – Steel, American Welding Society.
- Dutta, D., Wardenier, J., Yeomans, N., Sakae, K., Bucak, Ö, Packer, J. A. (1998). Design Guide for Fabrication, Assembly and Erection of Hollow Section Structures, CIDECT Design Guide No. 7, CIDECT.
- Wardenier, J. (2011). Hollow Sections in Structural Applications, 2nd ed, CIDECT.

* 참고로 현행의 건축구조기준의 강관트러스 용접접합부 설계법은 항복강도가 360MPa을 넘지 않는 강관에만 적용된다. 6 및 6R장에 제시된 강관트러스 용접접합 상세 또한 기본적으로 항복강도가 360MPa을 넘지 않는 강관에만 적용된다. 이는 국내 기준이 IIW(국제용접학회) 1989년 기준에 있는 낡은 조항을 따랐기 때문인데, 현재 국제적으로는 이미 항복강도 460MPa 내지는 700MPa을 갖는 고강도 강재의 사용을 허용하는 설계기준들이 통용되고 있어(ISO, 유로코드 등) 이에 발맞추어 국내 기준의 선진화가 요구된다. 고강도 강재로 기준을 확장하더라도 설계 방식의 큰 변화는 필요하지 않으며, 기존 일반강재 기반 설계식에 0.8~0.9 수준의 보정계수(재료계수)만 곱해 간단하게 설계할 수 있다. 국내에서 생산되는 여러 고강도강이 강관구조에 적극적으로 활용될 수 있도록 관련 조항의 조속한 개정이 필요하다.

각 상세의 간략 명명법은 아래와 같다.

TR : HSS/HSS - FIL		분류 세목
FIL	접합 특기사항	DIFF - Splicing between different cross sections SPL.C - Splicing between sloped cut ends SPL.M - Non-parallel splice (sloped member) FIL - Fillet weld PJP - Partial joint penetration CJP - Complete joint penetration AM - Assembled members SF - Space frame
HSS/HSS	세부목차별 이음분류	HSS - Hollow structural section (강관) RHS - Rectangular hollow section (각형강관) CHS - Circular hollow section (원형강관) PL - Plate (플레이트) RB - Round bar (로드) H - H shape (H 형강) Z - Z shaped purlin (Z형 중도리) dL - Double angle shape (ㄱ형강)
TR	주목차별 이음분류	SPL - Splice (맞댐 이음) BR - Brace (브레이싱 접합) TR - Truss (트러스 접합) PG - Purlins & Girts (중도리/띠장 접합)

상세명칭	SPL:HSS/HSS	**강관 맞댐이음(계속)**	6-2-1

(a) 뒷댐재가 없는 경우의 이음

강관 두께 t (mm)	용접 적용	용접 타입	개선	개선각도 α (°)	루트간격 b	루트면 c
~3	한쪽 용접	I 타입	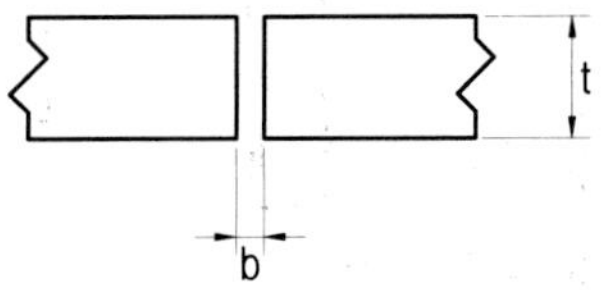 t, b	-	t	-
3~20	한쪽 용접	V 타입	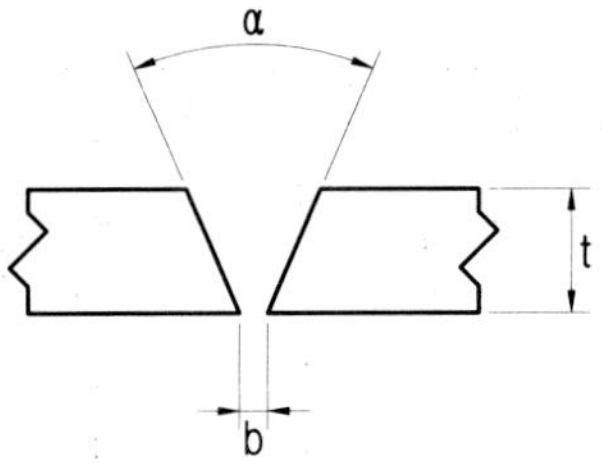 α, t, b	≈60	0~3 mm	-
~20	한쪽 용접	Y 타입	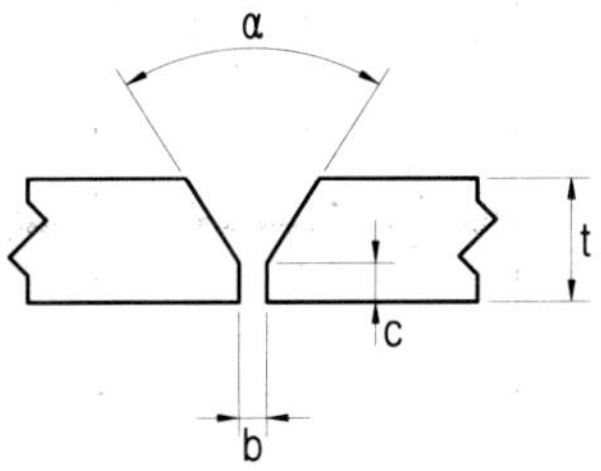 α, t, c, b	≈60	0~4 mm	.5~4 mm
3~20	한쪽 용접	그루브 용접	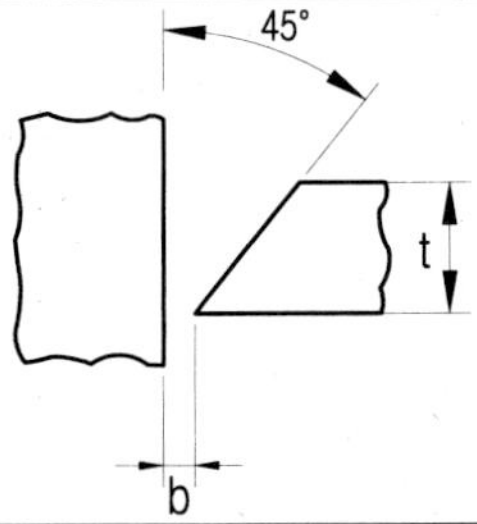 45°, t, b	45~60	0~3 mm	-
6~20	양쪽 용접					

주 :

(b) 뒷댐재가 있는 경우의 이음

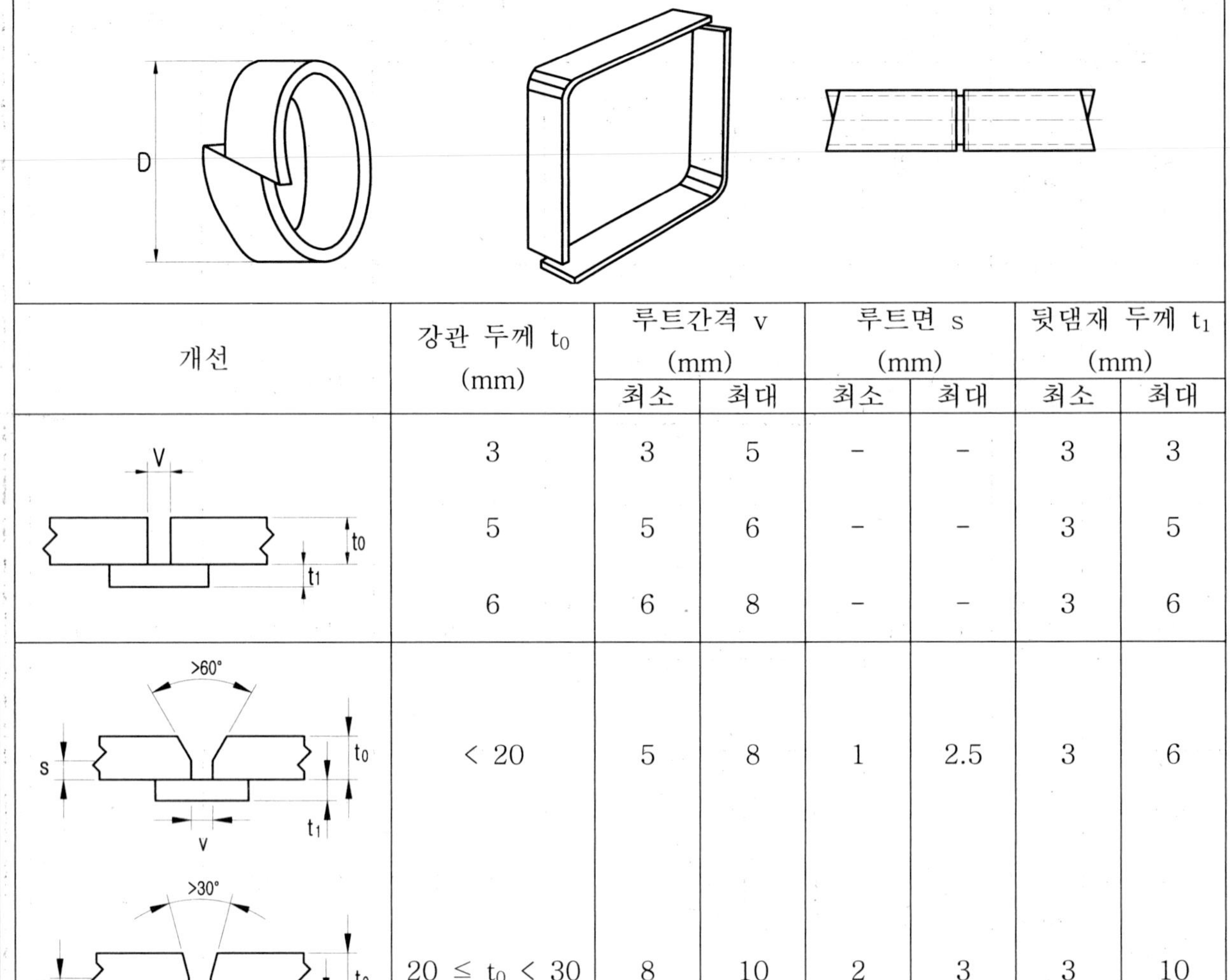

개선	강관 두께 t_0 (mm)	루트간격 v (mm)		루트면 s (mm)		뒷댐재 두께 t_1 (mm)	
		최소	최대	최소	최대	최소	최대
	3	3	5	-	-	3	3
	5	5	6	-	-	3	5
	6	6	8	-	-	3	6
	< 20	5	8	1	2.5	3	6
	$20 \le t_0 < 30$	8	10	2	3	3	10

주 :

1. 각형강관 뒷댐재의 경우 코너의 제작을 정확하게 해야함.
2. 각형강관 뒷댐재 설치 시 주강관과의 불일치는 국부 가열 및 해머링 등으로 해결해야함.
3. 뒷댐재 제작 시 두 개의 뒷댐재 플레이트 연결은 용접처리.

상세명칭	SPL:HSS/HSS	**강관 맞댐이음(계속)**	6-2-1

(c) 강관두께가 다를 경우의 이음

(c-1) 뒷댐재가 없는 경우

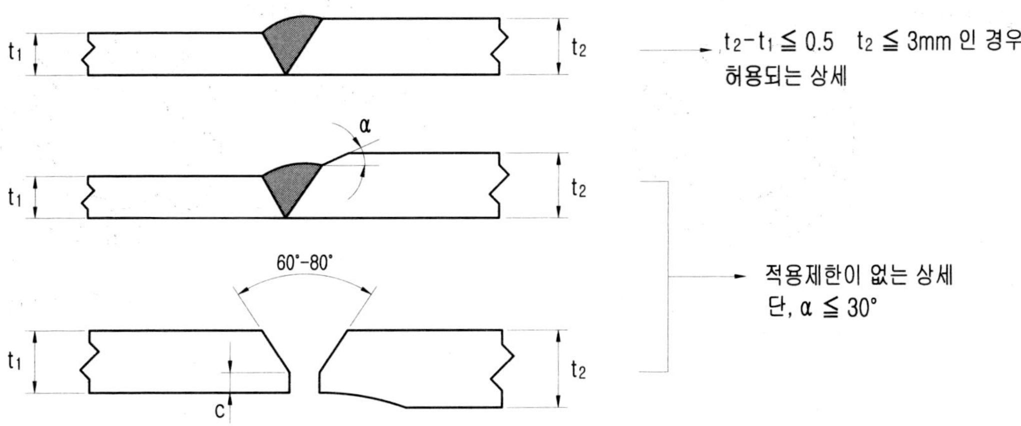

(c-2) 뒷댐재가 있는 경우

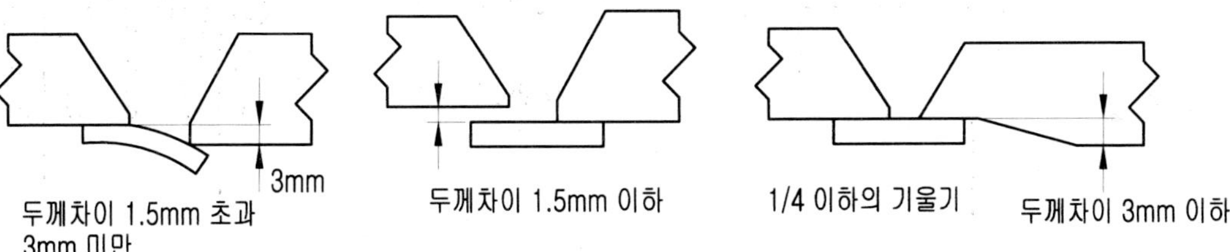

주 :

상세명칭	SPL:CHS/CHS	**원형강관 엔드플레이트 맞댐이음**	6-2-2

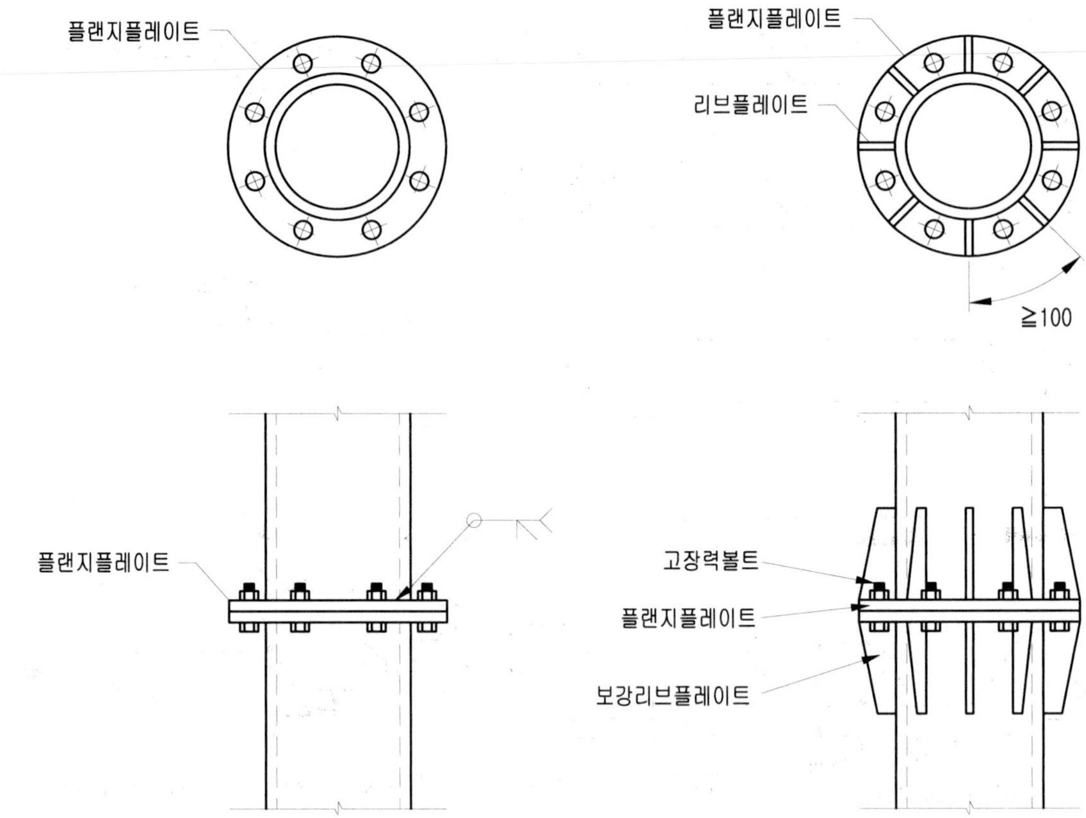

주 :

1. 강관의 두께에 따라 적절하게 용접하여야 하며 그 설계 및 계산은 건축구조기준(KDS)에 따름
2. 용접 및 고장력볼트의 설계 및 계산은 건축구조기준(KDS)에 따름.
3. 보강리브플레이트는 4개 이상 설치함.
4. 보강리브플레이트 간격은 100mm 이상 확보하여 조임기구 사용시 간섭이 발생하지 않도록 함.

상세명칭	SPL:CHS/CHS-DIFF	**원형강관 겹침 맞댐이음**	6-2-3

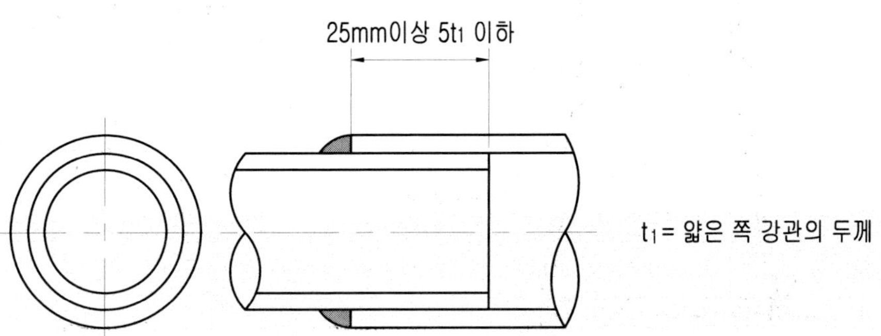

주 :

1. 한 강관의 외경과 다른 강관의 내경이 일치할 경우 적용할 수 있음.
2. 용접의 설계 및 계산은 건축구조기준(KDS)에 따름.

상세명칭	SPL:HSS/HSS-DIFF-1	변단면 이음재 맞댐이음	6-2-4

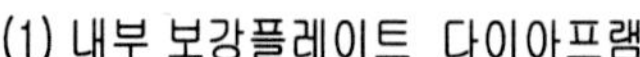

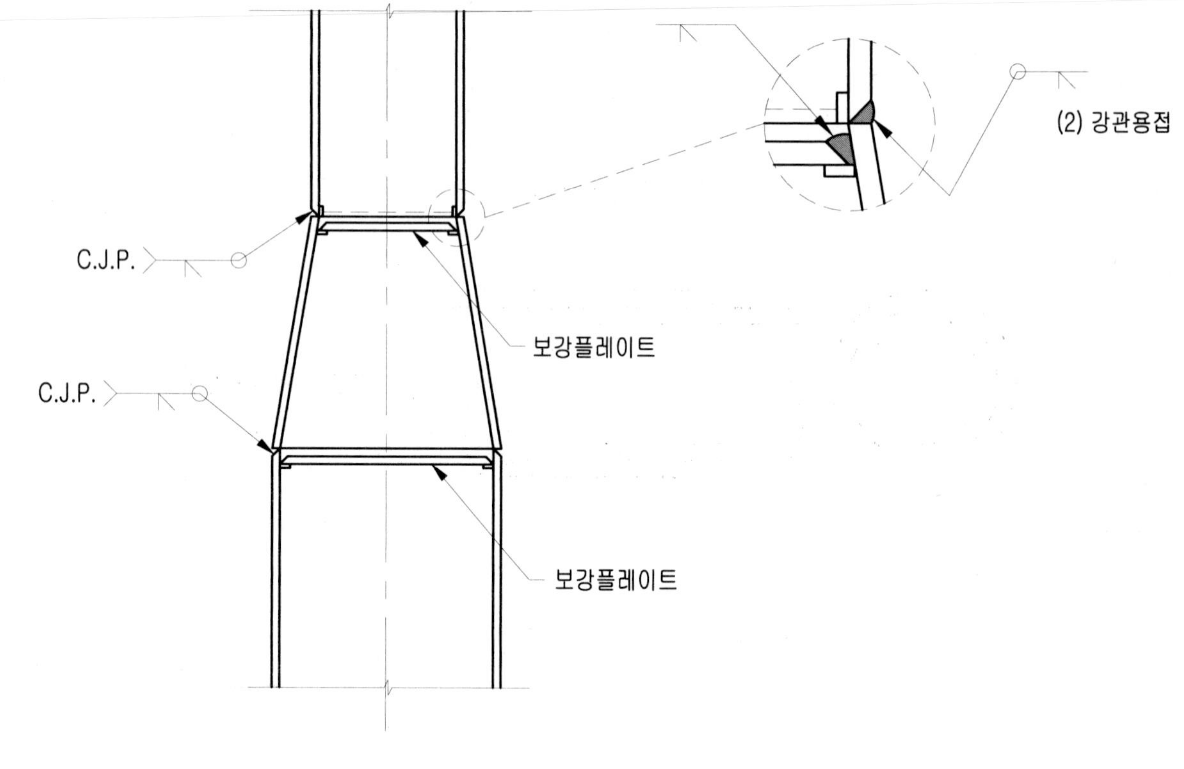

주 :

1. 보강플레이트를 사용함.
2. 원형강관과 각형강관에 모두 적용할 수 있음.

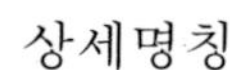

상세명칭	SPL:HSS/HSS-DIFF-2	**부등강관 엔드플레이트 맞댐이음**	6-2-5

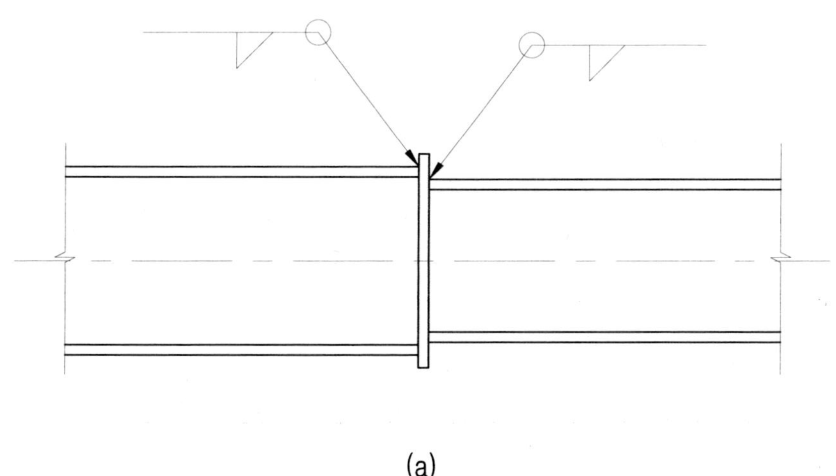

(a)

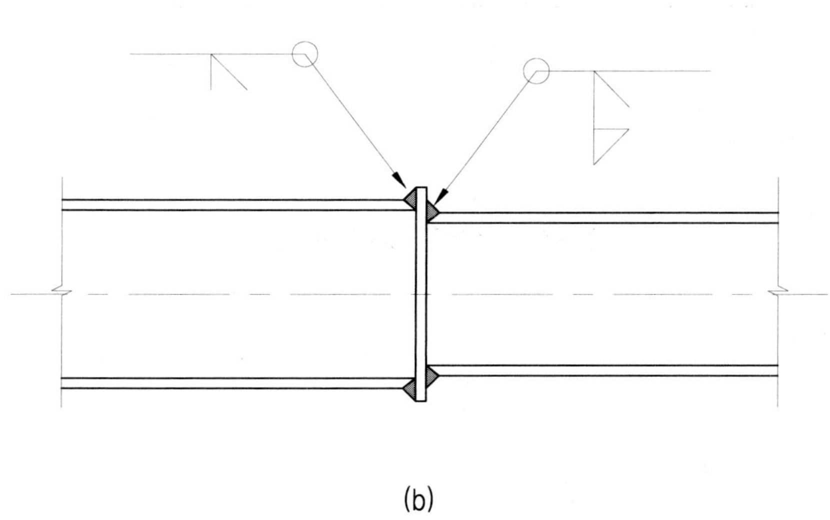

(b)

주 :

1. 용접설계 및 계산은 건축구조기준(KDS)에 따름.
2. 원형강관과 각형강관에 모두 적용할 수 있음.

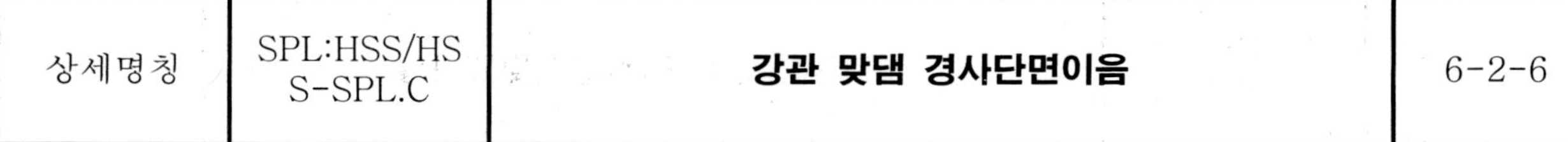

상세명칭	SPL:HSS/HSS-SPL.C	**강관 맞댐 경사단면이음**	6-2-6

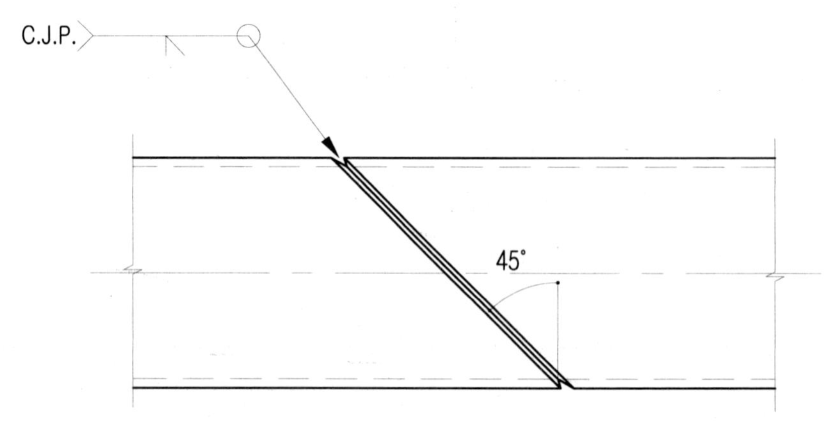

강관보 경사 맞댐이음(인장이음)

주 :

1. 용접설계 및 계산은 건축구조기준(KDS)에 따름.
2. 원형강관과 각형강관에 모두 적용할 수 있음.

상세명칭	BR:HSS/PL	**강관 슬롯단부-거셋플레이트 접합**	6-2-7

(a) 원형강관

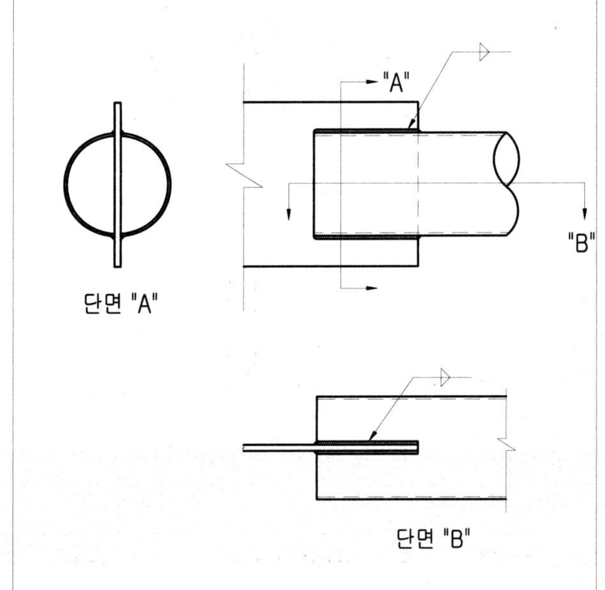

(b) 각형강관

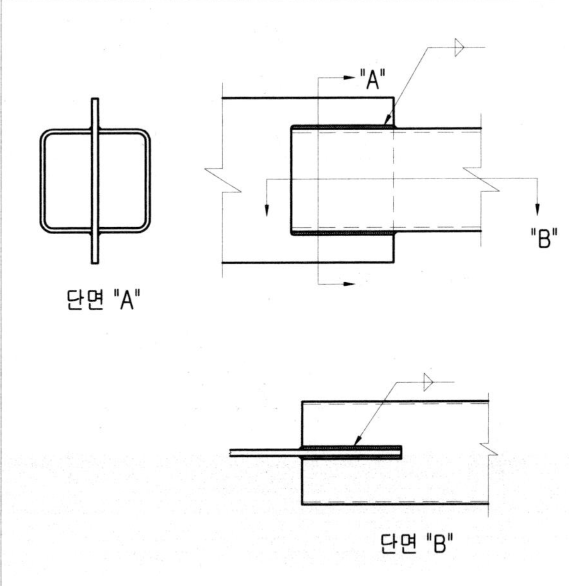

주 :

1. 슬롯의 끝은 2mm의 여유를 둘 수 있고, 응력집중 완화를 위한 별도의 표면처리가 요구되지 않음.
2. 강관 단부를 길이 방향으로 절개하고 플레이트를 강관 안으로 삽입하여 용접하는 상세로서, 아래와 같이 플레이트를 절개하고 강관의 외부만 용접하는 것을 금함.

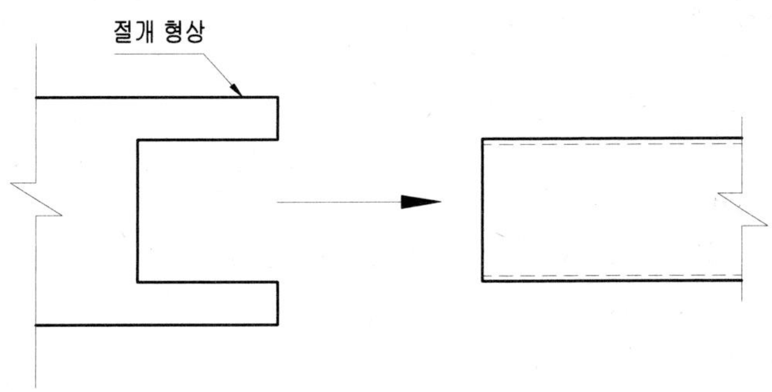

3. 강관 단부에 캡플레이트를 용접하여도 무방함.

6.3 주강관과 지강관의 분기이음(강관트러스접합)

상세명칭	TR:HSS/HSS-FIL	**주강관-지강관 필렛용접**	6-3-1

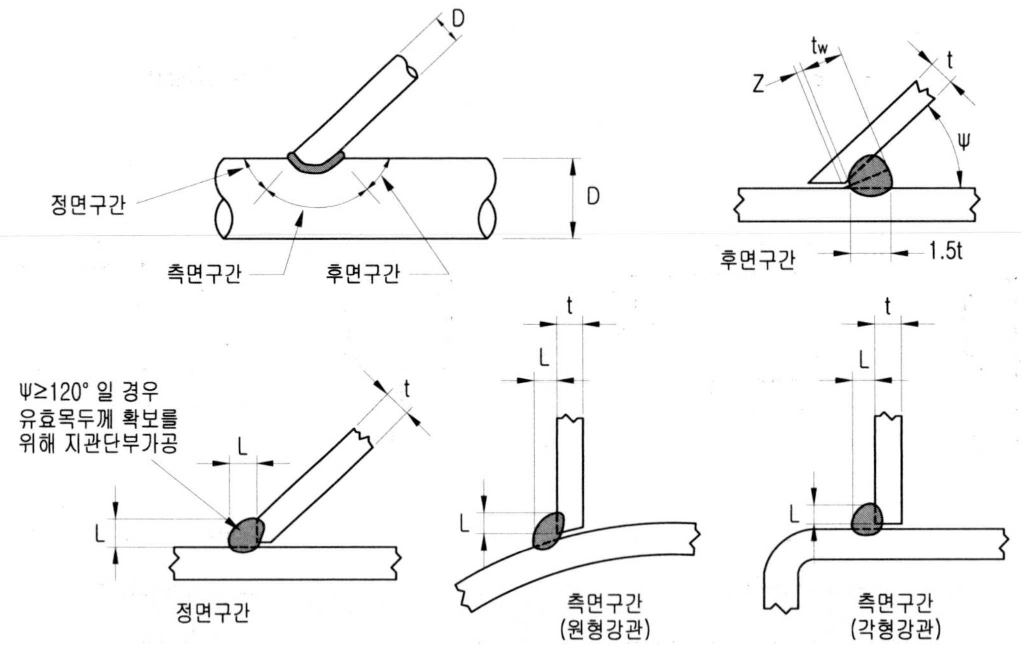

	유효목두께(E)에 따른 최소 L		
	E = 0.7t	E = t	E = 1.07t
후면구간 30°≤Ψ<60°	1.5t	1.5t	1.5t 와 1.4t+Z 중 큰 값
측면구간 60°≤Ψ<100°	t	1.4t	1.5t
측면구간 100≤Ψ<110°	1.1t	1.6t	1.75t
측면구간 110≤Ψ<120°	1.2t	1.8t	2.0t
정면구간 Ψ≥120°	t (개선)	1.4t (개선)	60~90° 그루브용접 (부분높이 개선 불가)

주 :

1. Ψ = 이면각(주관면과 지관면이 접하는 각).
2. t = 얇은 쪽 부재의 두께.
3. L = 용접 다리 길이.
4. Z = 용접 내부 손실길이(6-3-2의 표 참고).
5. 루트간격: 0~5mm.
6. Ψ<30°일 경우에는 적용 불가.
7. 원형강관 접합부에 대해서는 $D_b/D \leq 0.33$, 각형강관 접합부에 대해서는 $B_b/B \leq 0.8$로 제한.
8. SMAW, GMAW, FCAW 용접 시 적용.
9. 표의 치수는 공칭강도 275MPa 모재와 490MPa급 용접재 기준.

상세명칭	TR:HSS/HSS -PJP	**주강관-지강관 부분용입용접**	6-3-2

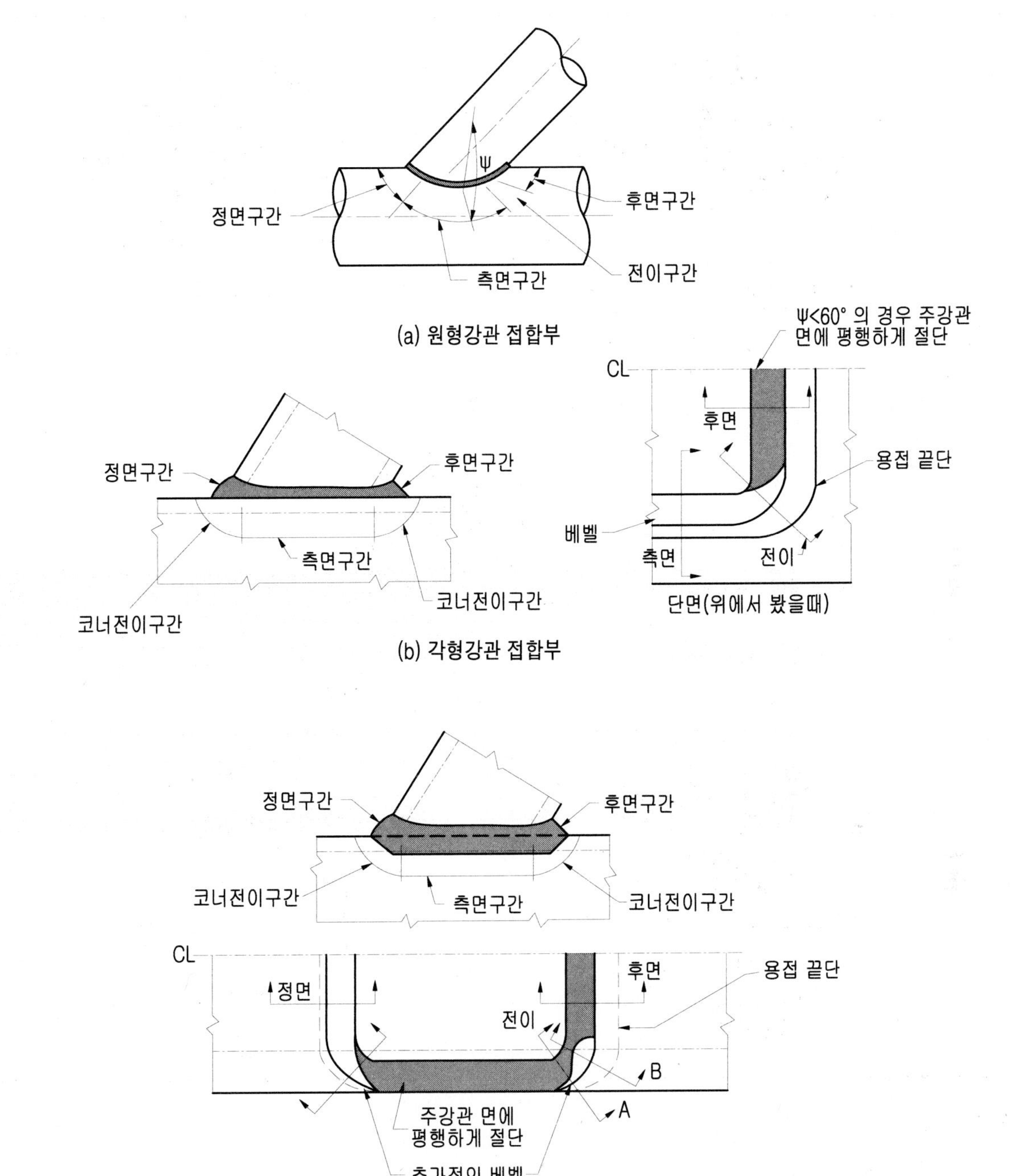

(C) 각형강관 접합부(주강관과 지강관의 폭이 동일한 경우)
[강관접합부 부분용입용접 상세(1)]

주 :

1. Ψ = 이면각(주관면과 지관면이 접하는 각).

상세명칭	TR:HSS/HSS-PJP	**주강관-지강관 부분용입용접(계속)**	6-3-2

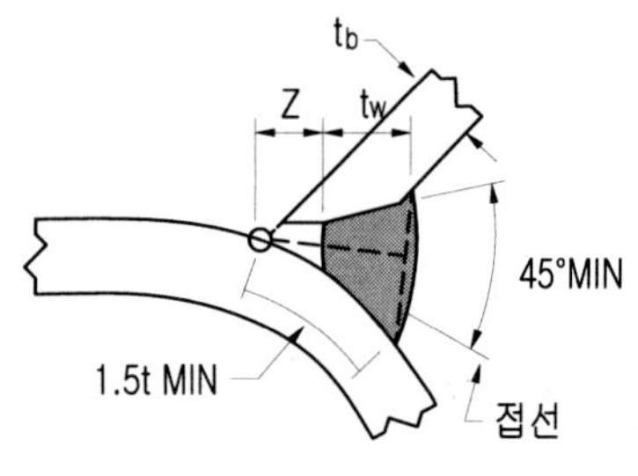

전이구간 A

1.5t MIN.
tb
Z
tw
45°MIN
1.5t MIN
접선

전이구간 B

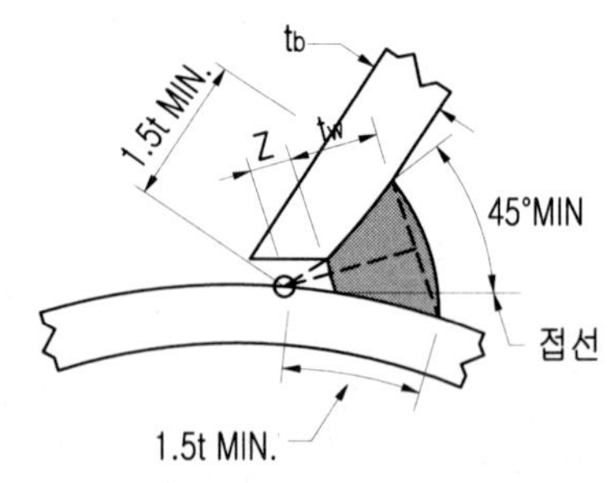

Ψ=75° -60°
전이/후면구간

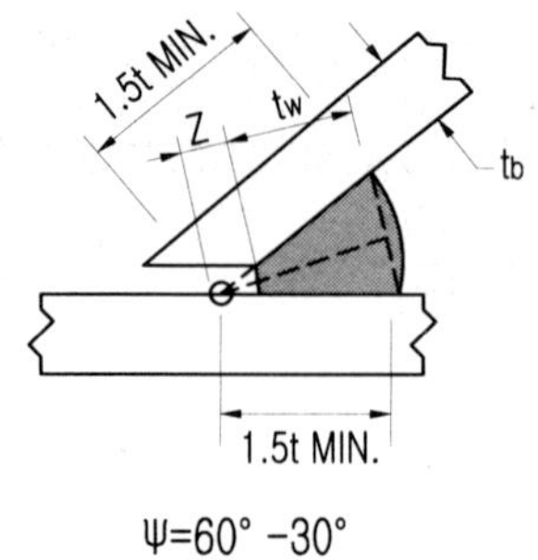

Ψ=60° -30°
후면구간

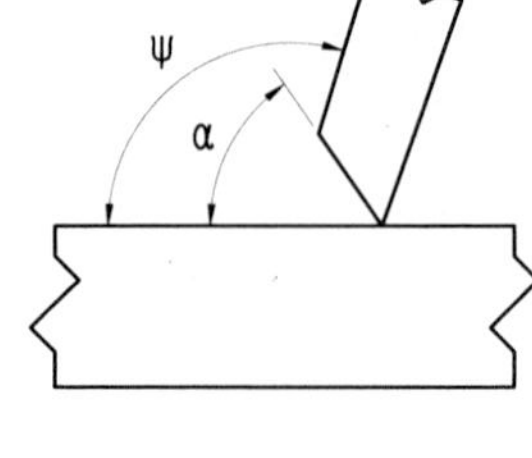

30°≦Ψ≦150°
30°≦α<90°

주 :

1. t = 얇은 쪽 부재의 두께, t_b = 지강관의 두께,
2. 루트간격 0~5mm.
3. Ψ<30°일 경우에는 적용불가.
4. 유효목두께: $t_w \le t$.
5. Z = 용접 내부 손실길이(6-3-2 표 참고).
6. 용접 다리 길이는 건축구조기준(KDS)에 의해 산정할 수 있으며, 1.5t 이상이어야 함.
7. Ψ = 이면각(주관면과 지관면이 접하는 각).
8. ϕ = 용접을 위해 개선된 지관의 끝과 주관이 이루는 각(용접각).

상세명칭	TR:HSS/HSS-PJP	**주강관-지강관 부분용입용접(계속)**	6-3-2

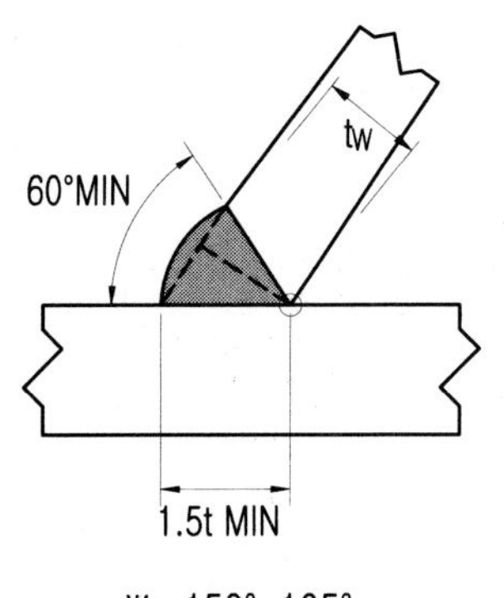

Ψ= 150°-105°
정면구간

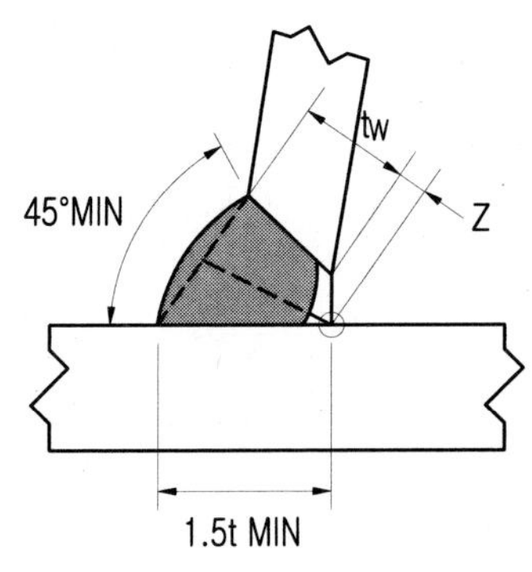

Ψ= 150°-90°
정면/후면구간

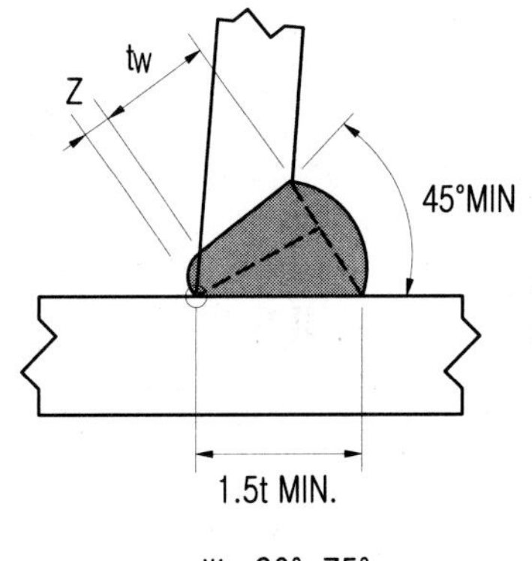

Ψ= 90°-75°
측면/후면구간

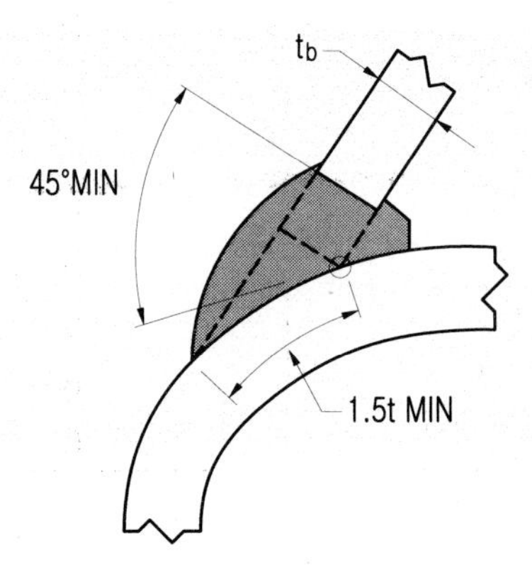

정면코너

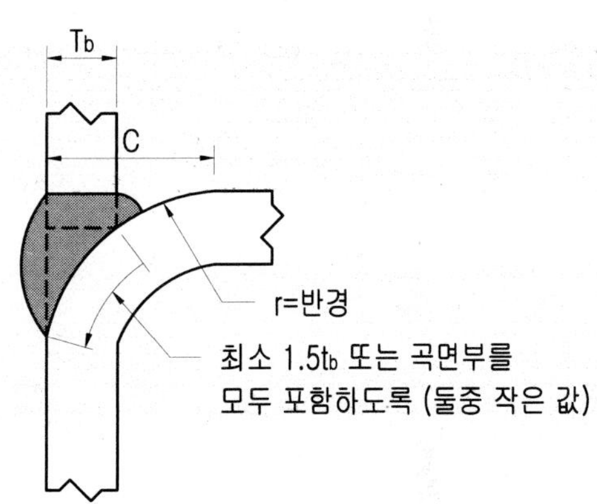

주강관과 지강관의 폭이 같은 경우
(각형강관) 측면구간

주 :

1. t = 얇은 쪽 부재의 두께, t_b = 지강관의 두께,
2. 루트간격 0~5mm.
3. Ψ<30°일 경우에는 적용불가.
4. 유효목두께: $t_w \leq t$.
5. Z = 용접 내부 손실길이(6-3-2의 표 참고).
6. 용접 다리 길이는 건축구조기준(KDS)에 의해 산정할 수 있으며, 1.5t 이상이어야 함.
7. Ψ = 이면각(주관면과 지관면이 접하는 각).

[용접 내부 손실길이 Z]

용접각	용접법	용접자세: V/OH	용접자세: H/F
		Z (mm)	Z (mm)
ϕ ≥ 60°	SMAW	0	0
	FCAW-S	0	0
	FCAW-G	0	0
	GMAW	N/A	0
	GMAW-S	0	0
60° > ϕ ≥ 45°	SMAW	3	3
	FCAW-S	3	0
	FCAW-G	3	0
	GMAW	N/A	0
	GMAW-S	3	3
45° > ϕ ≥ 30°	SMAW	6	6
	FCAW-S	6	3
	FCAW-G	10	6
	GMAW	N/A	6
	GMAW-S	10	6

주 :

1. ϕ = 용접을 위해 개선된 지관의 끝과 주관이 이루는 각(용접각).
2. 용접자세: V=수직용접, OH=상향용접, H=수평용접, F=하향용접.
3. 차폐: G=가스차폐, S=자체차폐.

상세명칭	TR:HSS/HSS -CJP	**주강관-지강관 완전용입용접**	6-3-3

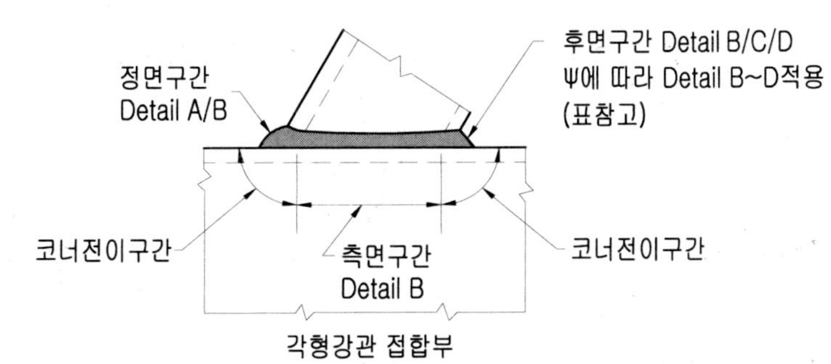

각형강관 접합부

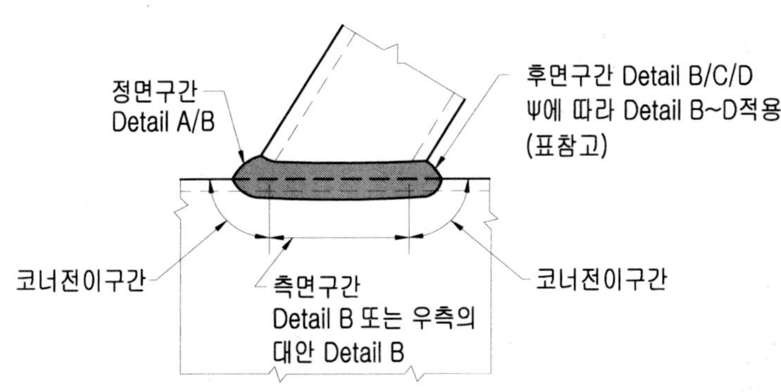

각형강관접합부
(주강관과 지강관과의 폭이 동일할 경우)

루트면
0 to 0.10 in
[0-2.5mm]
R
α
루트면

대안 Detail B
(주강관과 지강관의 폭이 동일한 각형강관 접합부)

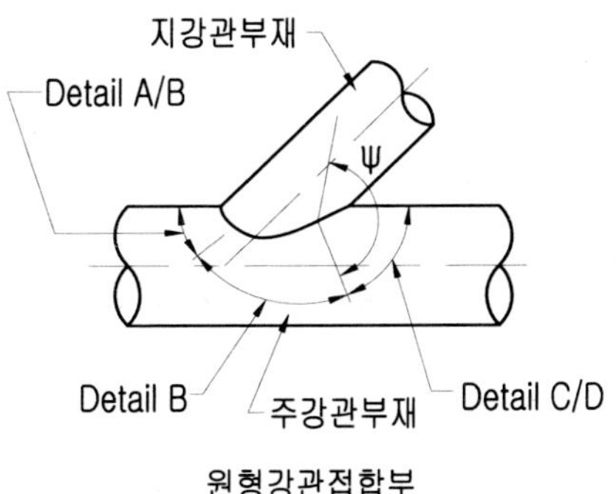

원형강관접합부

[강관접합부 완전용입용접 상세의 일반사항]

Detail	적용 가능한 Ψ
A	180°~135°
B	150°~50°
C	75°~30° (ø<30° 일 경우 적용불가)
D	40°~15° (ø<30° 일 경우 적용불가)

주 :

1. Ψ = 이면각(주관면과 지관면이 접하는 각).
2. Detail A~D: 주강관의 두께에 따라 적절하게 뒷장 상세 그림 참고.

상세명칭	TR:HSS/HSS -CJP	**주강관-지강관 완전용입용접(계속)**	6-3-3

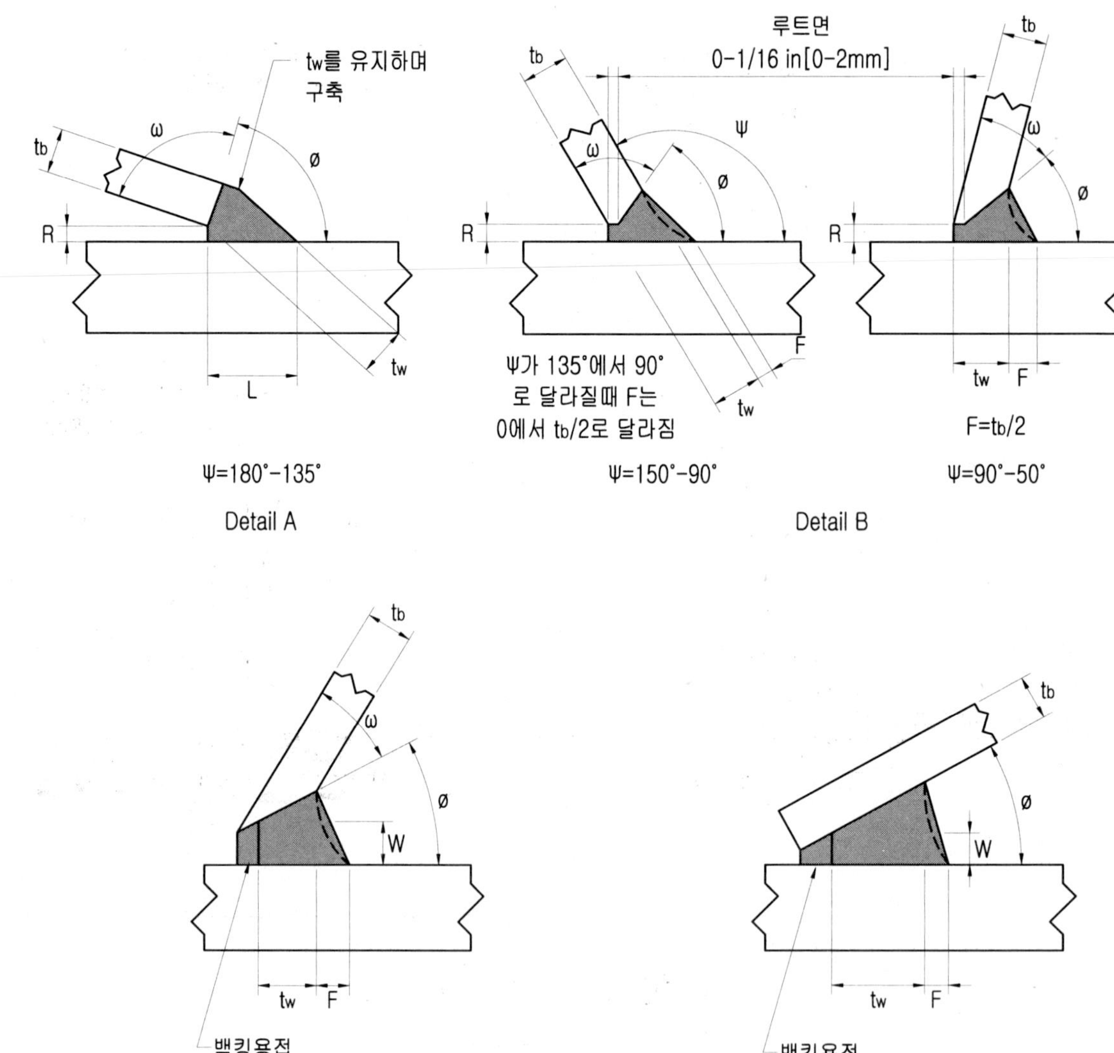

[강관접합부 완전용입용접 상세 - 평평한 형상의 용접 표준상세 (16mm 이하의 얇은 두께의 지강관에 적용)]

주 :

1. φ = 용접을 위해 개선된 지관의 끝과 주관이 이루는 각(용접각).
2. t_w, L, R, W, ω, φ 치수: 본 상세 뒷부분의 표 참고(t_w: 유효목두께, L: 용접 다리길이, R: 루트간격, W: 그루브폭, ω: 지관 개선각)
3. 유효목두께를 유지하는 범위 내에서 오목한 용접 표면 적용 가능함(점선).

상세명칭	TR:HSS/HSS-CJP	**주강관-지강관 완전용입용접(계속)**	6-3-3

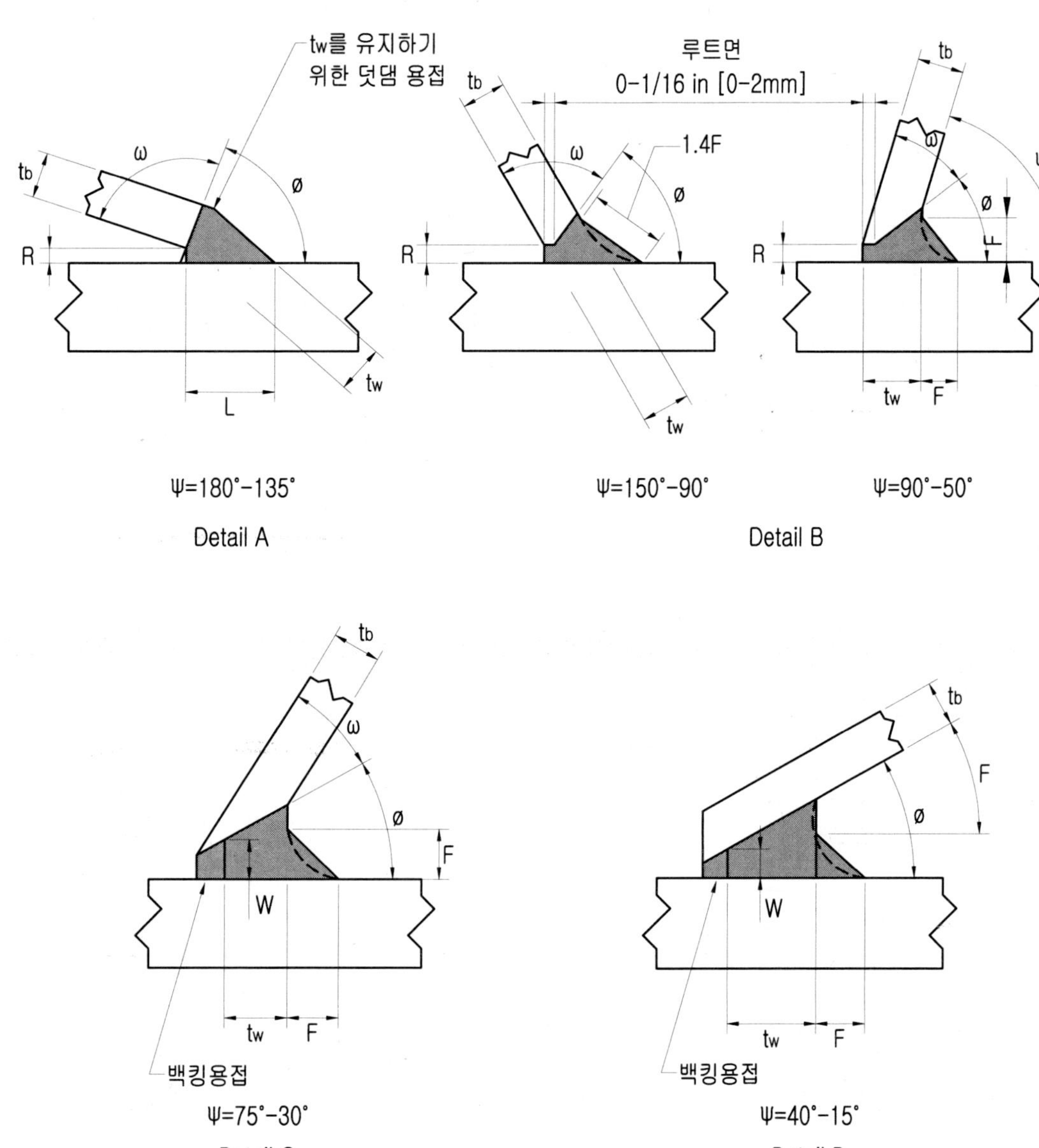

[강관접합부 완전용입용접 상세 - 부분필렛 형상의 용접 표준상세 (38mm 이하 두께의 지강관에 적용)]

주 :

1. φ = 용접을 위해 개선된 지관의 끝과 주관이 이루는 각(용접각).
2. t_w, L, R, W, ω, φ 치수: 본 상세 뒷부분의 표 참고(t_w: 유효목두께, L: 용접 다리길이, R: 루트간격, W: 그루브폭, ω: 지관 개선각)
3. 최소 필렛 사이즈 F = $t_b/2$.
4. 유효목두께를 유지하는 범위 내에서 오목한 용접 표면 적용 가능함(점선).

상세명칭	TR:HSS/HSS -CJP	**주강관-지강관 완전용입용접(계속)**	6-3-3

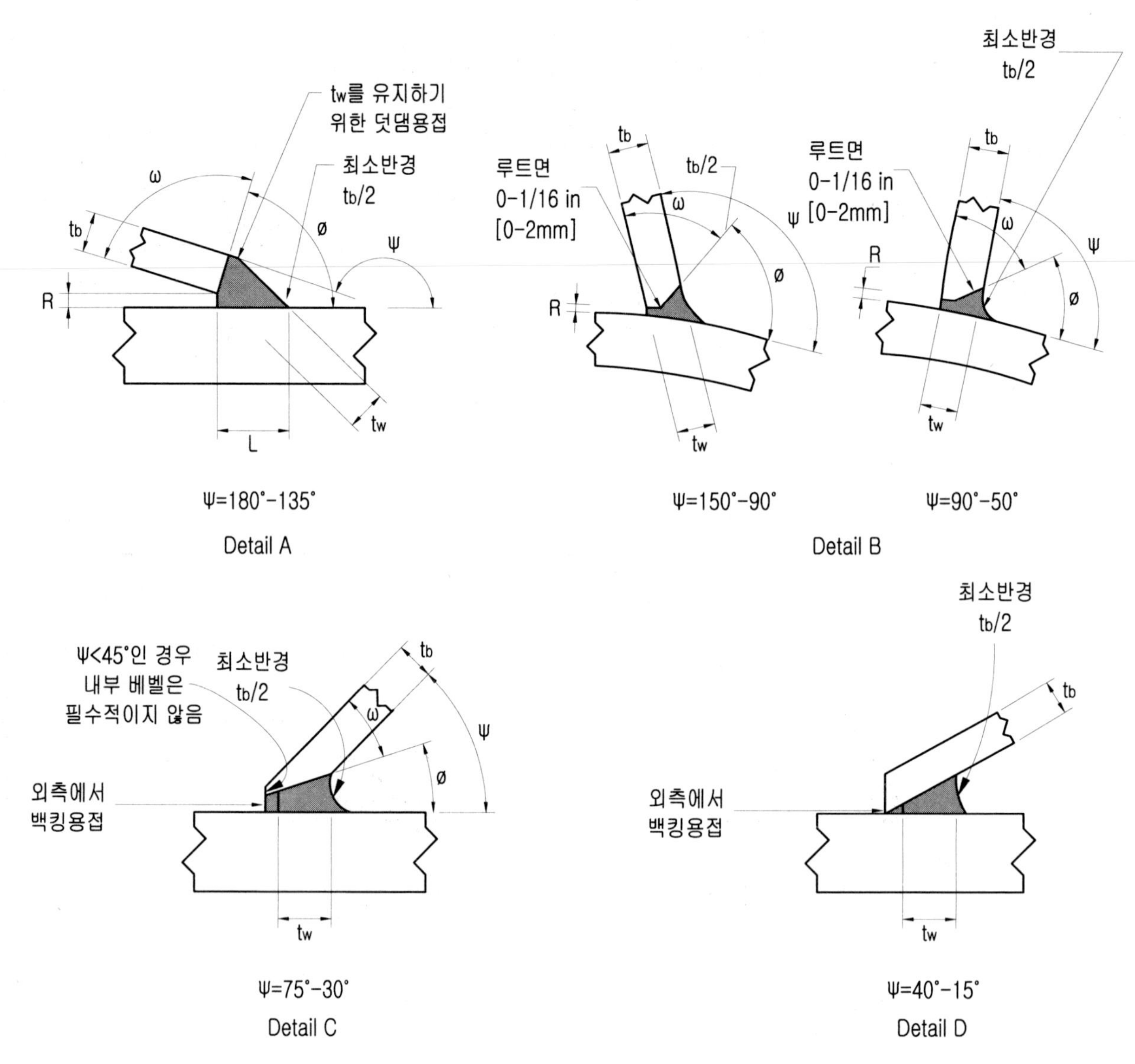

[강관접합부 완전용입용접 상세 - 오목한 형상의 용접 표준상세 (38mm를 초과하는 두께의 지강관에 적용)]

주 :

1. ϕ = 용접을 위해 개선된 지관의 끝과 주관이 이루는 각(용접각).
2. t_w, L, R, W, ω, ϕ 치수: 본 상세 뒷부분의 표 참고(t_w: 유효목두께, L: 용접 다리길이, R: 루트간격, W: 그루브폭, ω: 지관 개선각)
3. 피로설계를 위한 상세로써 활용될 수 있음.

[강관용접부 완전용입용접 치수 요구조건]

<table>
<tr><td colspan="2"></td><td colspan="2">Detail A
Ψ = 180°-135°</td><td colspan="2">Detail B
Ψ = 150°-50°</td><td>Detail C
Ψ = 75°-30°[a]</td><td>Detail D
Ψ = 40°-15°[a]</td></tr>
<tr><td rowspan="2">지관 개선각
(ω)</td><td>최대</td><td colspan="2" rowspan="2">-</td><td colspan="2">90°[b]</td><td>(Footnote b)</td><td rowspan="2">-</td></tr>
<tr><td>최소</td><td colspan="2">10° 또는 $\Psi>105°$ 인 경우 45°</td><td>10°</td></tr>
<tr><td rowspan="3">루트간격 (R)</td><td></td><td>FCAW-S
SMAW</td><td>GMAW-S
FCAW-G</td><td>FCAW-S
SMAW</td><td>GMAW-S
FCAW-G</td><td colspan="2" rowspan="3">최대 W[c] / ϕ
FCAW-S SMAW: 3 mm 20°-40°; 5 mm 15°-25°
GMAW-S FCAW-G: 3 mm 30°-40°; 6 mm 25°-30°; 10 mm 20°-25°; 12 mm 15°-20°</td></tr>
<tr><td>최대</td><td>5 mm</td><td>5 mm</td><td>6 mm</td><td>6 mm
($\phi>45°$)
8 mm
($\phi\le45°$)</td></tr>
<tr><td>최소</td><td>2 mm
($\phi>90°$인 경우 최소 없음)</td><td>2 mm
($\phi>120°$인 경우 최소 없음)</td><td>2 mm</td><td>2 mm</td></tr>
<tr><td rowspan="2">용접각 (ϕ)</td><td>최대</td><td colspan="2">90°</td><td colspan="2">60° ($\Psi\le105°$)</td><td>40° (초과 시 Detail B 적용)</td><td rowspan="3">-</td></tr>
<tr><td>최소</td><td colspan="2">45°</td><td colspan="2">37-50° (미만 시 Detail C 적용)</td><td>1/2Ψ</td></tr>
<tr><td colspan="2">유효목두께 (t_w)</td><td colspan="2">$\ge t_b$ (지강관 두께)</td><td colspan="2" rowspan="2">$\ge t_b$ ($\Psi>90°$)
$\ge t_b/\sin\Psi$ ($\Psi<90°$)</td><td>$t_b/\sin\Psi\le t_w \le1.75\ t_b$</td></tr>
<tr><td colspan="2">용접 다리길이 (L)</td><td colspan="2">$t_b/\sin\Psi \le L\le1.75\ t_b$</td><td>-</td><td>$\ge2t_b$</td></tr>
</table>

[a] $\phi<30°$인 경우 적용불가

[b] 기재 치수 또는 요구되는 ϕ를 얻기 위해 필요한 각도

[c] 그루브폭(W)이 견고한 용접을 제공할만큼 충분해질 때까지 백킹용접의 초기패스를 감한다.

주 :

1. Ψ = 이면각(주관면과 지관면이 접하는 각).
2. ϕ = 용접을 위해 개선된 지관의 끝과 주관이 이루는 각(용접각).
3. t_w: 유효목두께, L: 용접 다리길이, R: 루트간격, W: 그루브폭, ω: 지관 개선각)

7장. 가새접합 일반표준상세

7.1 개요

가새의 입면과 평면 표준상세를 포함하였는데 이들 모두 횡방향에 대한 지지에 중요한 요소들이다. 일반적인 철골골조에서 많이 쓰이는 ㄱ형강과 H형강 가새의 접합부를 포함하고 있다. ㄱ형강을 사용한 가새와 보 및 기둥이 만나는 입면 접합부에 대한 상세를 도시하였다. 보와 H형강이 만나는 접합부를 포함하였고, 응력이 많이 받는 것을 대비하여 보강플레이트를 사용하여 보의 플랜지와 웨브를 보강하는 상세를 설명하였다. 또한 가새가 교차하는 부위에 대해서 ㄱ형강을 사용한 입면 및 평면(다이어프램작용) 상세를 제시하였다.

7.2 입면가새

상세명칭	VB:H/L-1	**입면가새접합부 ㄱ형강 TYPE**	7-2-1

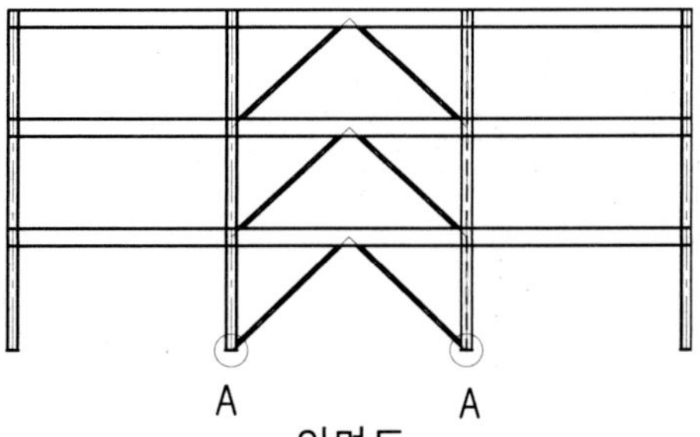

입면도

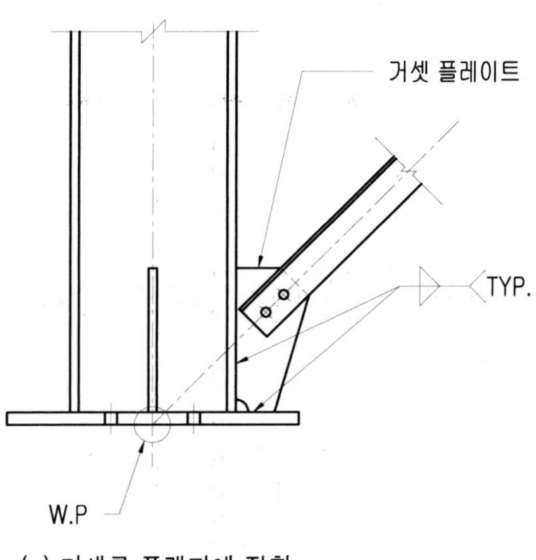

(a) 가새를 플랜지에 접합

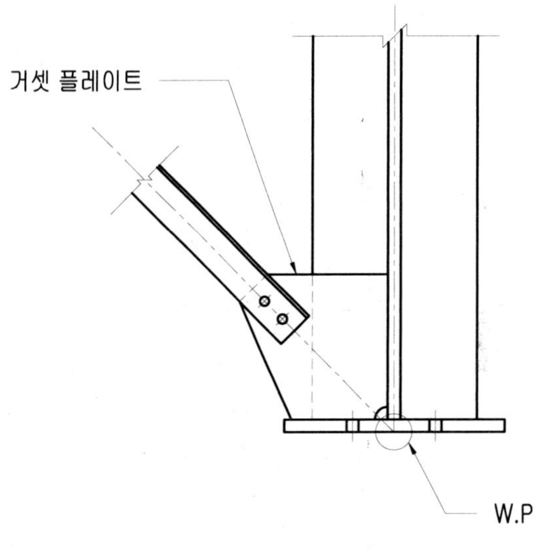

(b) 가새를 웨브에 접합

주 :

1. 거셋플레이트의 두께는 가새부재의 두께와 동등 이상으로 함.
2. 거셋플레이트 용접은 양면 필릿용접을 기준으로 함.
3. 베이스플레이트 부위의 접합시 앵커볼트와의 간섭에 주의.

상세명칭	VB:H/L-2	**입면가새접합부 ㄱ형강 TYPE**	7-2-2

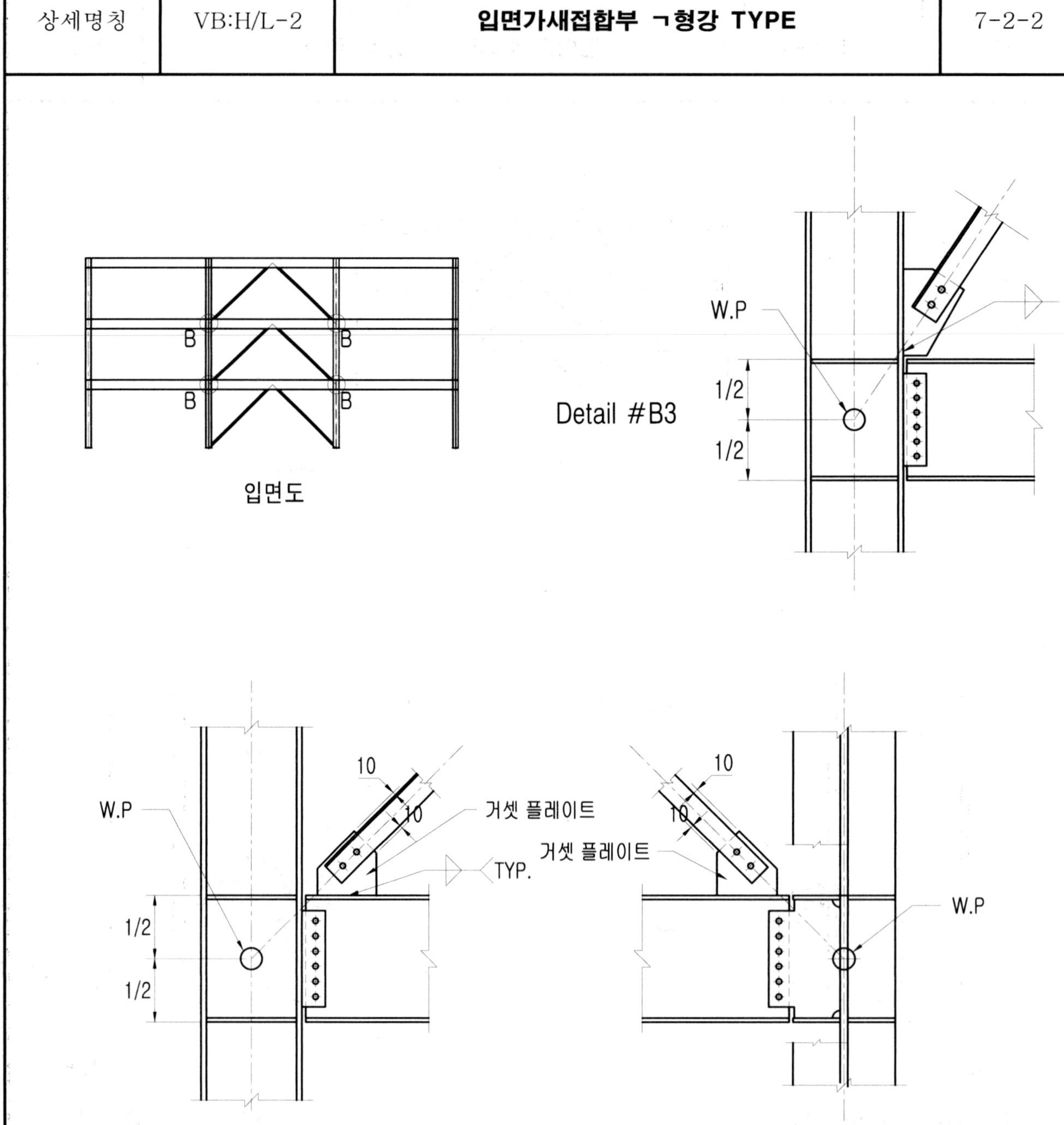

주 :

1. 거셋플레이트의 두께는 가새부재의 두께와 동등 이상으로 함.
2. 거셋플레이트의 용접은 양면 필릿용접을 기준으로 함.

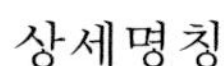

상세명칭	VB:H/L-3	**입면가새접합부 ㄱ형강 TYPE**	7-2-3

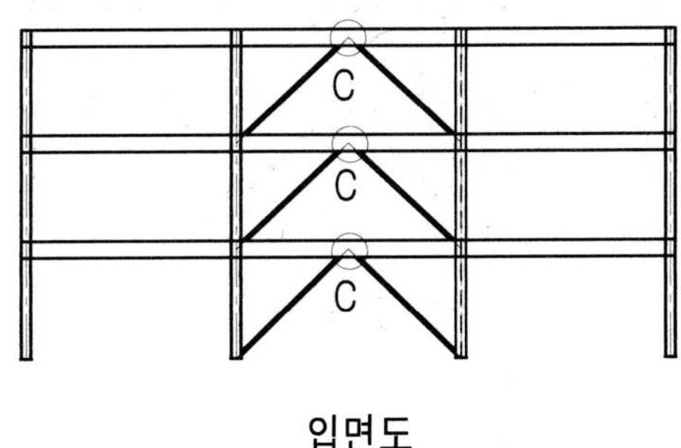

입면도

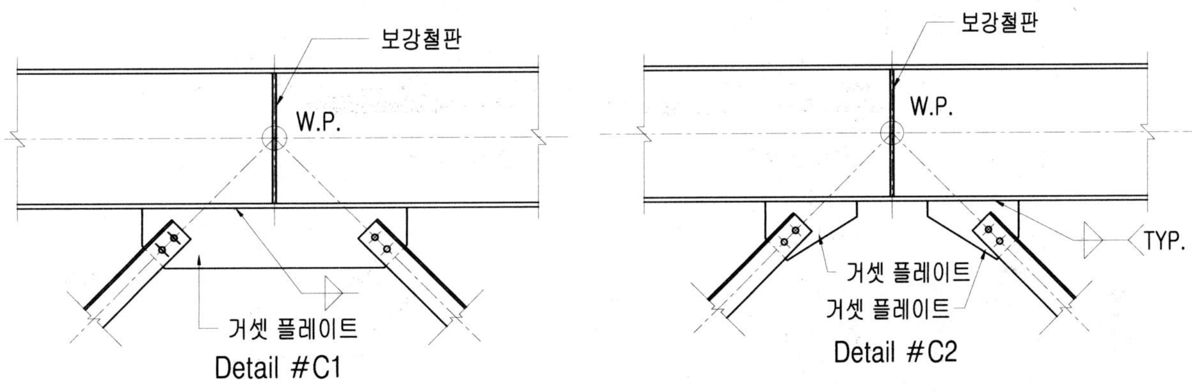

주 :

1. 거셋플레이트의 두께는 가새부재의 두께와 동등 이상으로 함.
2. 거셋플레이트의 용접은 필릿용접을 기준으로 함.
3. 보강플레이트의 두께는 거셋플레이트 두께 이상으로 함.

상세명칭	VB:H/H-1	**입면가새접합부 H형강 TYPE**	7-2-4

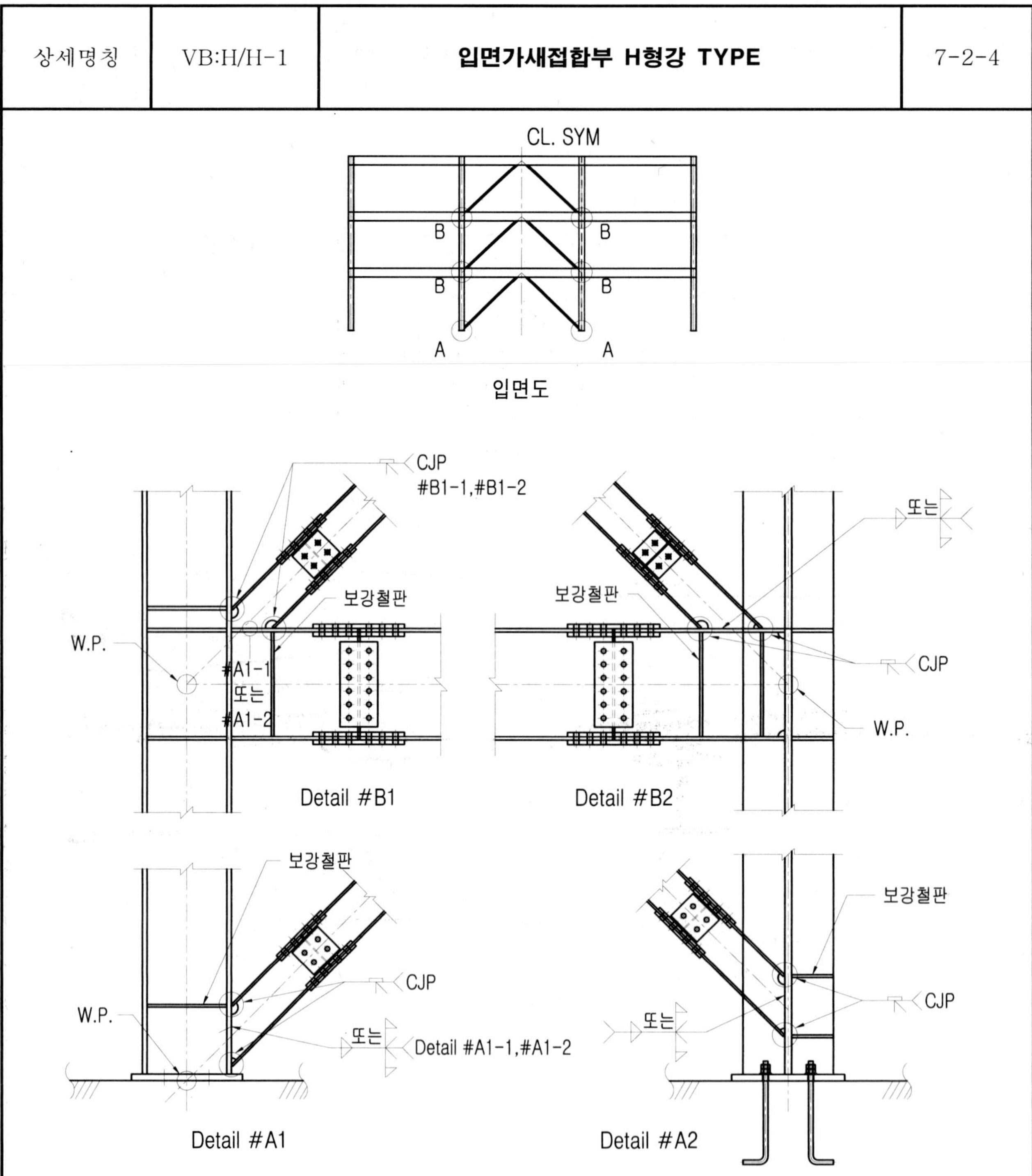

주 :

1. 가새의 플랜지는 자연개선조건을 이용하여 Detail #B1-1, #B1-2와 같이 CJP로 용접함.
2. 가새의 웨브는 Detail #A1-1 또는 Detail #A1-2와 같음.
3. 기둥의 보강판(스티프너)의 두께는 들어오는 연결가새의 플랜지 두께 이상으로 함.
4. 베이스플레트이트 부위의 접합시 앵커볼트와의 간섭에 주의함.

상세명칭	VB:H/H-2	**입면가새 접합부 H형강 TYPE**	7-2-5

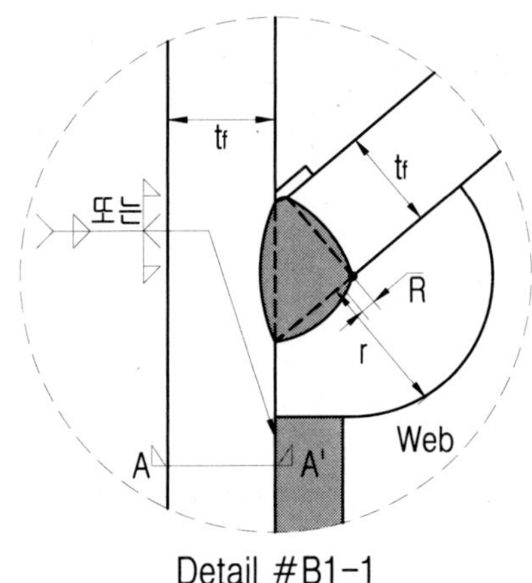

Detail #B1-1

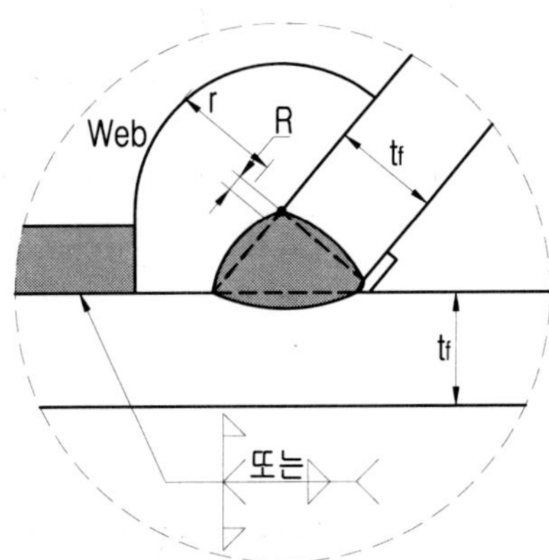

Detail #B1-2

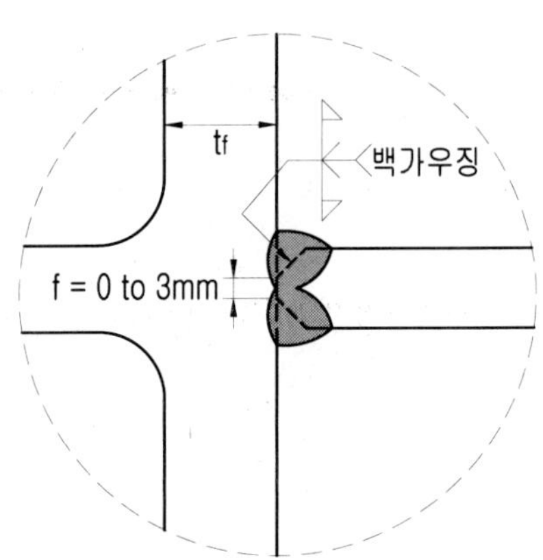

Detail #A1-1 (A - A' 단면)

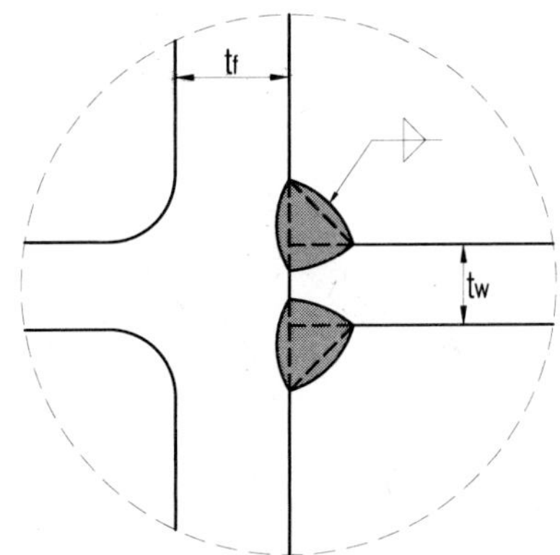

Detail #A1-2 (A - A' 단면)

주 :

1. 루트 간격(R)은 5mm를 초과하지 않음.
2. 스캘럽의 가공시 r은 35mm 정도로 하고, 불연속부가 없도록 함
3. 웨브는 용접방법에 따라 Detail #A1-1 또는 A1-2를 따르고 3-5-16(C-dBG-TC)를 참조할 수 있음.
4. 뒷댐재의 루트부는 그림과 같이 가공하여 사용함.

상세명칭	VB:H/H-3	**입면가새 접합부 H형강 TYPE**	7-2-6

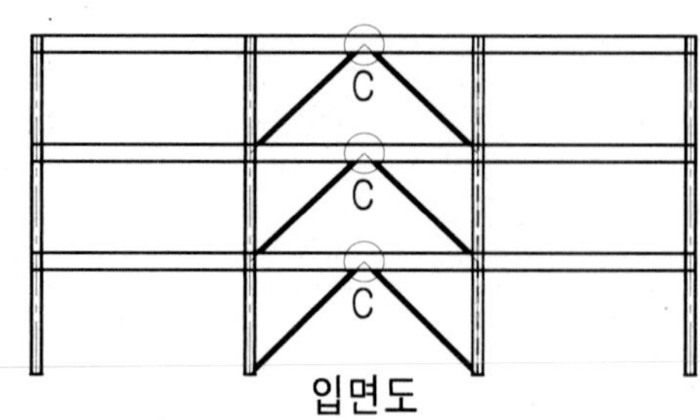

입면도

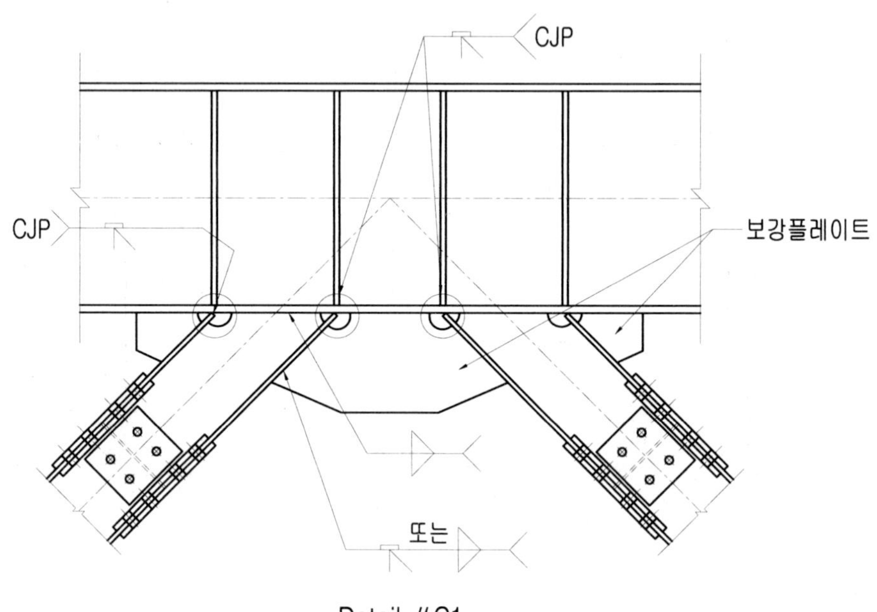

Detail #C1

주 :

1. 가새의 플랜지는 자연개선조건을 이용하여 상세 #B1-1, #B1-2와 같이 CJP로 용접함.
2. 보강플레이트를 사용할 경우에는 CJP 또는 필릿용접을 선택하여 설계함.
3. 보강플레이트 두께는 들어오는 부재의 플랜지 두께 이상으로 함.
4. 접합부에 편심(e)가 발생될 경우에는 그 영향을 고려하여 설계검토해야 함.

상세명칭	VB:H/H-3	**입면가새 접합부 H형강 TYPE**	7-2-7

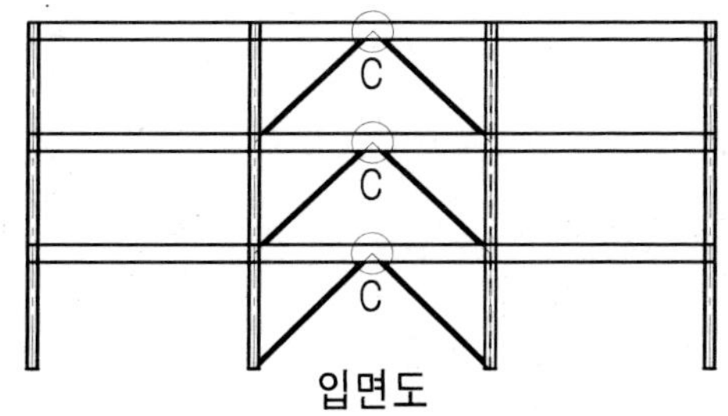

입면도

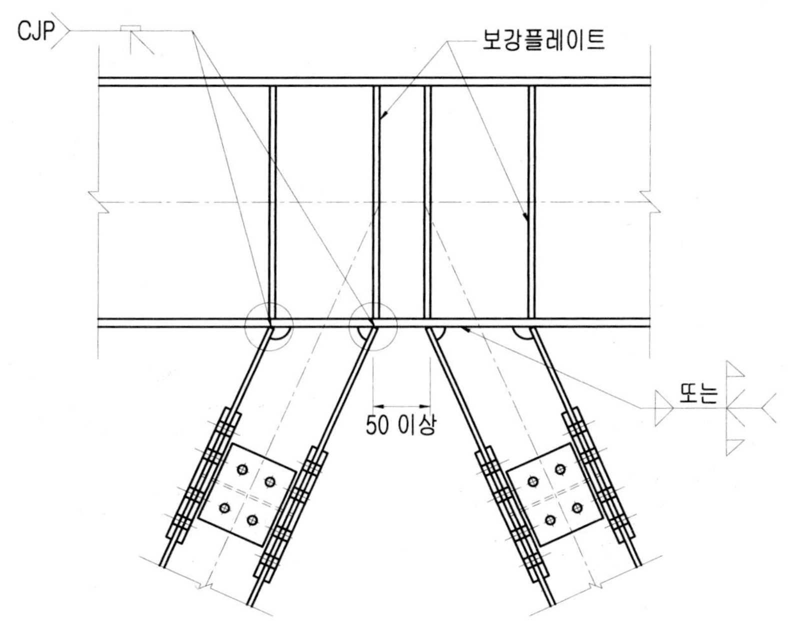

Detail #C2

주 :

1. 가새의 플랜지는 자연개선조건을 이용하여 상세 #B1-1, #B1-2와 같이 CJP로 용접함.
2. 보강플레이트를 사용하지 않는 경우에는 상세 #C2를 참고함.
3. 가새부재의 간섭 발생시 부재간의 용접을 위하여 최소 50mm 이상 확보해야 함.
4. 접합부에 편심(e)가 발생될 경우에는 그 영향을 고려하여 설계검토해야 함.

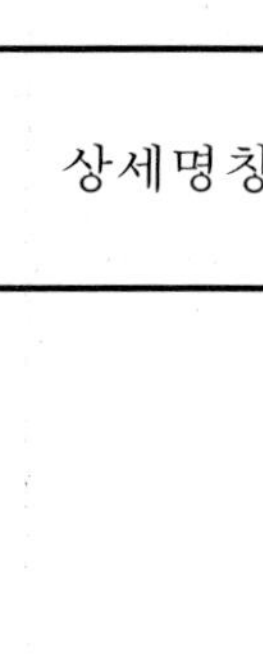

상세명칭	VB:H,L/H,L-CJ	**입면가새 교차접합부 TYPE**	7-2-8

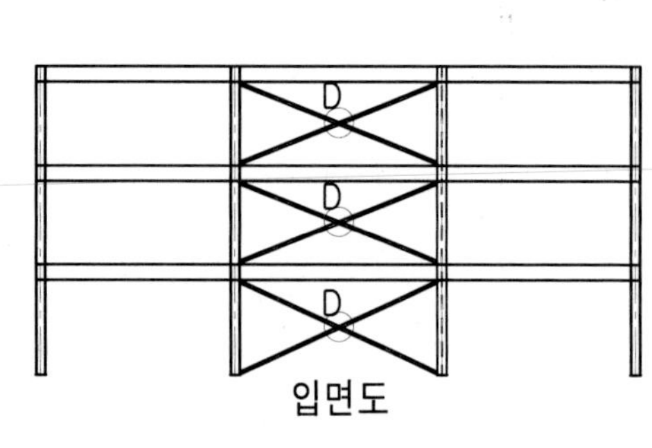

입면도

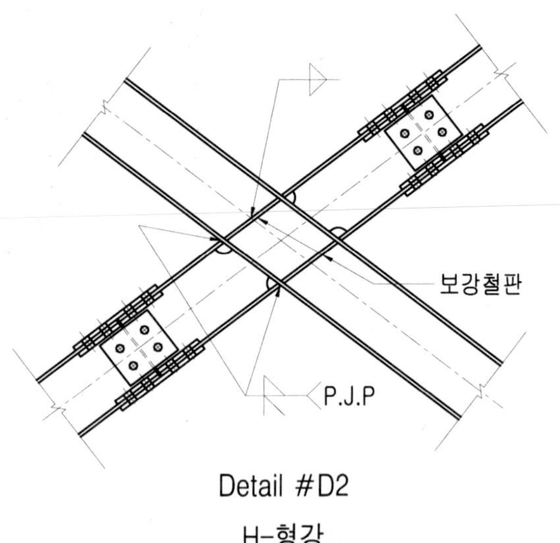

Detail #D2

H-형강

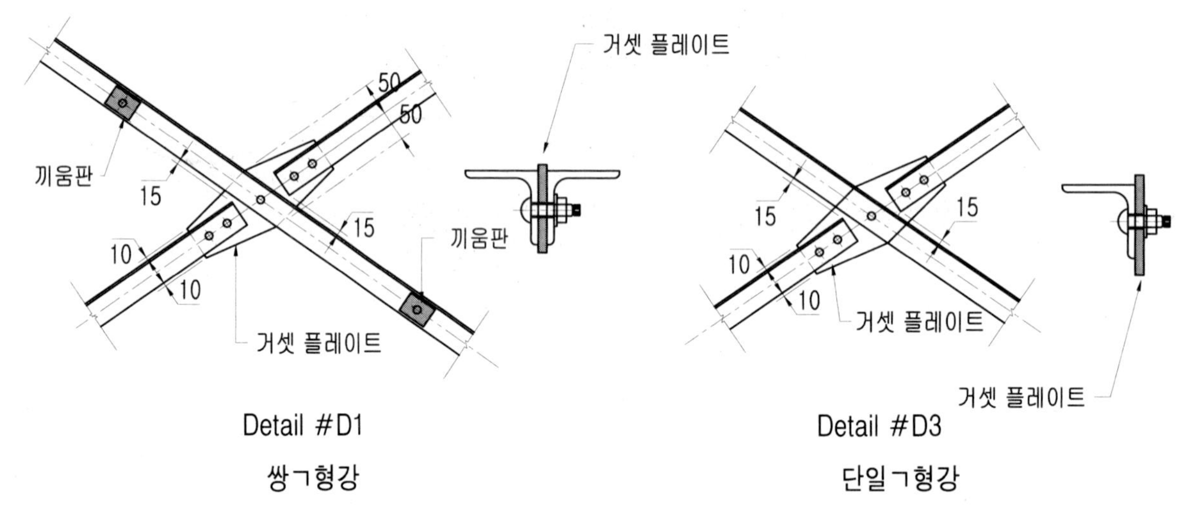

Detail #D1

쌍ㄱ형강

Detail #D3

단일ㄱ형강

주 :

1. 보강플레이트의 두께는 접합되는 부재의 플랜지두께 이상으로 함.
2. 마찰접합일 경우에는 거셋플레이트와 부재접합면에 페인트칠이 되지 않게 주의.

7.3 평면가새

상세명칭	HB:H/L-1	**평면가새접합부 ㄱ형강 TYPE**	7-3-1

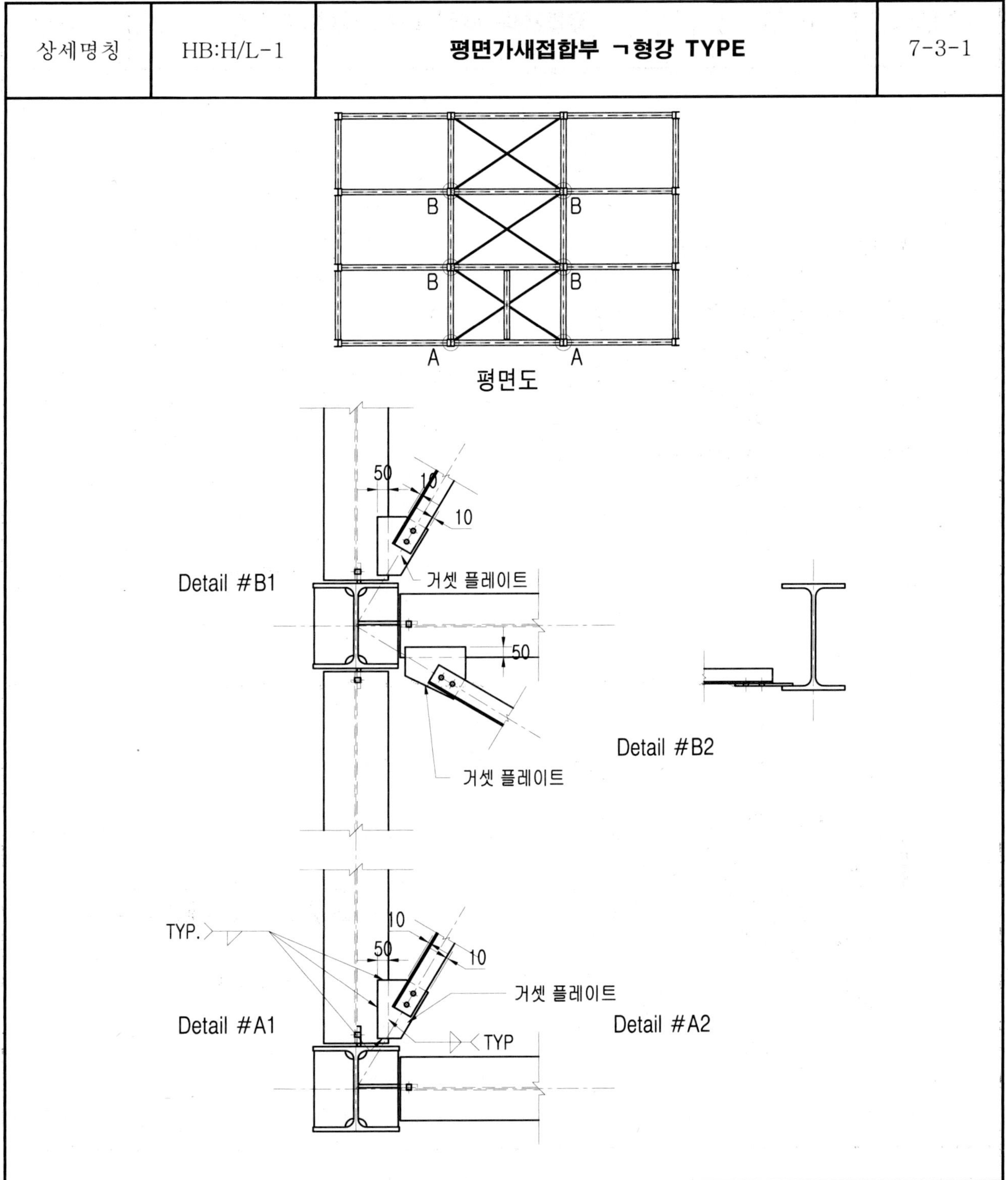

주 :

1. 거셋플레이트의 용접시 겹침부위는 최소 50mm 이상이 되도록 함.
2. 거셋플레이트의 용접은 3면용접 이상이 되도록 함.

상세명칭	HB:H/L-CJ	**평면가새 교차접합부 ㄱ형강 TYPE**	7-3-2

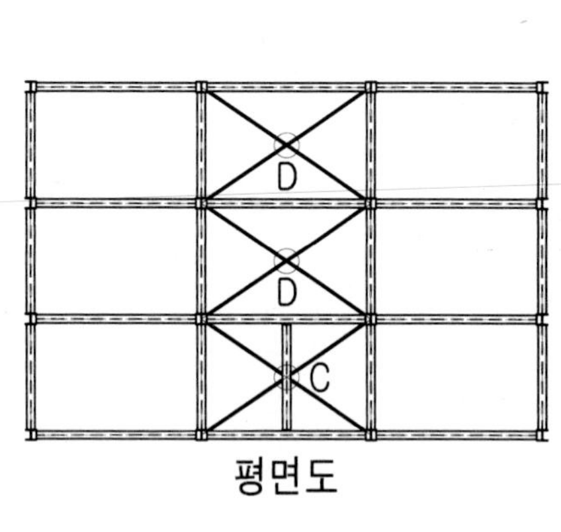

평면도

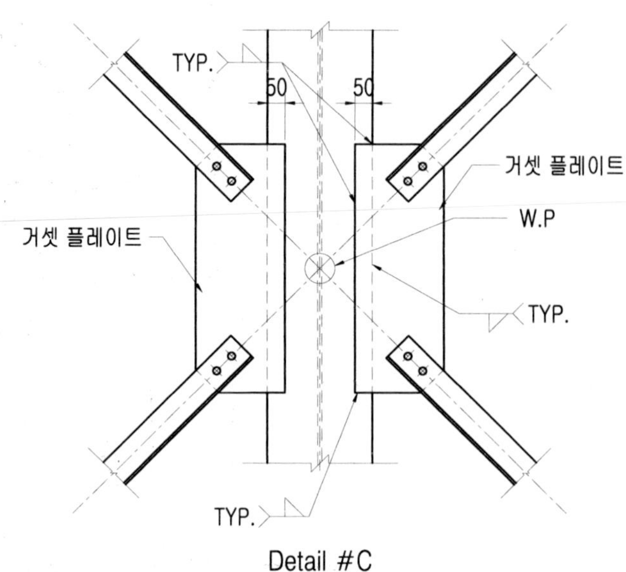

Detail #C

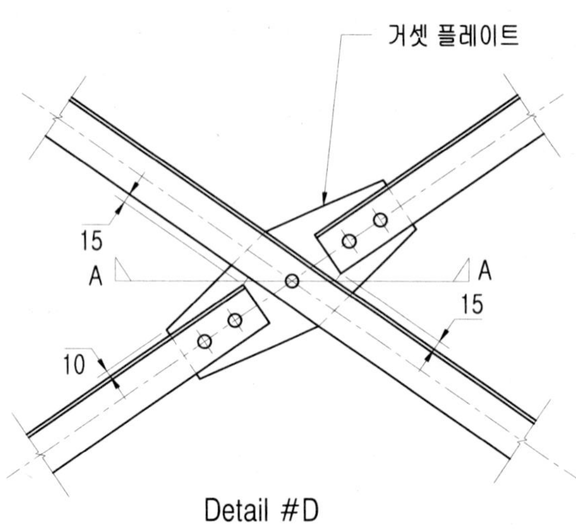

Detail #D

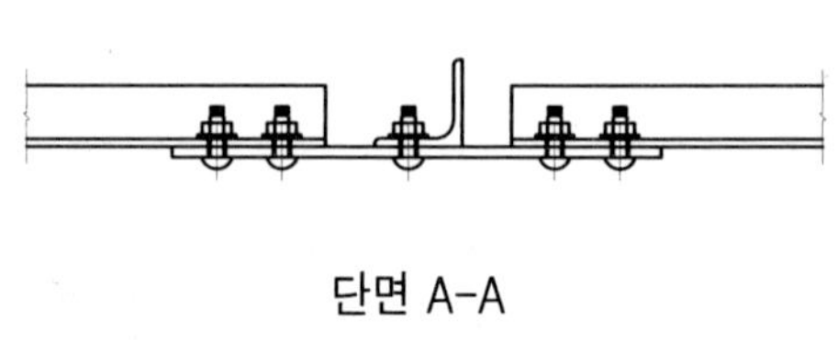
단면 A-A

주 :

1. 거셋플레이트의 용접시 겹침부위는 최소 50mm 이상이 되도록 함.
2. 거셋플레이트의 용접은 3면용접 이상이 되도록 함.

상세명칭	HB:H/L-2	**평면가새접합부 2ㄱ형강 TYPE**	7-3-3

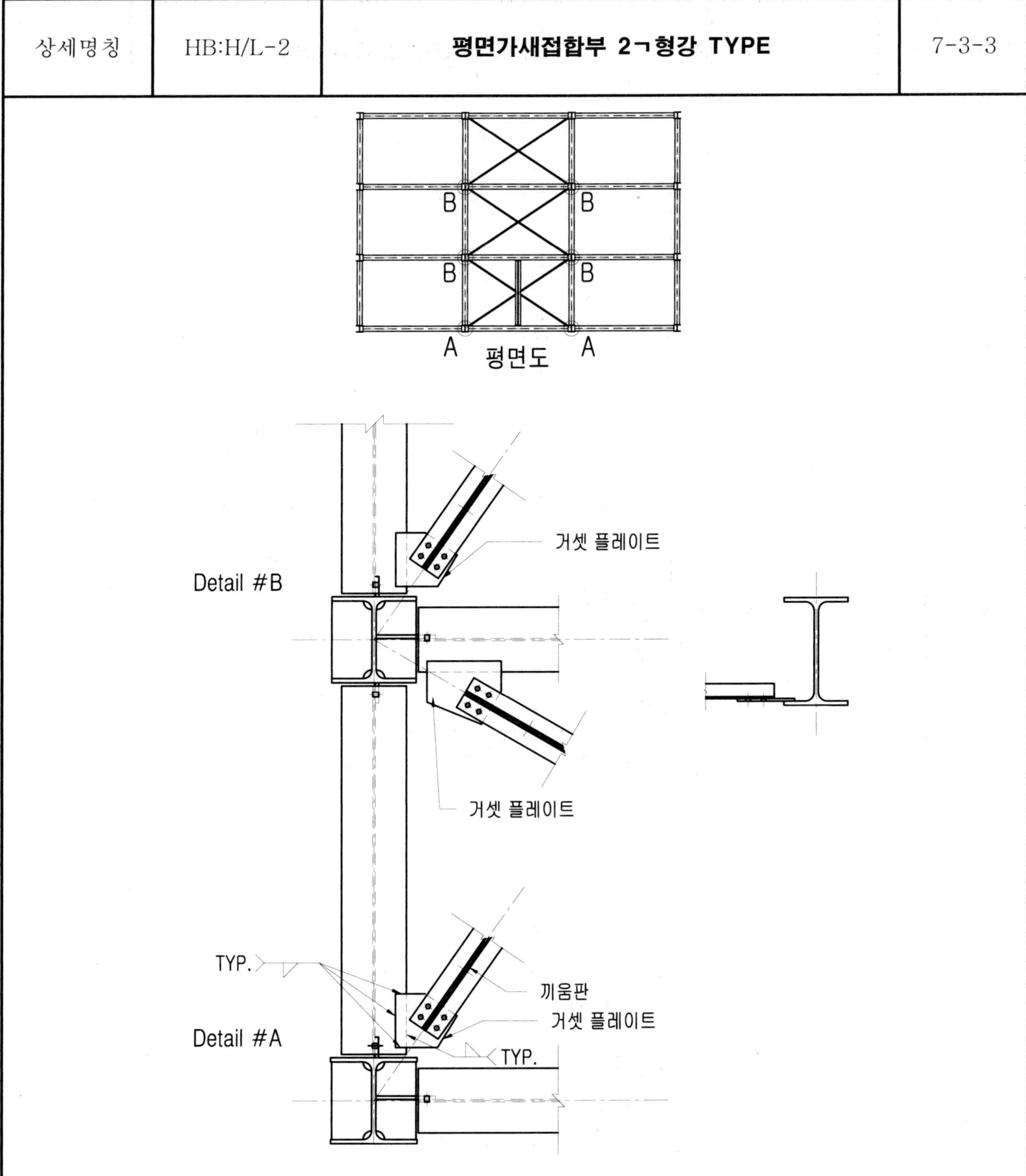

주 :

1. 거셋플레이트의 용접시 겹침부위는 최소 50mm 이상이 되도록 함.
2. 거셋플레이트의 용접은 3면용접 이상이 되도록 함.

상세명칭	HB:H/RB	**평면가새접합부 환봉 TYPE**	7-3-4

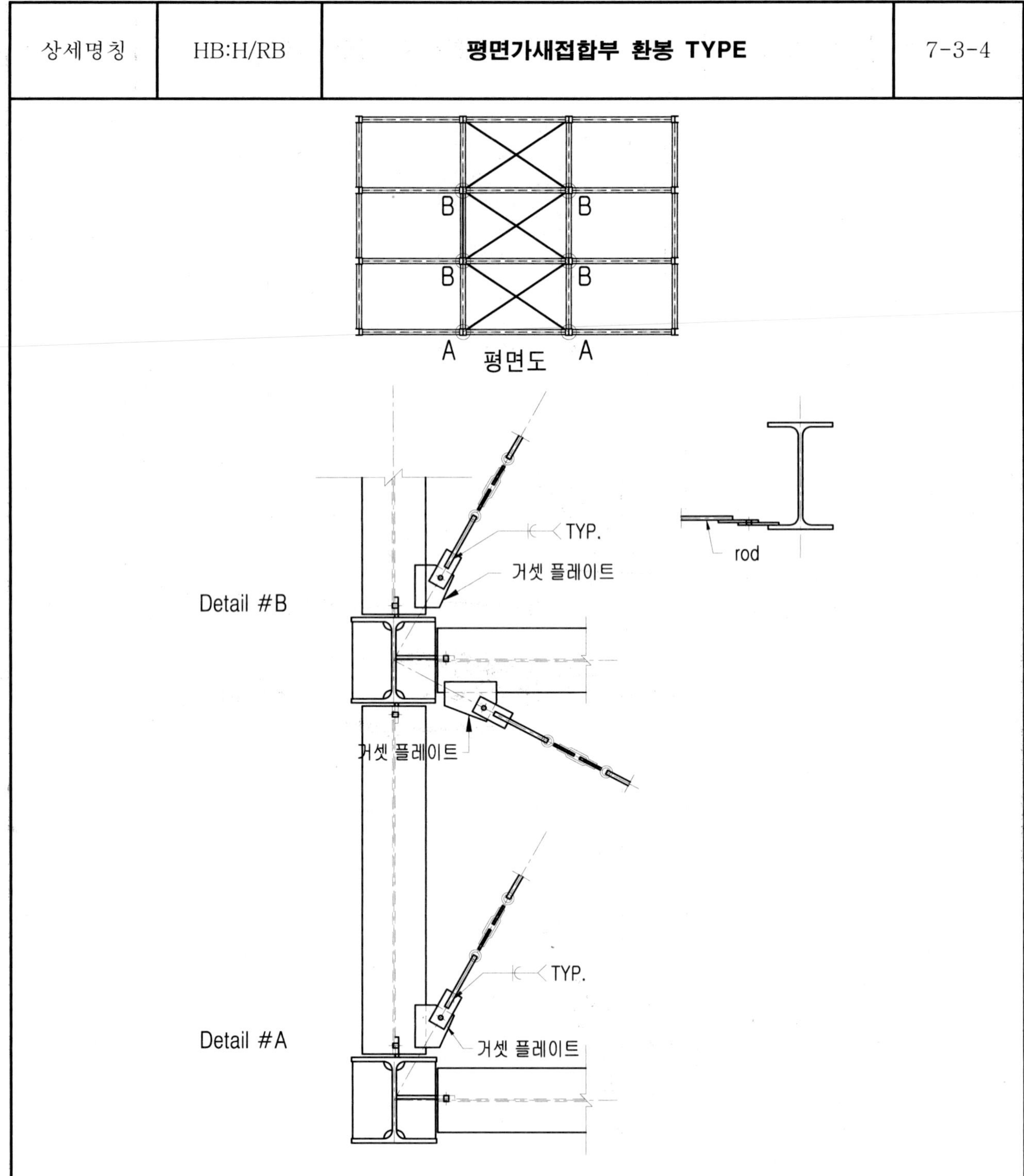

주 :

1. 거셋플레이트의 용접시 겹침부위는 최소 50mm 이상이 되도록 함.
2. 거셋플레이트의 용접은 3면용접 이상이 되도록 함.

8장 인장재 일반표준상세

8.1 개요

이 장에서는 강봉 턴버클 인장재 상세와 행어접합 표준상세를 포함하고 있다. 강봉은 연결판과 용접 접합하거나 스티프너로 보강된 L형강에 볼트 또는 용접접합하고 턴버클은 강봉 사이에 삽입하여 장력을 조절한다. 인장재는 대부분 X자로 교차되도록 설치한다. 인장재는 벽면가새, 지붕가새 등 턴버클을 이용하여 길이를 조절하고 인장력만 받는 것으로 설계한다. 압축력을 받을 경우에는 쉽게 좌굴현상으로 인하여 힘을 받지 않는 것으로 가정하고 하중방향이 역전되어 인장을 받을 때만 다시 인장력을 발휘할 수 있다. 기타 부속 자재의 상세치수는 KS F4512 건축용 턴버클 볼트 규격에 따른다.

최근 지진발생으로 인하여 천정의 가새가 탈락하는 경우가 많았는데 이는 인장봉 연결부에 갈고리(hook)시공의 사례가 많은 것으로 조사되어 이러한 상세를 사용하지 않도록 하는 것에 중점을 두어 잘못된 상세의 예로 제시하므로서 현장에서 사용되지 않도록 하였다. 강봉과 턴버클의 연결, 강봉과 연결판의 연결부의 강봉의 끝부분은 고리를 사용하지 말고 나사를 내어 클레비스로 연결하거나 구부린 후 용접을 하도록 한다. 강봉과 강봉의 연결부를 열린상세로 할 경우 인장력을 받으면 쉽게 탈락하므로 사용을 금지한다. 행어접합은 접합되는 부재에 강판, 티, ㄱ형강, 쌍ㄱ형강 등을 이용하여 접합되며 행어접합의 설계강도는 볼트 또는 용접과 접합요소의 한계상태들을 적용하여 산정한다.

상세명칭의 기호는 다음과 같다.

TBL : Turn Buckle

HM : 행어(Hanger) 접합

8.2 턴버클 및 행어접합

상세명칭	TB:RB/PL-1	**강봉 턴버클 인장재**	8-2-1

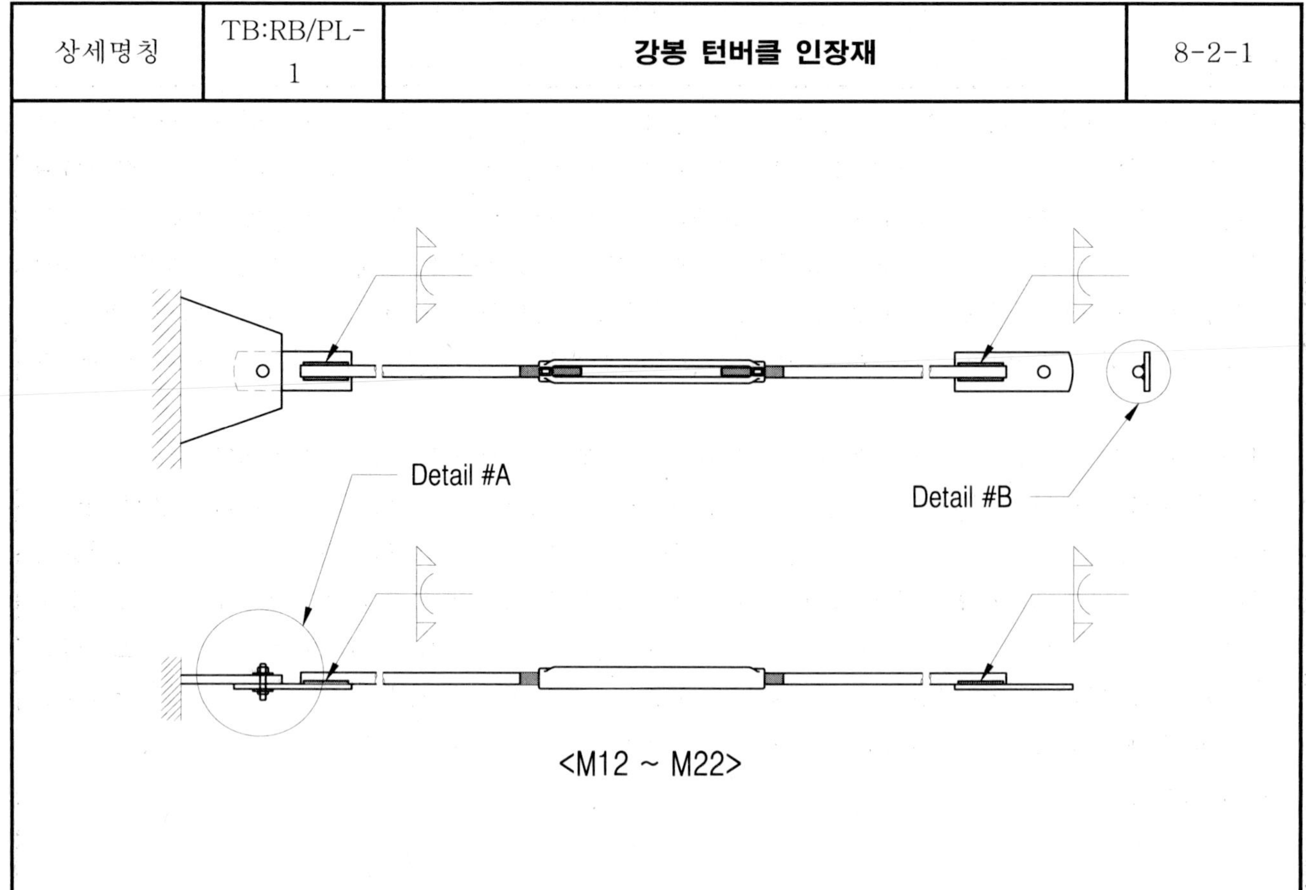

주 :

1. 강봉과 연결판은 플레어 용접으로 한다. 이때 목두께를 고려하여 설계한다.
2. 턴버클은 왼나사와 오른나사가 가공된 것으로 강봉 사이에 삽입하여 장력을 조절한다.
3. 인장력의 크기가 설계에 반영될 경우, 인장력의 설계값은 토크렌치를 이용하여 확보한다.
4. DET. #1 (b)와 같은 연결은 편심이 과다하여 내력이 저하되므로 사용하지 않도록 한다.
5. 각 부속자재의 상세치수는 KS F 4512 건축용 턴버클 볼트 규격에 따른다.

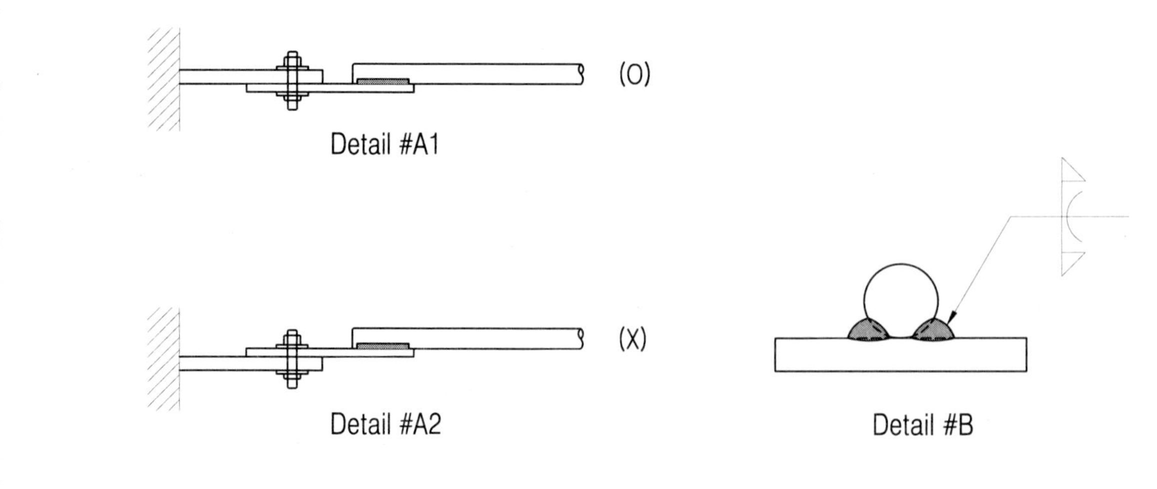

상세명칭	TB:RB/PL-2	강봉 턴버클 인장재	8-2-2

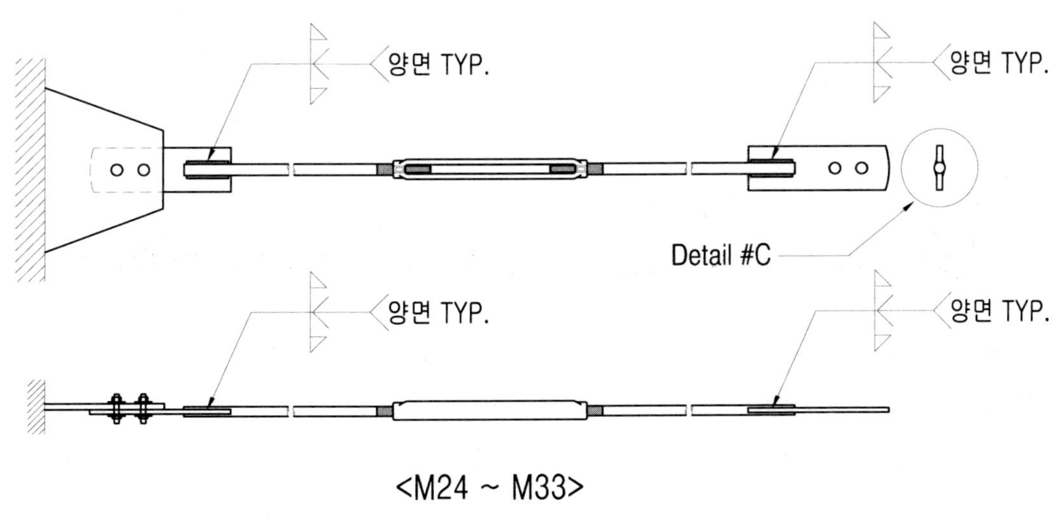

<M24 ~ M33>

주 :

1. 강봉의 크기가 ϕM24 ~ M33경우 편심을 고려하여 강봉의 연결판을 절개 후 삽입하고 4면 필릿 용접을 한다.
2. 용접의 목두께는 최소 파단면의 길이를 고려하여 설계한다.
3. 인장력의 크기가 설계에 반영될 경우, 인장력의 설계값은 토크렌치를 이용하여 확보한다.
4. 각 부속자재의 상세치수는 KS F 4512 건축용 턴버클 볼트 규격에 따른다.

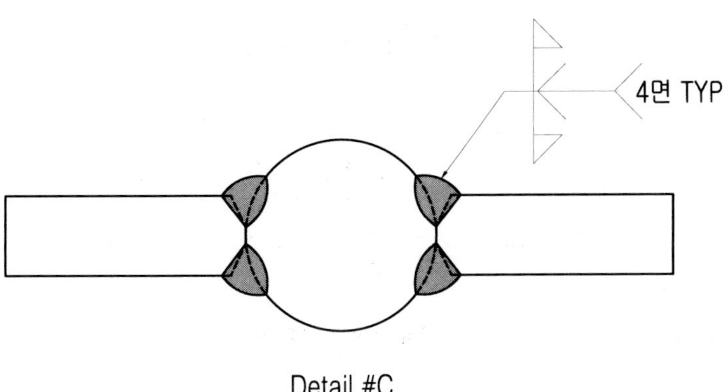

Detail #C

상세명칭	TB:RB/PL-3	**강봉 턴버클 인장재**	8-2-3

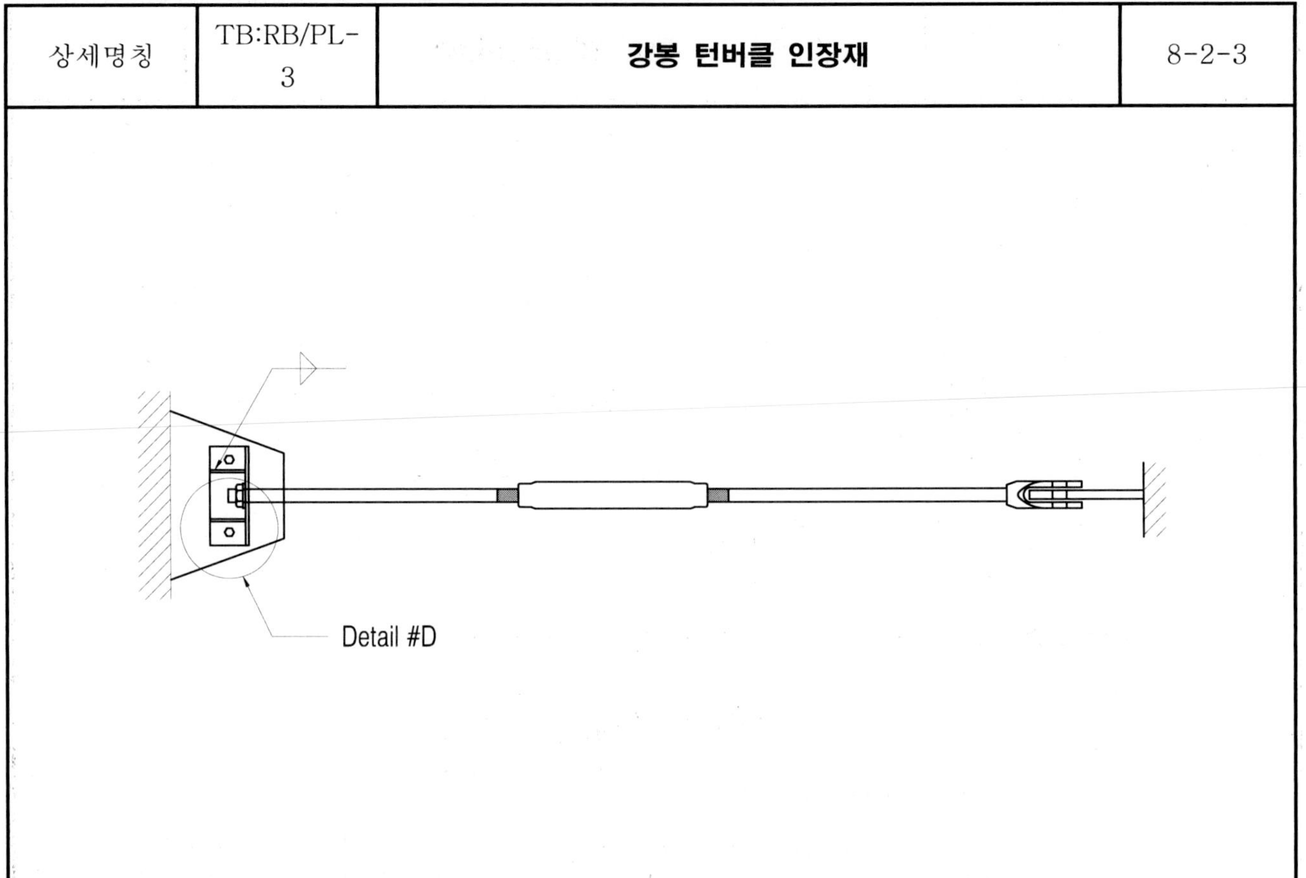

주 :

1. 아래의 그림과 같이 반드시 스티프너를 ㄱ형강에 용접하여 사용하도록 한다.

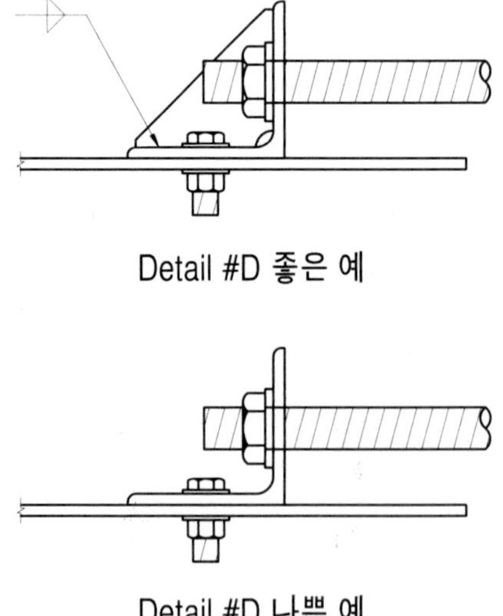

Detail #D 좋은 예

Detail #D 나쁜 예

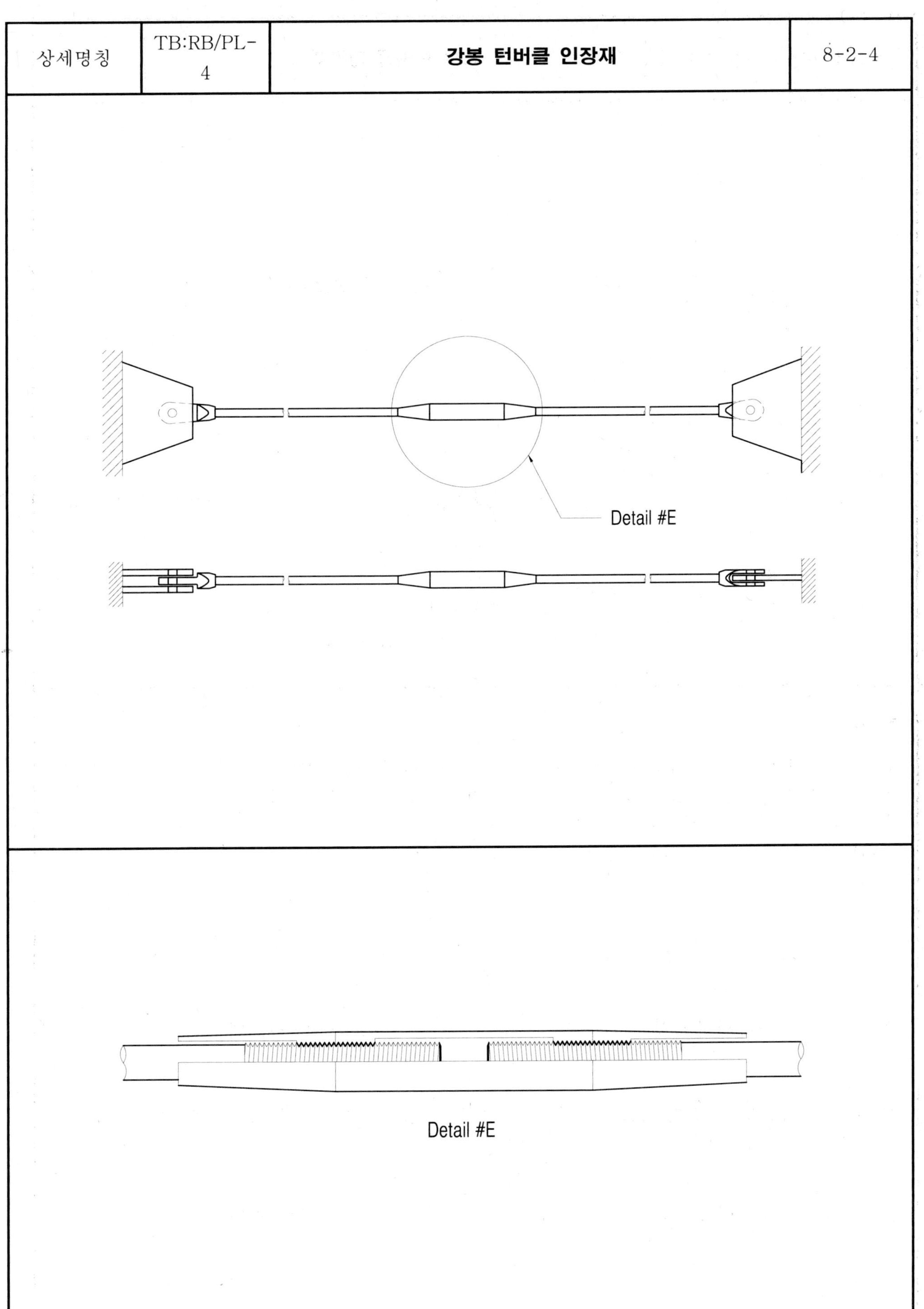
상세명칭
TB:RB/PL-4
강봉 턴버클 인장재
8-2-4
Detail #E
Detail #E

상세명칭	TB:RB/PL-5	**강봉 턴버클 인장재**	8-2-5

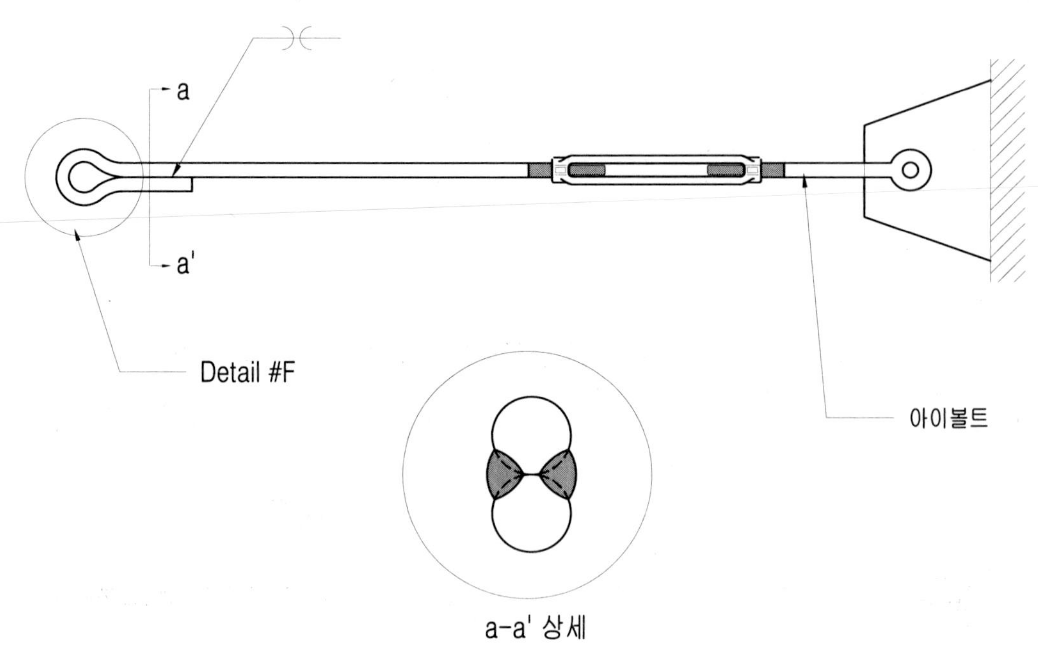

주 :

1. 각 부속자재의 상세치수는 KS F 4512 건축용 턴버클 볼트 규격에 따른다.
2. 강봉 직경별 겹침이음부 용접길이 확보에 유의하고 KS F 4512에 따른다.
3. 아래와 같은 열린상세(c)는 인장력을 받으면 쉽게 펴져서 탈락하므로 사용을 금지하며, (a) 또는 (b)와 같은 상세를 권장한다..

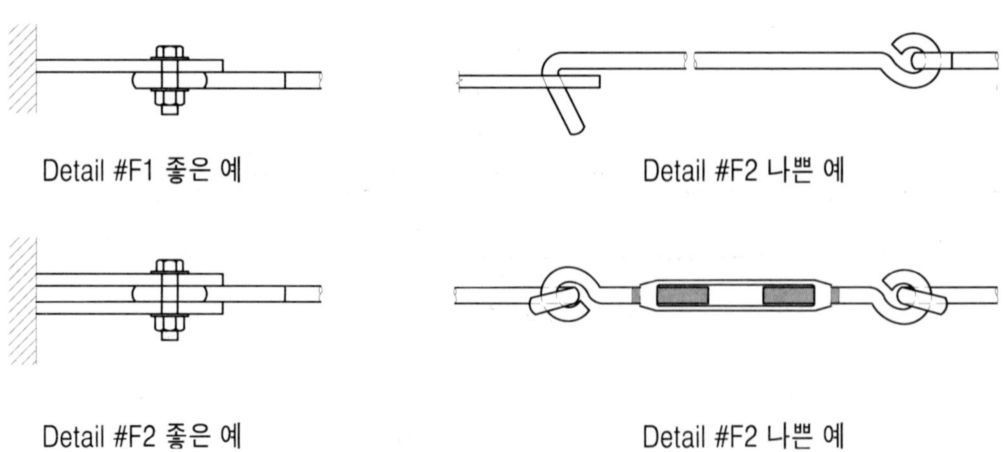

9장. 주각부접합 표준상세

9.1 개요

이 장의 주요내용은 H형강, 원형강관, 각형강관, 조립기둥이 기초에 연결되는 주각부의 내용을 포함하고 있다. H형기둥의 주각부는 강접합과 핀접합 2종류를 기술하였다. 단일기둥의 원형강관 주각부에서는 가새가 주각부 하부에 연결되는 경우도 설명하였다.

조립기둥은 조립기둥이 경사진 경우와 수직으로 연결되는 2종류에 대해서 설명을 하였다. 용접은 가급적 부득이한 경우를 제외하고는 현장용접을 피한다. 강관 및 강관조립기둥 주각부는 필릿용접으로 표현하였으나, 경우에 따라 기술자의 판단으로 필릿용접 또는 그루브용접을 활용할 수 있다. 기타사항은 사)건축구조기술사회발행 H형강 접합부 매뉴얼을 참고할 수 있다.

1) 주각 일반사항

① 주각은 노출주각을 대상으로 한다.

② 앵커볼트에 사용하는 재료는 [표 9.1]에 표시한 것으로 한다.

③ 주각은 기둥에 작용하는 축방향력, 휨모멘트 및 전단력을 충분하게 전달하도록 설계한다.

[표 9.1] 앵커볼트의 재료

번 호	명 칭	강도등급 구분	강도등급(강도단위: MPa)
KS B 1016	기초볼트	4.6, 6.8, 8.8	4.6: F_u=400, F_y=240 6.8: F_u=600, F_y=480 8.8: F_u=800, F_y=640($\phi \le 16$) F_u=830, F_y=660($\phi > 16$)

2) 노출주각

① 노출주각은 아래 각 항을 만족하여야 한다.

가) 앵커볼트는 인발되지 않도록 기초에 정착시킨다.

나) 베이스플레이트는 충분한 면외강성을 확보한다.

다) 베이스플레이트의 밑면은 기초콘크리트 윗면과 밀착시킨다.

라) 앵커볼트에는 와셔를 사용하고, 2중 너트 또는 기타 방법에 의해 풀림이 생기지 않도록 한다.

② 베이스플레이트 크기와 앵커볼트 단면적은 베이스플레이트 형상을 단면으로 하고 인장 측 앵커볼트를 철근으로 한 철근콘크리트 기둥으로 고려하여 산정한다. 베이스플레이트 두께는 리브 등으로 구분된 부분에 반력이 작용하는 것으로 하여 산정한다.

③ 기둥의 전단력은 베이스플레이트 밑면의 마찰력, 앵커볼트 등에 의해 지지되도록 한다. 다만 인장력과 전단력을 동시에 부담하는 앵커볼트에 대해서는 조합응력을 고려해야한다.

3) 매입주각

① 매립주각은 아래 사항을 만족해야 한다.

가) 기둥을 기초콘크리트에 충분히 매립하여 기둥과 기초콘크리트가 일체가 되도록한다.

나) 외부기둥 또는 모서리기둥의 주각은 콘크리트 피복두께의 확보와 적절한 보강근을 배치한다.

다) 기초콘크리트 상부에서 강관기둥의 국부변형에 유의한다.

② 기둥의 축방향력은 베이스플레이트와 기초콘크리트 지압력 또는 앵커볼트 인장저항에 의해 기초에 전달되는 것으로 베이스플레이트 및 앵커볼트를 설계한다.

③ 기둥의 휨모멘트 및 전단력은 강관기둥과 기초콘크리트 사이의 지압력 또는 매립부에 배근된 보강근의 인장저항에 의해 기초에 전달되는 것으로 하여 기초콘크리트 및 보강근을 설계한다.

9.2 H형강 주각

상세명칭	BP:H/PL-FX -1	**노출형 H형강 주각 (강접)**	9-2-1

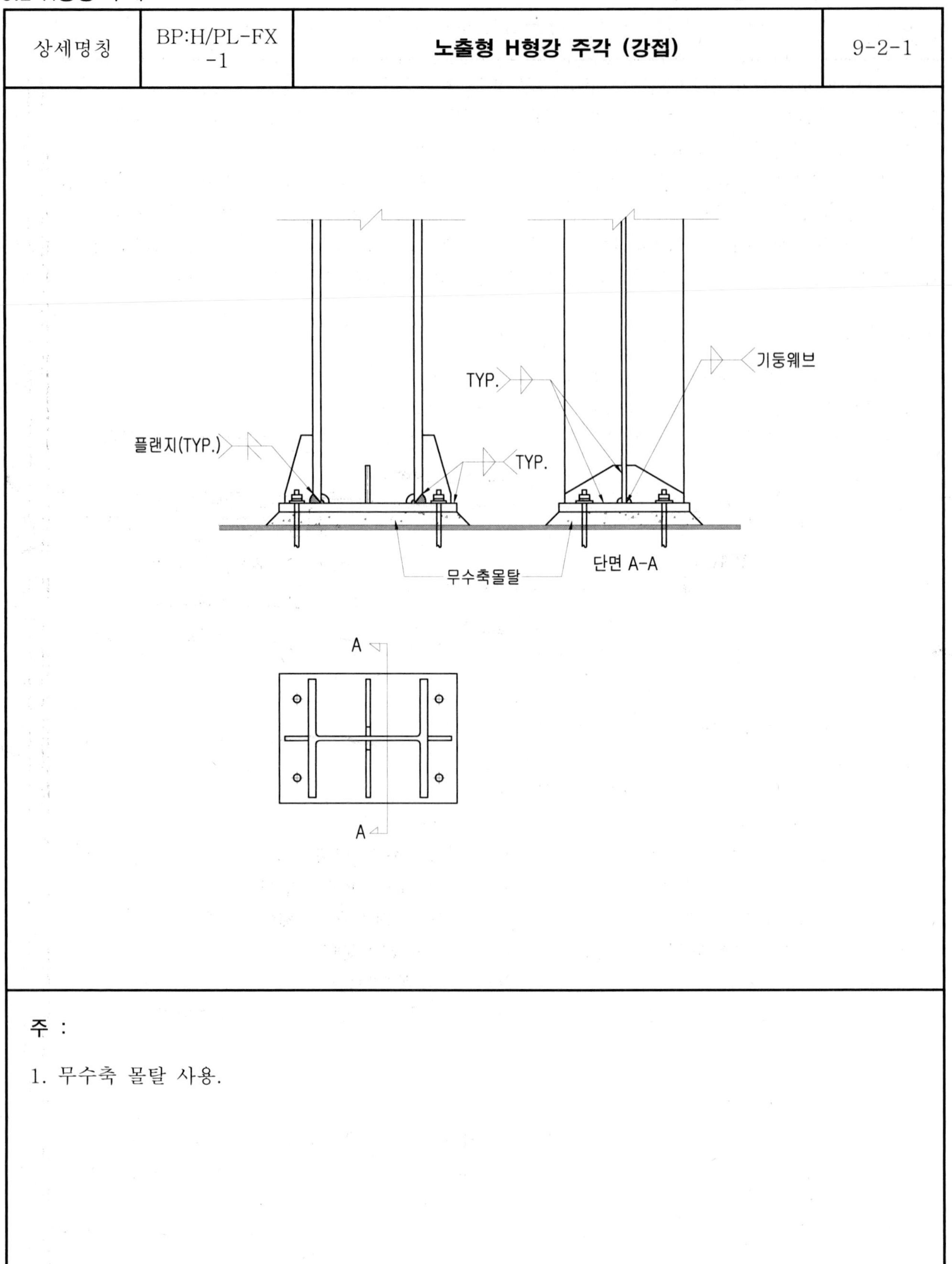

주 :

1. 무수축 몰탈 사용.

상세명칭	BP:H/PL-PIN	**노출형 H형강 주각 (핀 접합)**	9-2-2

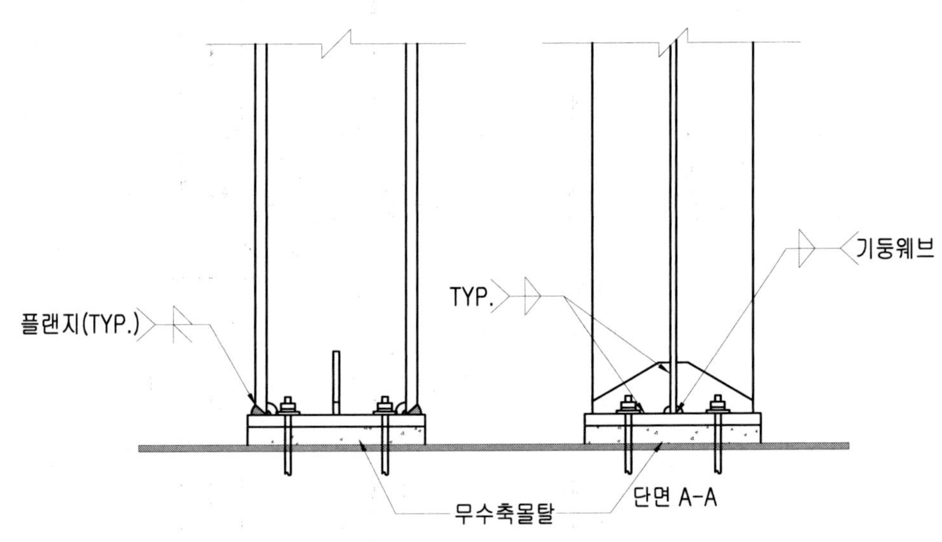

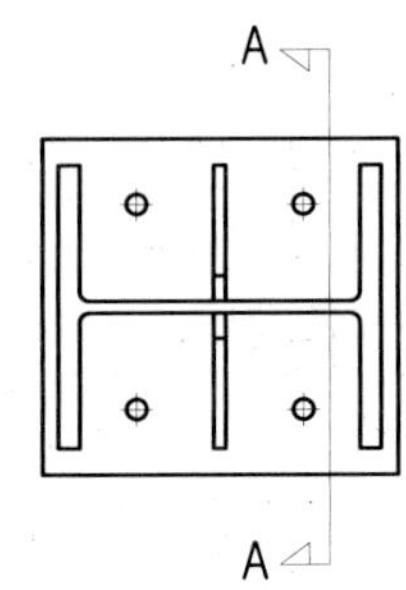

주 :

1. 무수축 몰탈 사용.

상세명칭	BP:2H/PL	**노출형 H형강 주각 (2-Columns)**	9-2-3

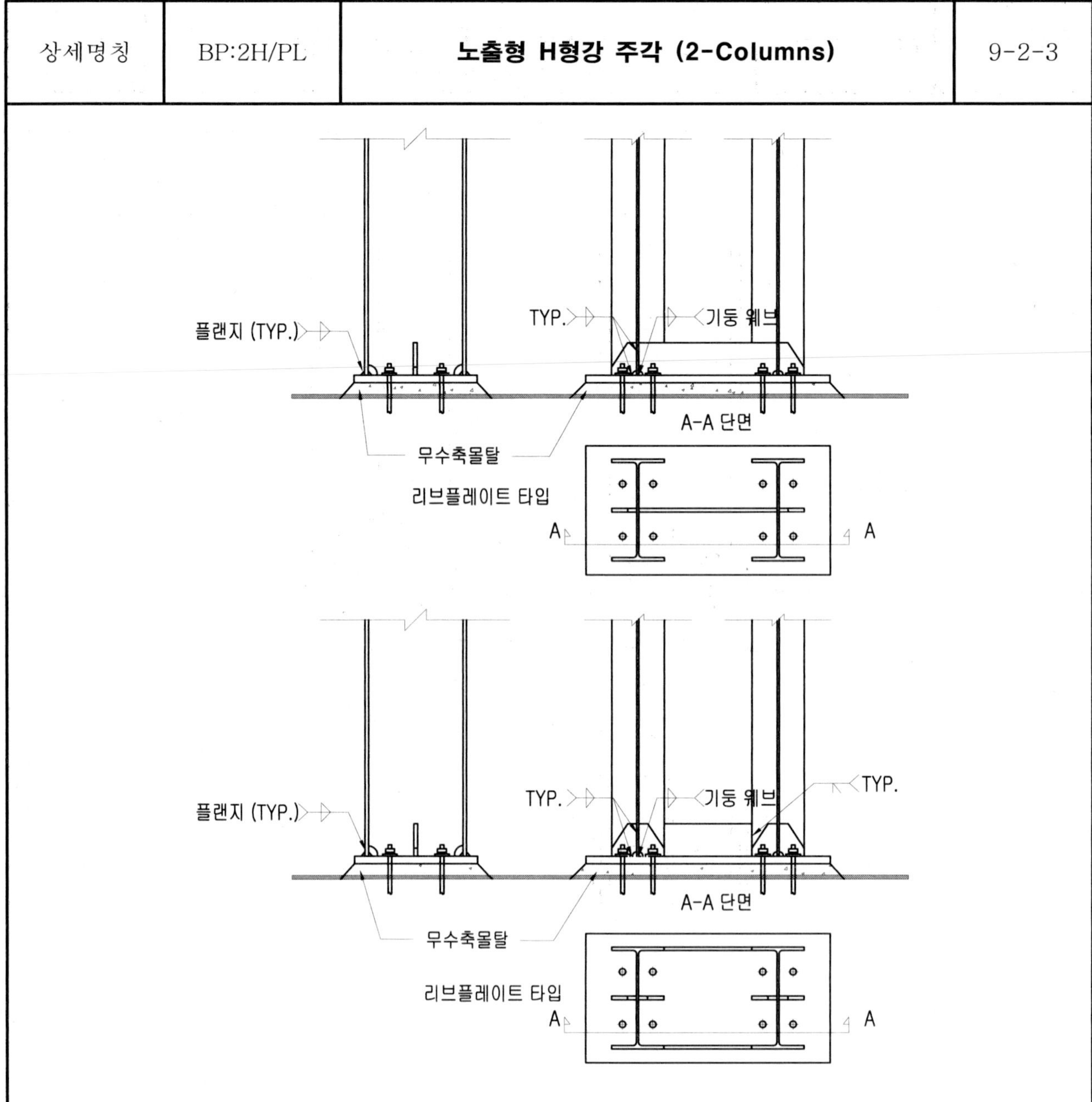

주 :

1. 무수축 몰탈 사용.

상세명칭	BP:CHS/PL-1	**단일기둥의 주각(1)-원형강관**	9-3-1

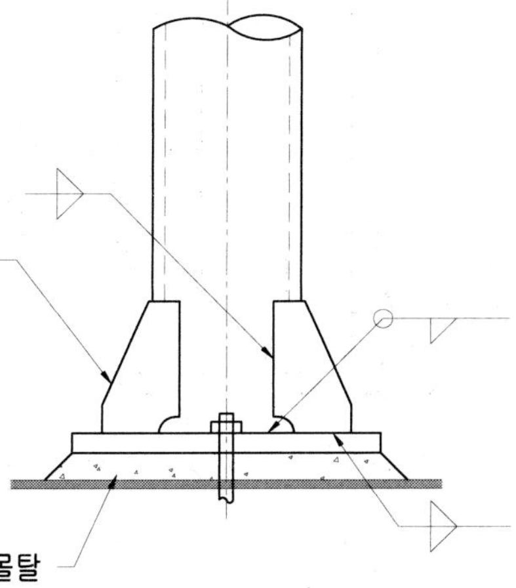

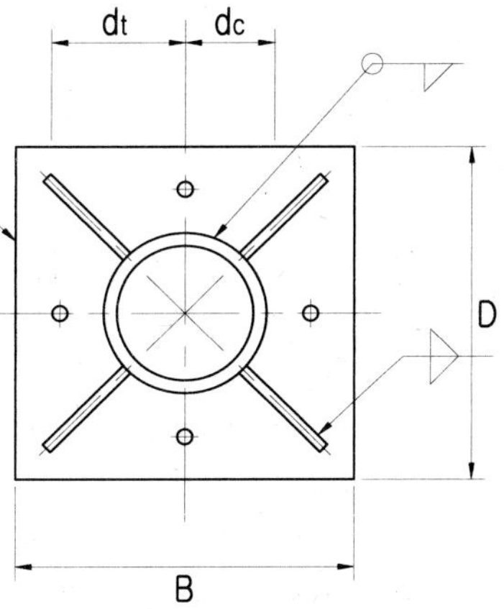

리브 플레이트 사선 접합

주 :

1. 강관의 치수표시는 4.1.1의 4)에 따르며, 주각부에 따른 치수표기는 4.1.1의 8)에 따름.
2. 리브플레이트는 4개 이상 설치.
3. 그루브용접도 가능함.

상세명칭	BP:CHS/PL-2	**단일기둥의 주각(2)-원형강관**	9-3-2

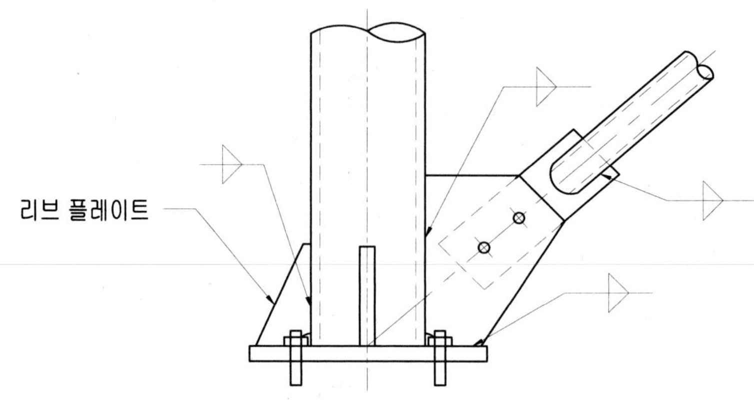

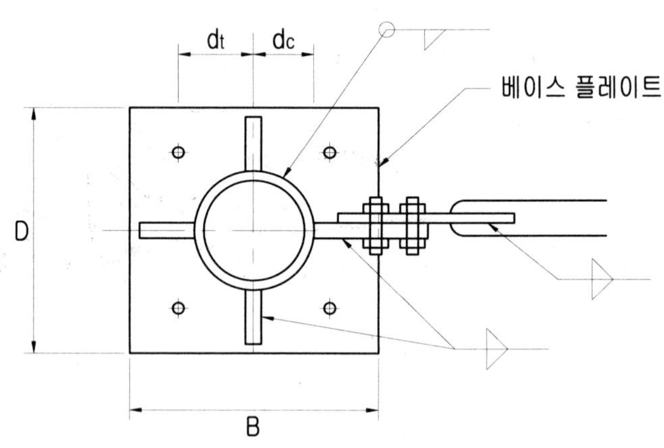

리브 플레이트 축방향 접합

주 :

1. 강관의 치수표시는 4.1.1의 4)에 따르며, 주각부에 따른 치수표기는 4.1.1의 8)에 따름.
2. 리브플레이트는 4개 이상 설치.
3. 그루브용접도 가능함.

상세명칭	BP:CHS/PL-3	**단일기둥의 주각(3)-원형강관**	9-3-3

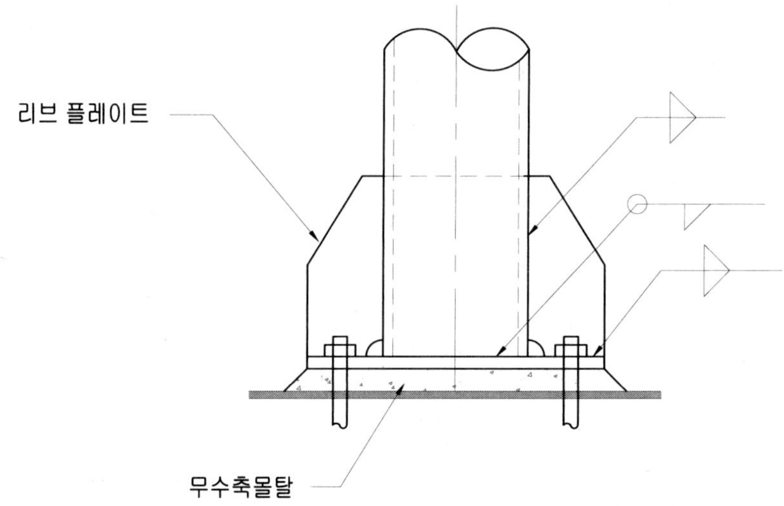

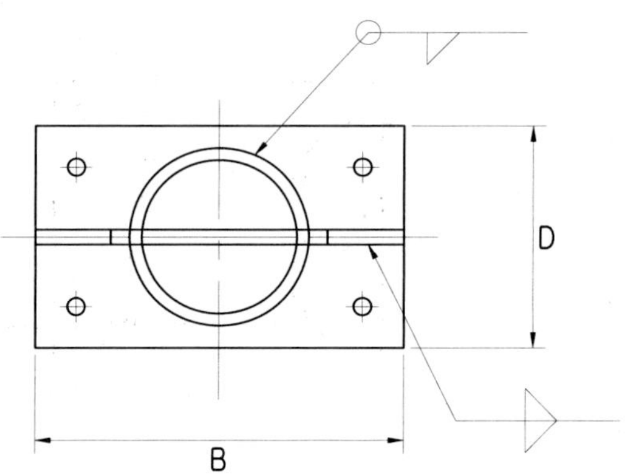

관통형 리브 플레이트 접합

주 :

1. 강관의 치수표시는 4.1.1의 4)에 따르며, 주각부에 따른 치수표기는 4.1.1의 8)에 따름.
2. 그루브용접도 가능함.

상세명칭	BP:RHS/PL-1	단일기둥의 주각(4)-각형강관	9-3-4

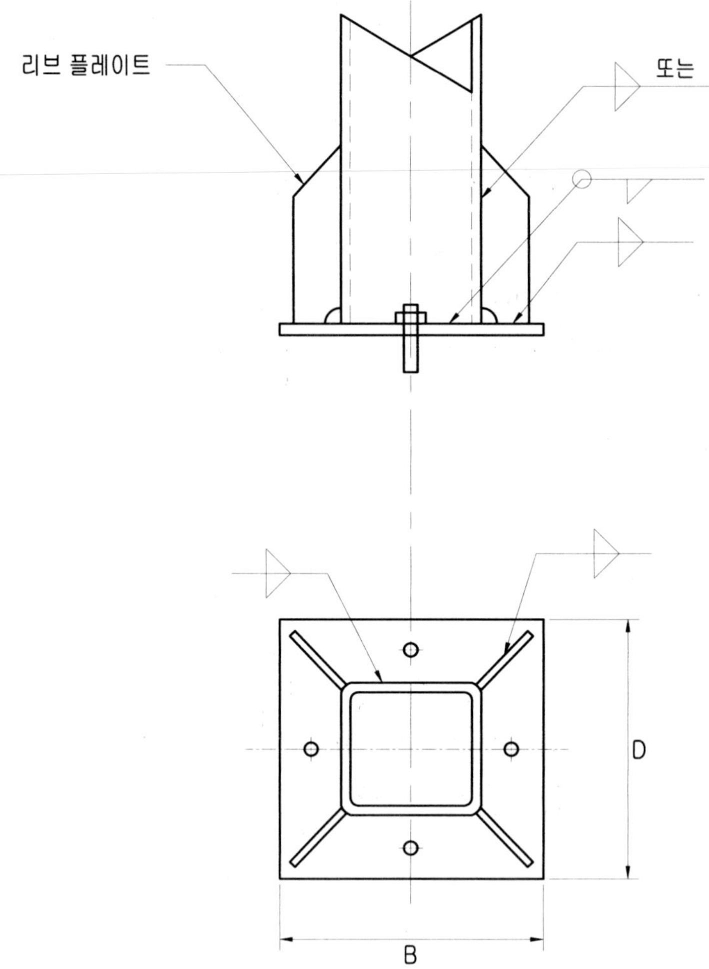

리브 플레이트 사선접합

주 :

1. 강관의 치수표시는 4.1.1의 4)에 따르며, 주각부에 따른 치수표기는 4.1.1의 8)에 따름.
2. 리브플레이트는 4개 이상 설치.
3. 그루브용접도 가능함.

Ⅱ. 권장표준상세

1R장. 권장표준상세 일반사항

1R.1 개요

1R.1.1 배경 및 기본방침

접합부는 강구조의 설계와 제작설치에서 매우 중요한 요소로서, 그의 성능은 건물과 구조물전체의 강도와 강성 및 안정에 중대한 영향을 미치게 된다. 강구조건물의 골조는 다양한 형태의 많은 구조요소들로 구성되며, 이들 각각은 구조물의 지지부에 적절하게 접합되어야 한다. 따라서 접합부를 합리적이며 경제적으로 설계하기 위한 표준상세는 강구조의 경쟁력 향상을 위한 필수 요건중의 하나이다. 그에 따라 강구조 접합부에 대한 연구 개발과 현장 적용에서 발생되는 문제점들의 개선방안에 대한 연구도 활발하게 이루어지고 있어 이들을 수용하기 위하여 '일반표준상세'와 '권장표준상세'로 구분하였다.

'권장표준상세'는 이 책 제1판의 제2장부터 제 6장에 포함되어 있던 '표준상세'들을 재분류하여 시험 연구와 인증을 통하여 새로 추가된 접합상세들 및 국내외에서 사용실적이 많은 접합상세들로 구성되어 있다. 권장표준상세의 기본방침은 일반표준상세의 내용과 동일하다.

'권장표준상세'항에는 다음조건에 해당되는 상세들이 포함되어 있다.

- 신입 : 시험이나 연구를 통하여 성능과 설계절차 등이 인증 또는 검증되어 사용이 권장되는 상세
- 보편 : 일반적으로 널리 사용되고 있으나 적용의 다양성으로 인하여 도표에 의한 설계나 제작의 일반화가 어려운 상세
- 특정 : 표준상세의 사용상 적용범위 이외의 특정조건에서 사용이 권장되는 상세

1R.1.2 적용근거

일반표준상세와 동일함.

1R.1.3 구성

권장표준상세는 다음과 같이 6개의 장으로 구성되어 있다.

제1R장 권장표준상세 일반사항
제4R장 기둥-보 접합 권장표준상세 : H형강 기둥-보접합, 강관기둥-보접합, CFT기둥-보접합
제5R장 이음 및 단순전단접합 권장표준상세 : 보이음(용접), 기둥이음(용접), 단순전단 접합, 큰보-작은보 모멘트접합
제6R장 강관의 이음 및 트러스접합 권장표준상세 : 강관의 맞댐이음, 주강관과 지강관의 분기이음(트러스접합), 중도리 접합, 쌍ㄱ형강 조립단면 트러스
제7R장 가새접합 권장표준상세 : 평면가새
제9R장 주각부접합 권장표준상세 : H형강 주각, 강관 주각
제10R장 기타 권장표준상세 : 중도리, 띠장, 샛기둥, 크레인주행보

1R.2 사용재료

일반표준상세와 동일함.

1R.3 기호

일반표준상세와 동일함.

상세명칭	CB:ST-H/H-6	**논스캘럽 대형보 기둥-보 접합**	4R-2-1

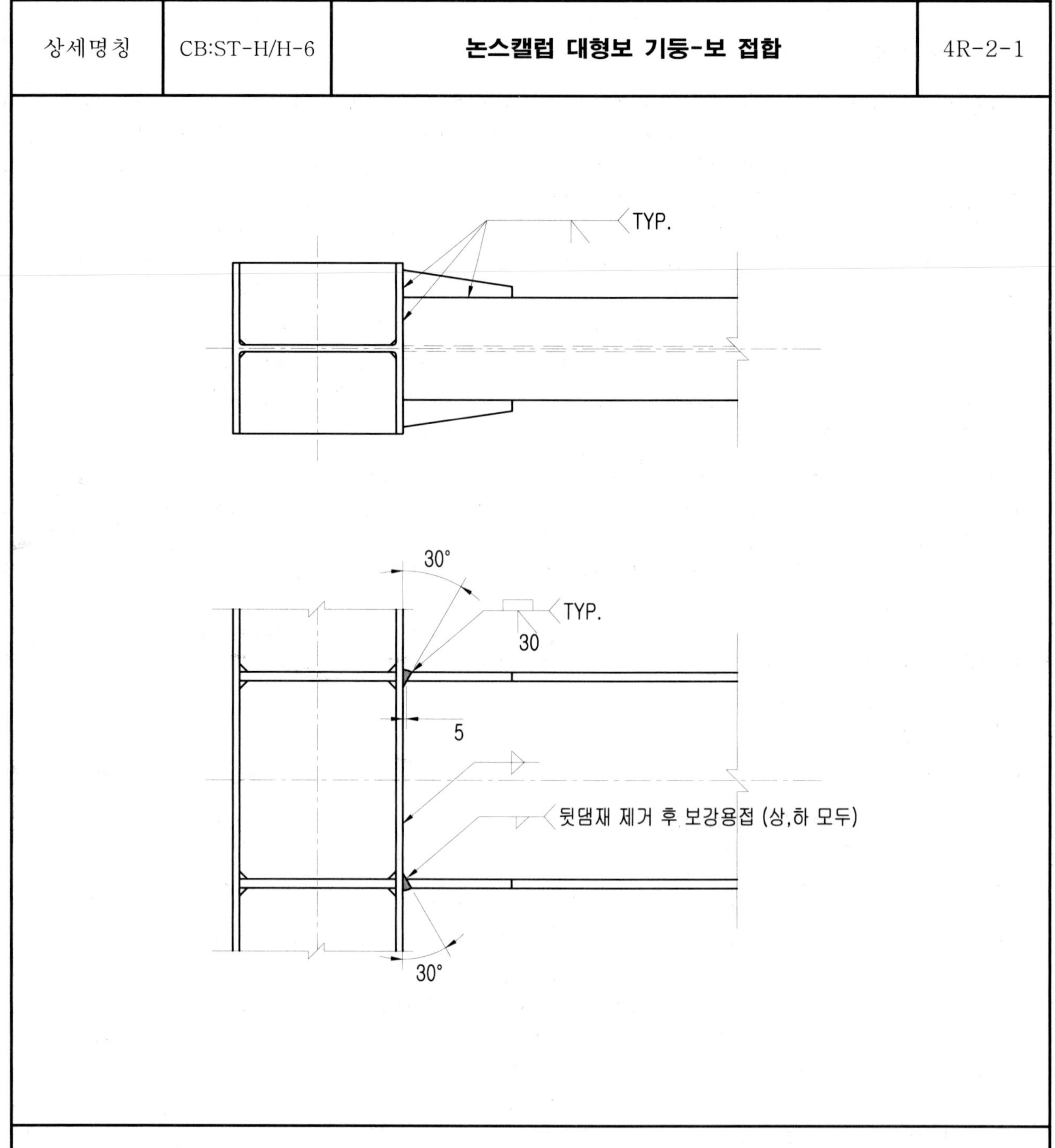

주 : <참고문헌 10, 73 참조>

1. 적용가능 압연형강보: H-900×300×16×28 (SHN490)
2. 개선각에 따라 웨브까지 개선하여 일체용접.
3. 뒷댐재 제거 후 보강 용접. (상,하 모두)
4. 웨브 전 길이에 걸쳐 용접.
5. 루트 간격은 5mm 이상으로 함.
6. 상하플랜지에 삼각스티프너(길이 600mm, 큰 폭 60mm, 작은 폭 20mm)가 필요함.
7. 내진성능 및 설계조건 : 중간모멘트 골조 (보 춤 900mm 이하, SHN강 사용)

상세명칭	CB:ST-H/H-7	**H-H 강축 보플랜지절취형 특수모멘트골조 접합부 (현장용접, 논스캘럽)**	4R-2-2

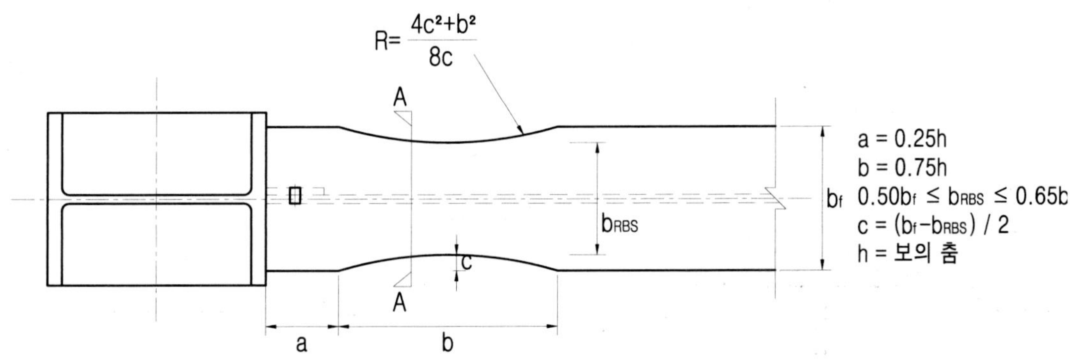

:강축 RBS (Reduced Beam Section, Dogbone) 접합부의 주요치수

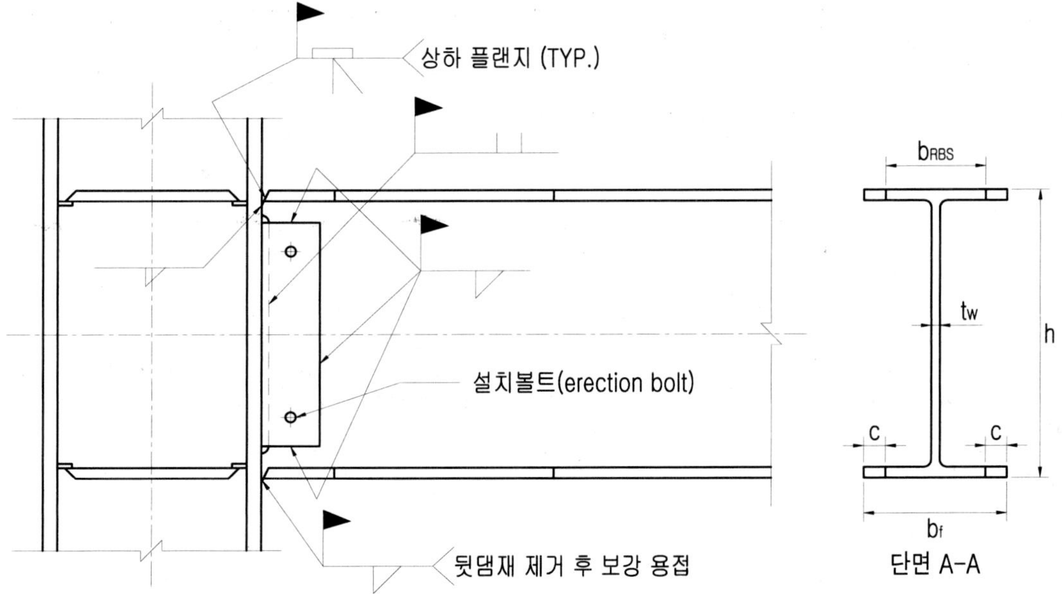

주 : <참고문헌 62, 63, 64, 69 참조>

1. 국내에서 수행된 특수모멘트골조의 내진상세로는 RBS, 리브, 헌치 접합부 등이 있는데, 이 가운데 RBS접합부는 구조비용의 증가가 거의 없이 내진성능을 향상시킬 수 있는 상세임.
2. 보웨브는 기둥플랜지에 용접하여 접합.
3. 특수모멘트골조의 접합부는 적어도 0.04라디안의 총층간변위각을 발휘할 수 있음을 강구조내진설계기준의 규정에 따라 입증하고 강기둥-약보조건 등 내진설계상의 부대요건을 만족해야 함.

상세명칭	CB:WK-H/H-6	**H-H약축 보플랜지절취형 특수모멘트골조 접합부**	4R-2-3

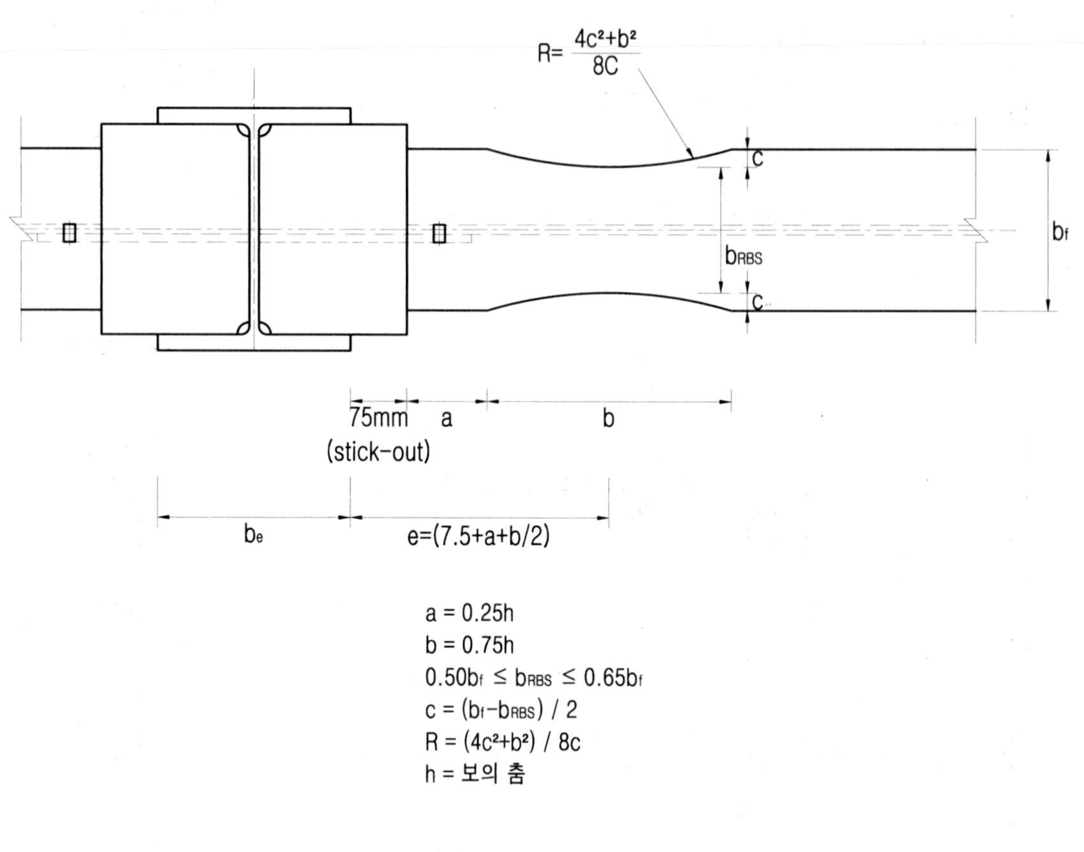

주 : 〈참고문헌 65, 66, 69 참조〉

1. 약축방향 RBS접합부 실험에서 뛰어난 내진성능이 확인된 상세임.
2. 플랜지 응력집중 감소를 위해 75*mm* stick-out을 설치하고 보웨브는 수직스티프너에 C형 필릿용접하여 접합함(CB:WK-H/H-3 상세 참조).
3. 특수모멘트골조의 접합부는 적어도 0.04라디안의 총층간 변위각을 발휘할 수 있음을 강구조내진기준의 규정에 의해 입증할 수 있어야 하고 강기둥-약보 조건 등 내진설계상의 부대요건을 만족해야 함.
4. 보플랜지폭이 스티프너의 폭의 2/3보다 작으면 테이퍼를 설치.(CB:WK-H/H-3 상세 참조)
5. 구체적 설계절차는 강구조내진설계기준 참조.

상세명칭	CB:ST-H/H-8	**H-H강축 전용접(공장접합)**	4R-2-4

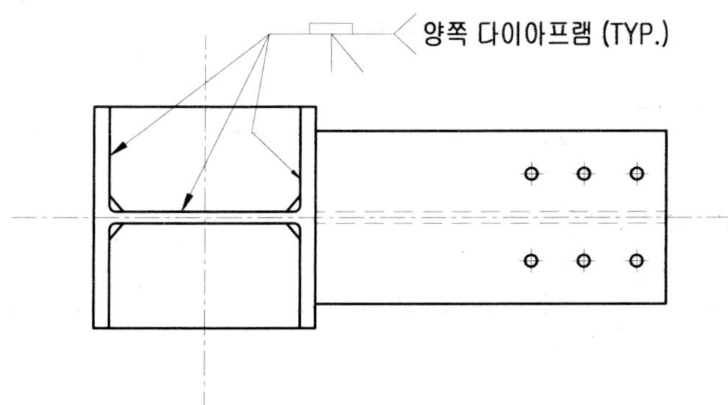

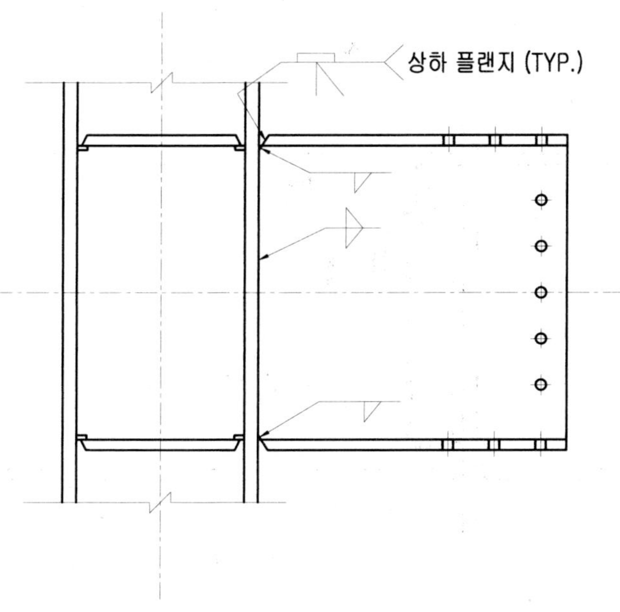

주 :

1. 용접접근공(스캘럽)을 절삭할 필요가 없음.
2. 공장용접으로 전용접한 모멘트접합부.
3. 상부플랜지 용접시 보웨브 일부를 절삭하지 않고 용접하며 뒷댐재는 제거하지 않고 보강용접.
4. 하부플랜지 용접 후 뒷댐재를 제거 후 필릿보강용접.
5. 최소 중간모멘트골조 이상의 성능을 만족.
6. 보춤이 600mm를 초과하지 않으면 건축구조기준(KBC)에서 요구하는 특수모멘트골조의접합부 성능을 만족함.
7. 개선상세요령은 3.8에 따름.

상세명칭	CB:ST-H/H-9	**H-H강축 전용접 (현장용접, 논스캘럽)**	4R-2-5

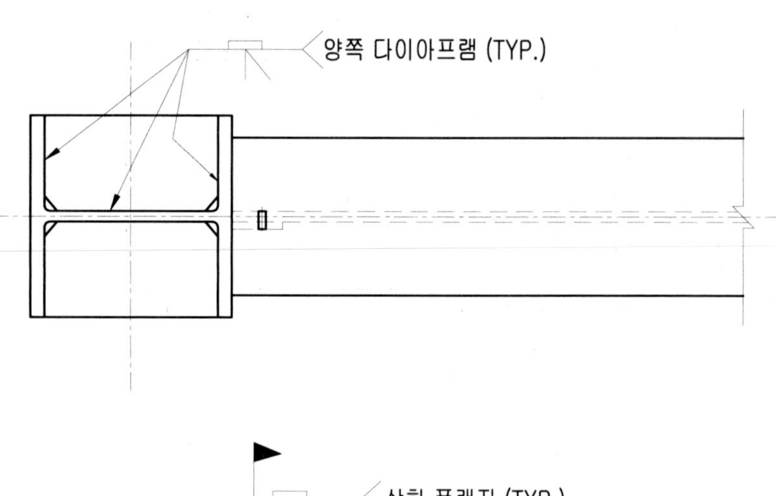

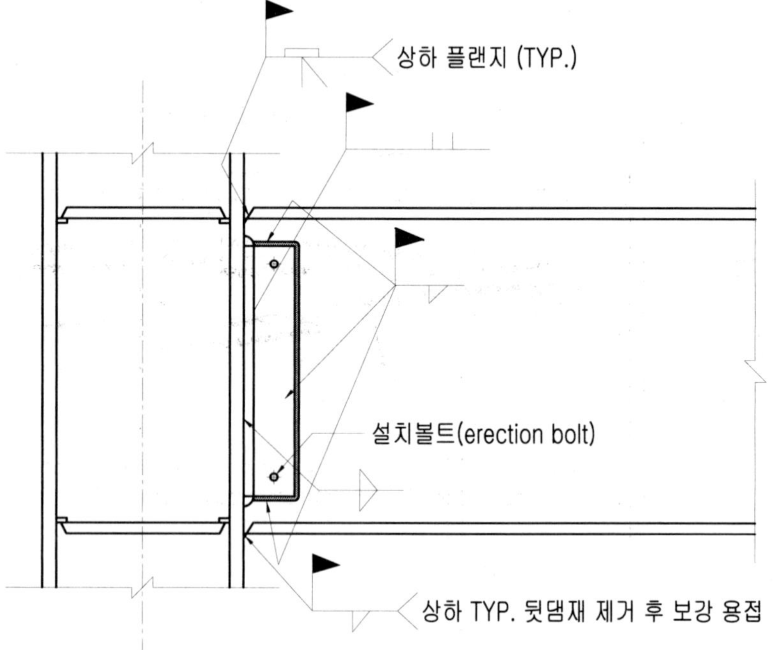

주 :

1. 용접접근공을 절삭할 필요가 없음.
2. 공장용접된 전단탭에 현장에서 설치볼트(erection bolt)로 보웨브를 고정시키고, 보 웨브와 기둥플랜지 사이에 그루브 용접하고, 보플랜지와 기둥플랜지를 그루브용접하고 전단탭과 보웨브를 필릿용접함으로서 전용접접합부를 형성.
3. 보 상부플랜지 용접은 아래의 2가지 경우를 사용 가능.
   (1)용접시 보웨브 일부까지 절삭하여 용접하며 뒷댐재는 제거 후 보강용접.
   (2)용접시 보웨브 일부를 절삭하지 않고 용접하며 뒷댐재는 제거하지 않고 보강용접.
4. 보 하부 플랜지 용접 후 뒷댐재를 제거한 뒤 필릿보강용접.
5. 최소 중간모멘트골조 이상의 성능을 만족.
6. 보춤이 600*mm*를 초과하지 않으면 건축구조기준(KBC)에서 요구하는 특수모멘트골조의 접합부 성능을 만족함.
7. 개선상세요령은 3.8에 따름.

상세명칭	CB:ST-H/H-10	**대형 형강 논스캘럽 특수모멘트골조 접합부**	4R-2-6

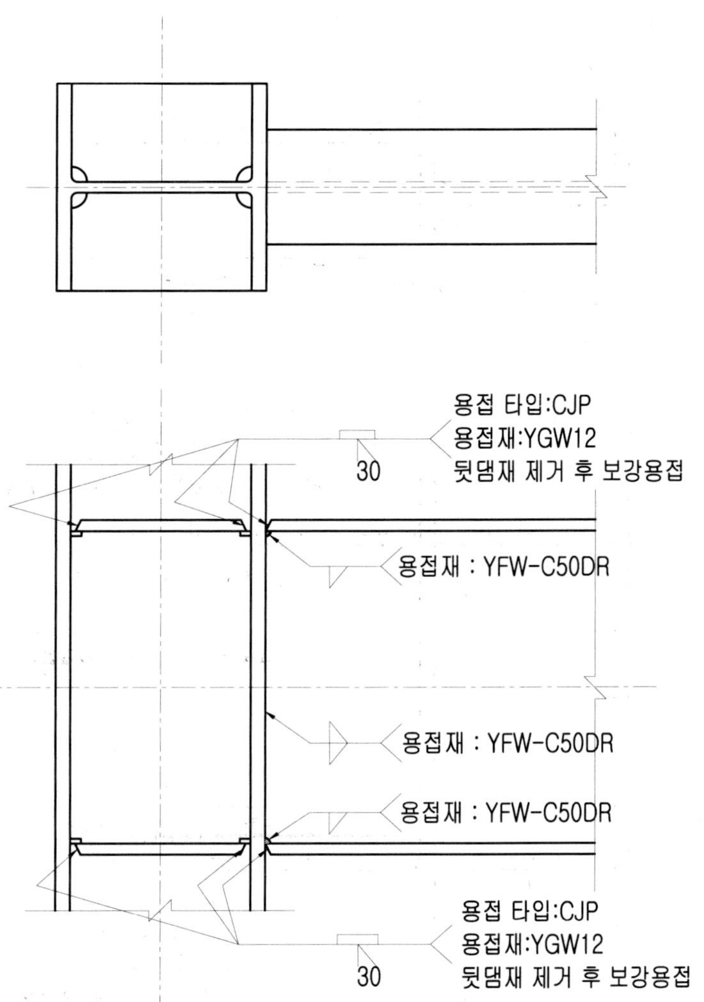

주 : <참고문헌 67, 68, 70 참조>

1. 강종 : KS D 3861 SN355B
2. 형상 : 보 춤 1,000mm이하, 플랜지 폭 300mm / 두께 25mm이하로 구성된 Pos-H 특별시방서 제작지침에 따라 제작된 내진조밀단면의 용접조립 부재
3. 접합상세 : 상하부 플랜지 뒷댐재 백가우징 후 추가 필릿용접하여 보강한 논스캘럽 형식의 공장용접 모멘트 접합부로 철강구조물 제작공장 1급 인증업체 또는 국외 동등 인증 제작공장에서 제작한 것
4. 용도 : 특수모멘트골조 내진접합부
5. 설계 개념 : KDS 41 31 00에 따른 강기둥-약보 개념 및 특수모멘트골조 보-기둥접합부의 횡지지 요구조건을 만족하도록 설계

상세명칭	CB:ST-H/H-11	**대형 형강 IHS 특수모멘트골조 접합부**	4R-2-7

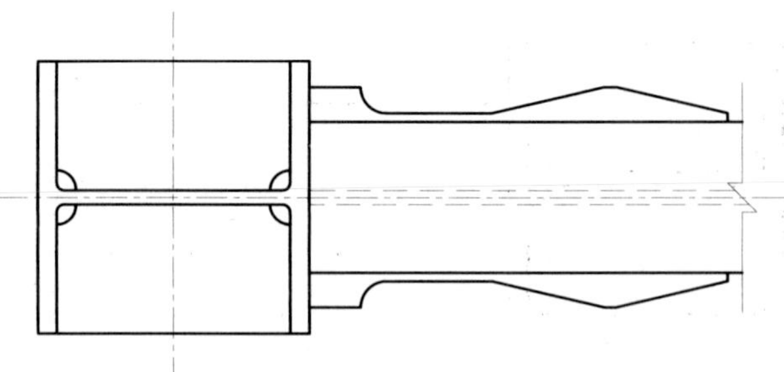

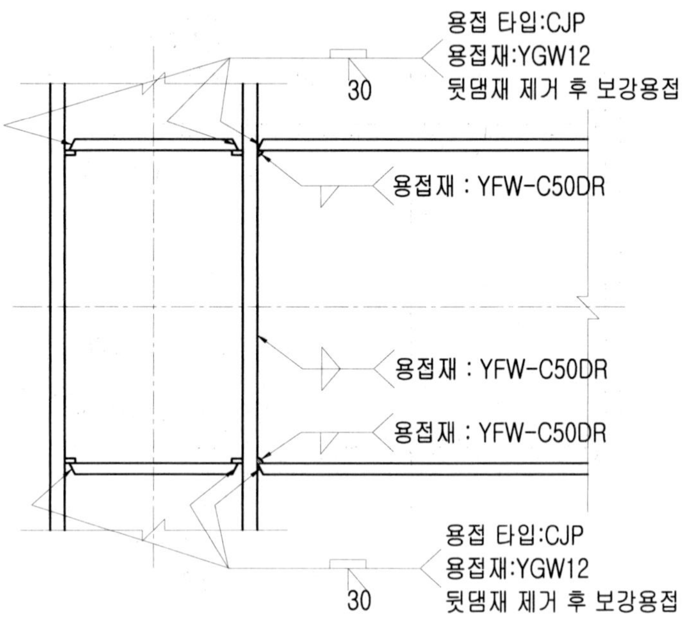

주 : <참고문헌 67, 68, 70 참조>

1. 강종 : KS D 3861 SN355B
2. 형상 : 보 춤 1,000mm이하, 플랜지 폭 300mm / 두께 25mm이하로 구성된 Pos-H 특별시방서 제작지침에 따라 제작된 내진조밀단면의 용접조립 부재
3. 접합상세 : 상하부 플랜지에 IHS(Improved Horizontal Stiffener) 보강판을 용접한 논스캘럽 형식의 공장용접 모멘트 접합부 (뒷댐재 백가우징 후 필릿용접 보강 적용)로 철강구조물 제작공장 1급 인증업체 또는 국외 동등 인증 제작공장에서 제작한 것
4. 용도 : 특수모멘트골조 내진접합부
5. 설계 개념 : KDS 41 31 00에 따른 강기둥-약보 개념 및 특수모멘트골조 보-기둥접합부의 횡지지 요구조건을 만족하도록 설계

상세명칭	CB:ST-H/H-12	**대형 형강 LHS 특수모멘트골조 접합부**	4R-2-8

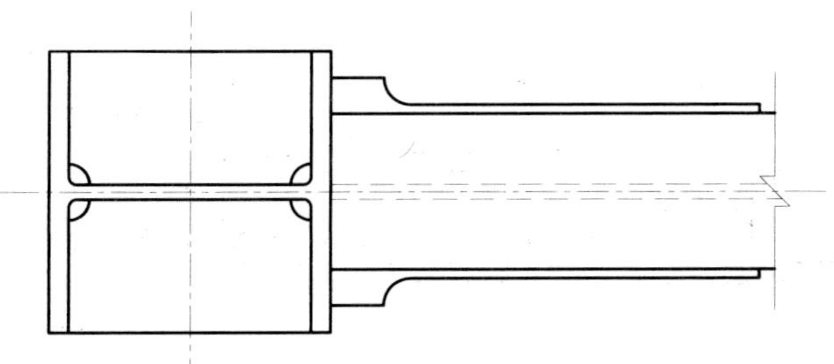

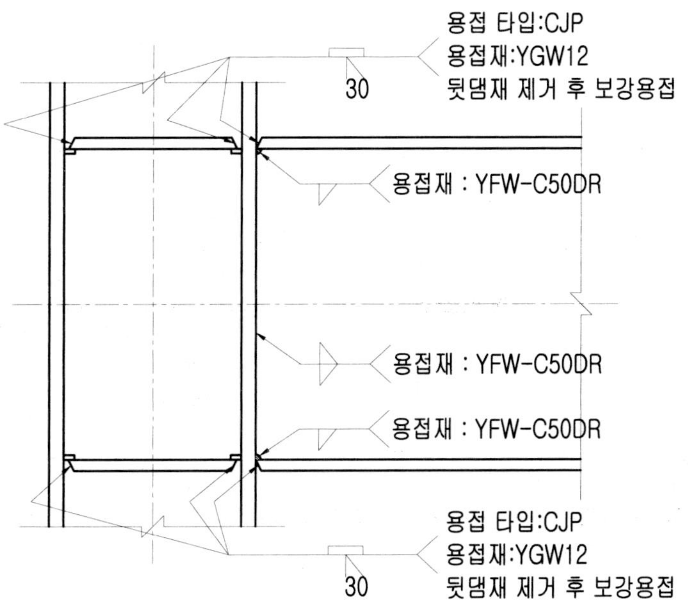

주 : <참고문헌 67, 68, 70 참조>

1. 강종 : KS D 3861 SN355B
2. 형상 : 보 춤 1,000mm이하, 플랜지 폭 300mm / 두께 25mm이하로 구성된 Pos-H 특별시방서 제작지침에 따라 제작된 내진조밀단면의 용접조립 부재
3. 접합상세 : 상하부 플랜지에 LHS(Lengthed Horizontal Stiffener) 보강판을 용접한 논스캘럽 형식의 공장용접 모멘트 접합부 (뒷댐재 백가우징 후 필릿용접 보강 적용)로 철강구조물 제작공장 1급 인증업체 또는 국외 동등 인증 제작공장에서 제작한 것
4. 용도 : 특수모멘트골조 내진접합부
5. 설계 개념 : KDS 41 31 00에 따른 강기둥-약보 개념 및 특수모멘트골조 보-기둥접합부의 횡지지 요구조건을 만족하도록 설계

상세명칭	CB:ST-H/H-13	**H-H강축 전용접 (공장용접), 용접조립보**	4R-2-9

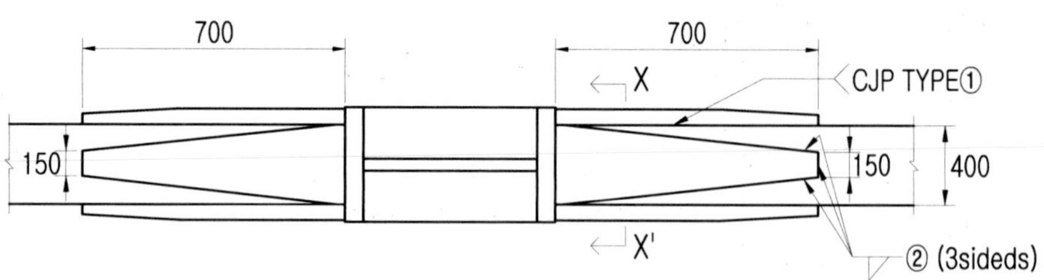

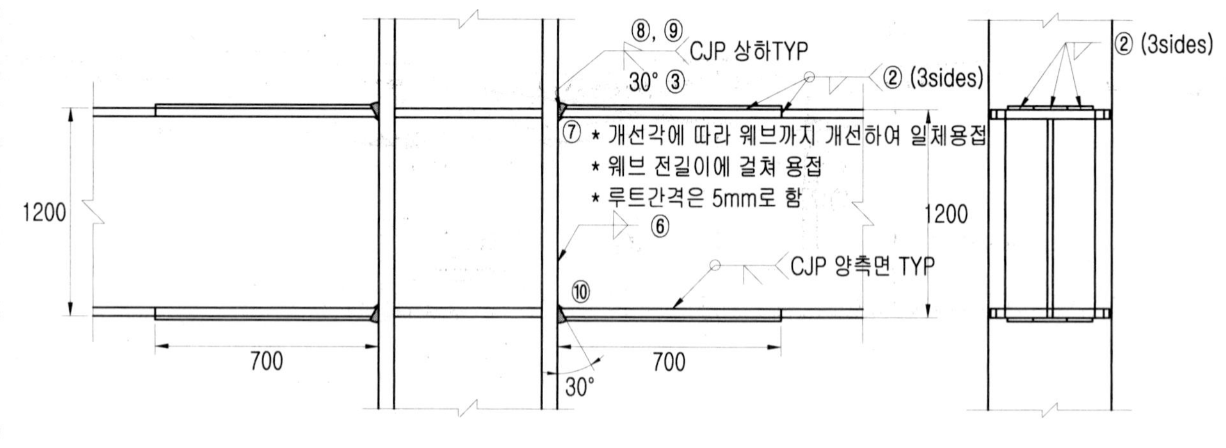

주 : 중간모멘트골조의 구조성능을 만족 〈참고문헌 11 참조〉

1. 적용가능 용접조립보(KS D 3861 SN355, 다만 SM355사용시 SN355 성능을 확보하는 조건)
   (1) H-1,200×400×18×34
   (2) H-1,000×350×18×34
   (3) H-900×300×16×28

2) 용접조립부재 제작 및 접합부 용접시공절차
   (1) 부재 제작
   용접조립H형강은 건설공사표준시방서 기준에 따라 제작한다.
   (2) 접합부 용접시공절차
   ① 상, 하플랜지 양측면에 수평스티프너를 개선(홈가공)하여 뒷댐재를 사용하여 완전용입용접(CJP) 한다. 뒷댐재를 제거하고 백가우징한 후 그루브용접한다. <000페이지 주(Notes)에 계속>

상세명칭	CB:WK-H/H-7	**H-H약축 전용접 (공장용접), 용접조립보**	4R-2-10

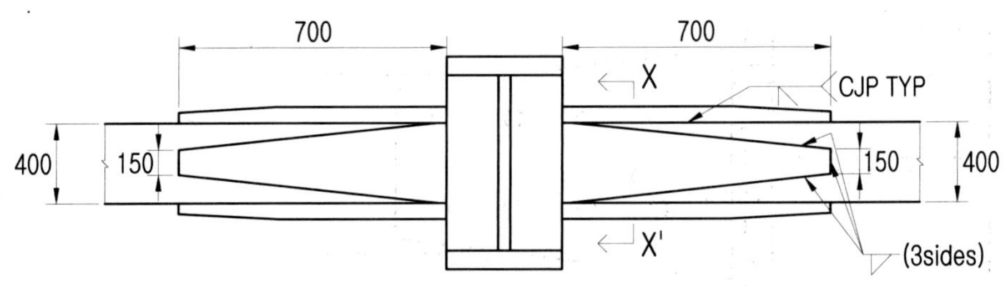

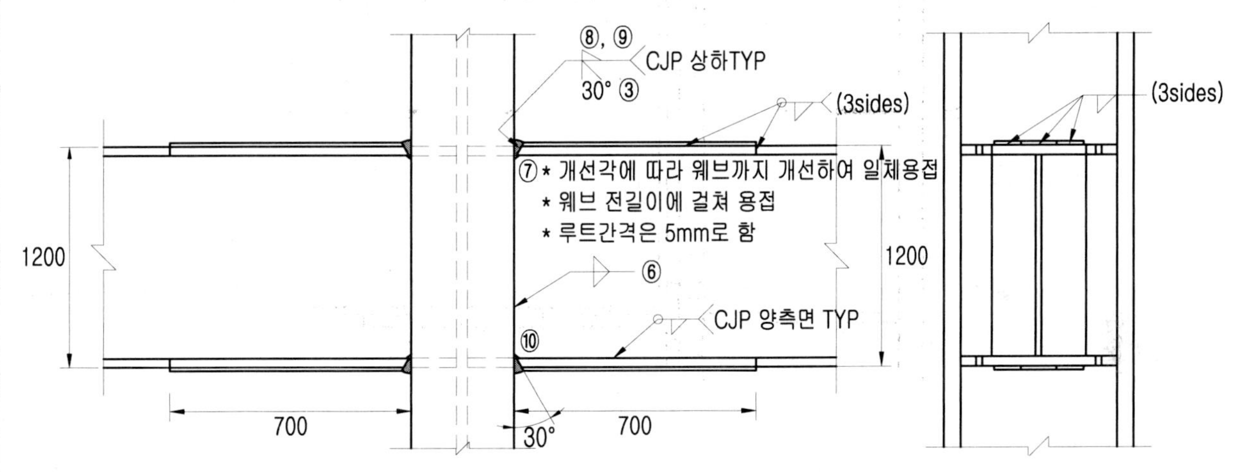

주 : 중간모멘트골조의 구조성능을 만족 <참고문헌 11 참조>

② 상, 하플랜지 위에 사다리꼴 커버플레이트를 3방향에서 필릿용접한다.
③ 상, 하플랜지(수평스티프너, 사다리꼴 커버플레이트 포함)를 30°, 루트간격 5mm로 개선 가공한다.
④ 상, 하플랜지 양단부에 엔드탭을 설치한다(하플랜지/커버플레이트 사이 단차 고려 필요).
⑤ 보 웨브와 기둥 플랜지 사이 및 보의 상, 하 플랜지와 기둥 플랜지 사이 위치 조정 및 가용접한다.
⑥ 보 웨브와 기둥 플랜지 사이에 양면 필릿용접한다.
⑦ 보 상, 하플랜지 개선의 루트쪽(보 웨브쪽)에 뒷댐용 필릿용접(8mm)을 한다(하부 카버플레이트부분 포함).
⑧ 상플랜지의 상부에서 뒷댐용 필릿용접부를 백가우징 한 후 완전용입용접(CJP)한다.
⑨ 하플랜지를 하향용접하기 위하여 시험체의 자세조정(뒤집기)을 한다.
⑩ 하플랜지에 ⑧과정과 동일하게 상부에서 뒷댐용 필릿용접부를 백가우징 한 후 완전용입용접(CJP)을 한다.

상세명칭	CB:ST-H/H-DST	**H-H 강축 쌍T형강 받침 접합부**	4R-2-11

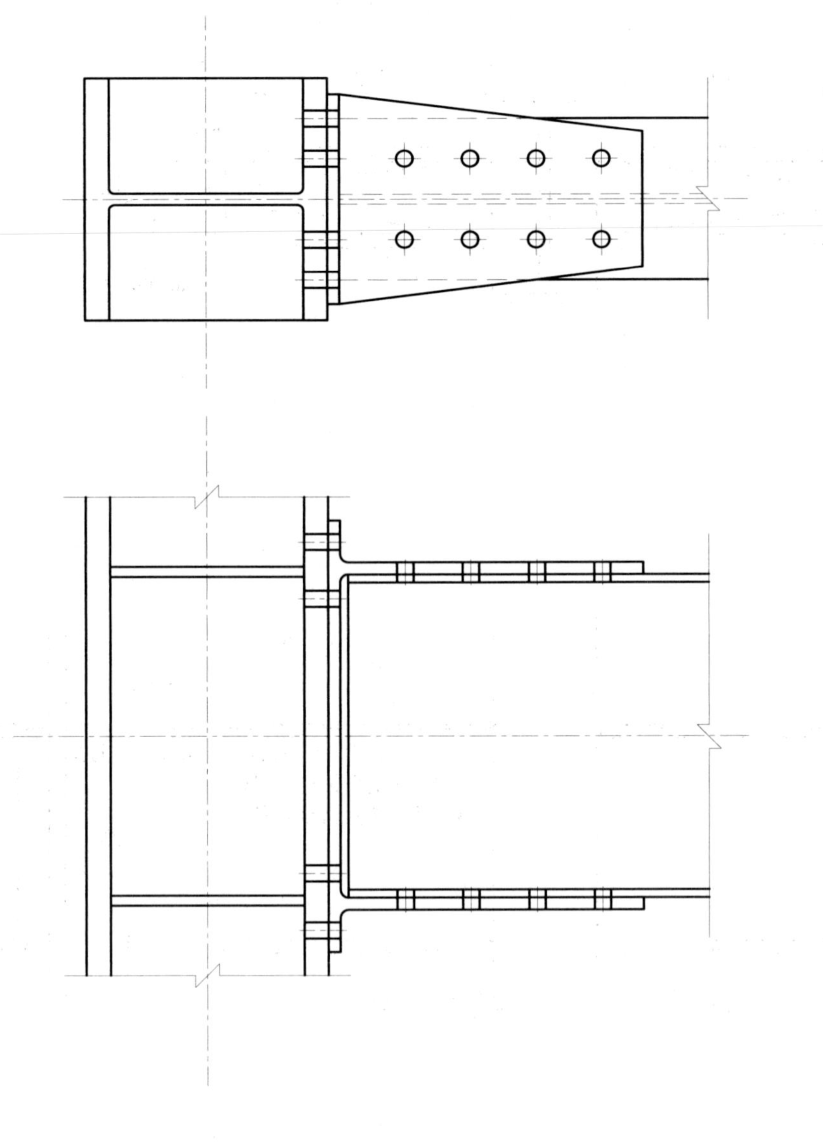

주 :

1. 볼트구멍은 표준구멍으로하고, 고장력볼트는 기준에서 정한 장력으로 체결함.
2. 고장력볼트는 F10T 또는 F13T를 사용하며 M22 혹은 M24를 적용함.
3. 전단 탭은 양면 필릿용접 혹은 완전용입용접(CJP)함.
4. 기둥 웨브 덧판의 필요여부는 구조검토에 의해 결정함.

상세명칭	CB:ST/H-TD-4	□-H관통다이아프램 형식(패널존 조립형)	4R-3-1

상하 기둥의 사이즈가 다를 경우 (기둥외면맞춤)

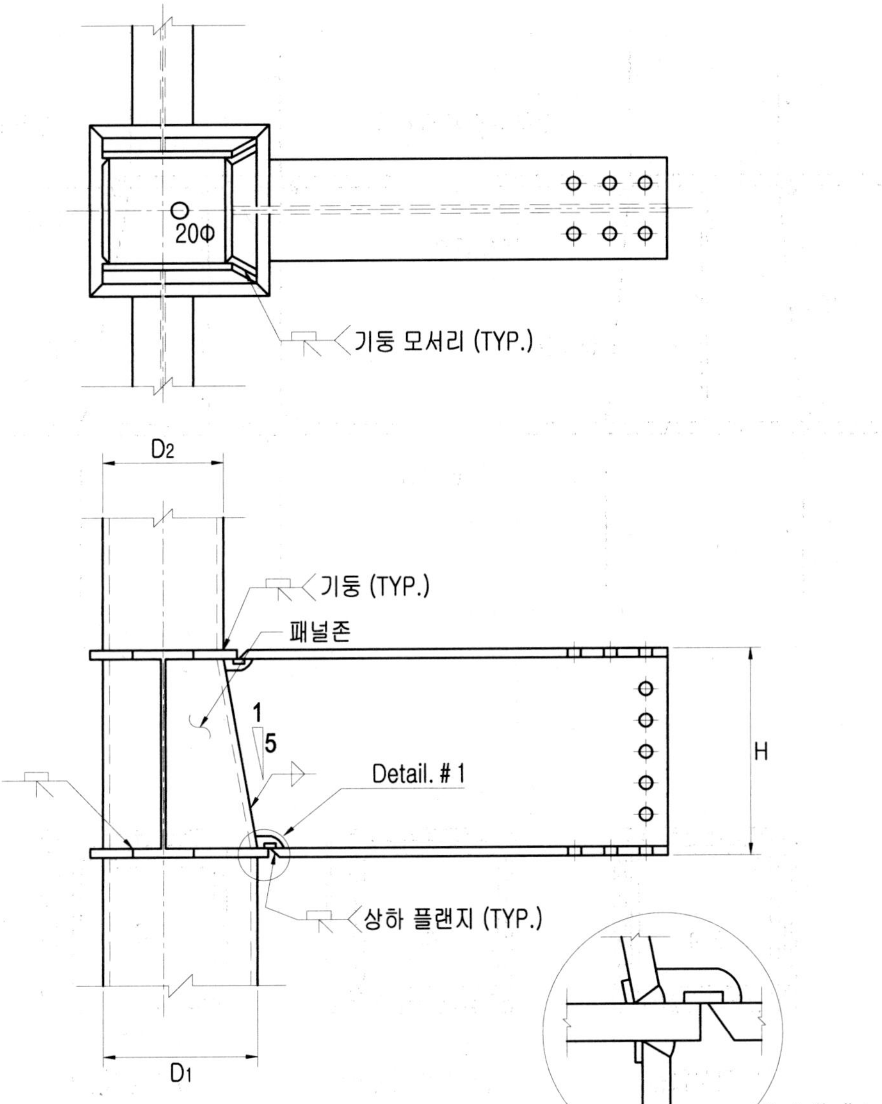

20Φ

기둥 모서리 (TYP.)

D2

기둥 (TYP.)

패널존

1

5

Detail. #1

H

상하 플랜지 (TYP.)

D1

단면 A-A

Detail. #1

주 :

1. 기둥부와 패널존의 모서리부분에 파인 곳이 생김.
2. $(D_1 - D_2)/H \leq 1/5$ 정도가 바람직.
3. 패널존 조립부의 모서리부분은 맞댐 용접.
4. DET. #1 부분의 뒷댐재가 경사 마무리가 되기 때문에 뒷댐재의 설치와 용접시 주의가 필요.

상세명칭	CB:ST/H-TD-5	**□-H관통다이아프램 형식(패널존 경사형)**	4R-3-2

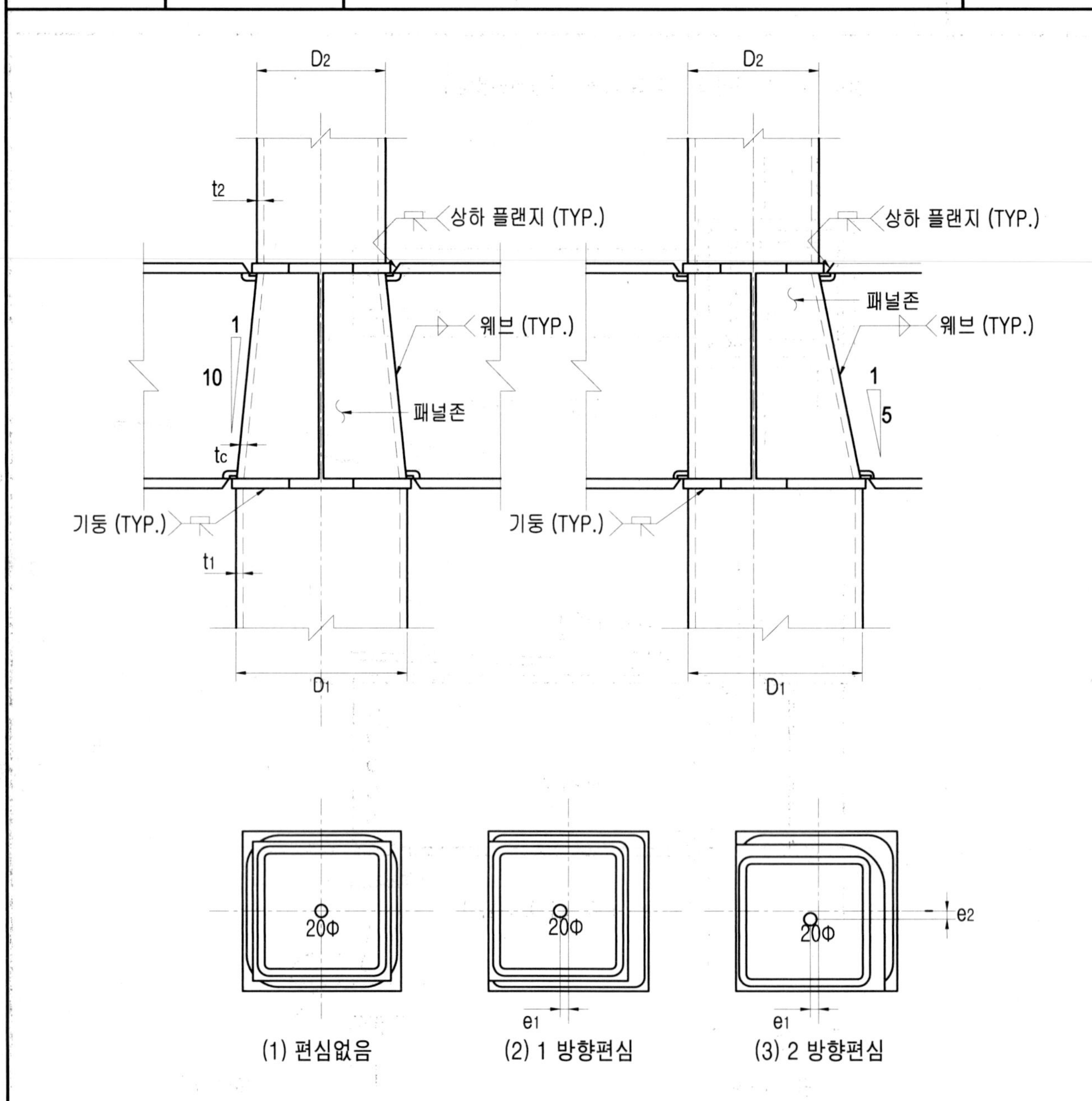

주 :

1. 가공상 문제들을 사전에 충분히 검토 후 제작할 것.
2. $(D_1 - D_2)/H \leq 1/5$ 정도가 바람직함.
3. 패널존의 접합부분은 맞댐 용접으로 할 것.
4. 기둥부재가 다이아프램과 수직으로 만나지 않는 부분은 뒷댐재가 경사마무리가 되기 때문에 뒷댐재 설치시 주의가 필요.
5. $t_c = t_1$으로 함.

상세명칭	CB:ST/H-TD-6	**□-H헌치가 있는 보-기둥의 접합**	4R-3-3

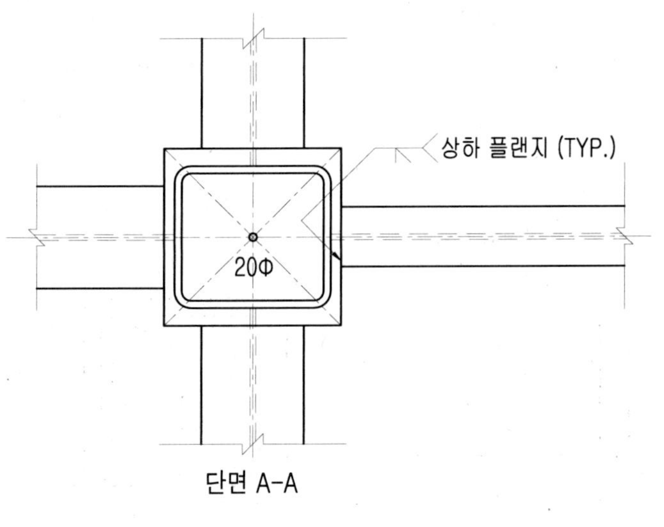

단면 A-A

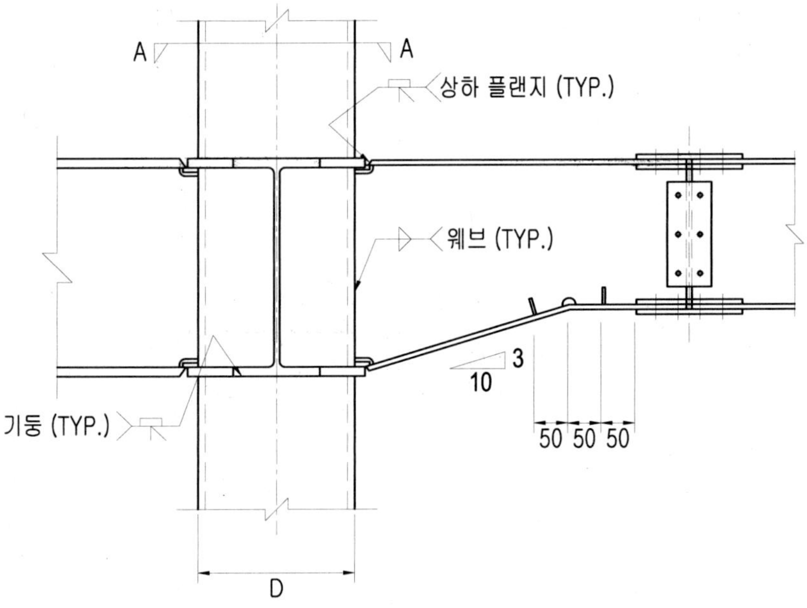

주 :

1. 한쪽 보에 헌치를 두어 제작하여 다이아프램의 높이를 일정하게 할 수 있음.
2. 헌치의 끝과 다이아프램이 만나는 곳은 뒷댐재도 철판 대신 고형 뒷댐재로 하고 그루브용접(가우징할 경우)을 함.
3. 다이아프램의 두께는 접합되는 보플랜지의 두께 중 큰 것 이상으로 함.

상세명칭	CB:ST/H-TD-7	**특수한 보의 배치**	4R-3-4

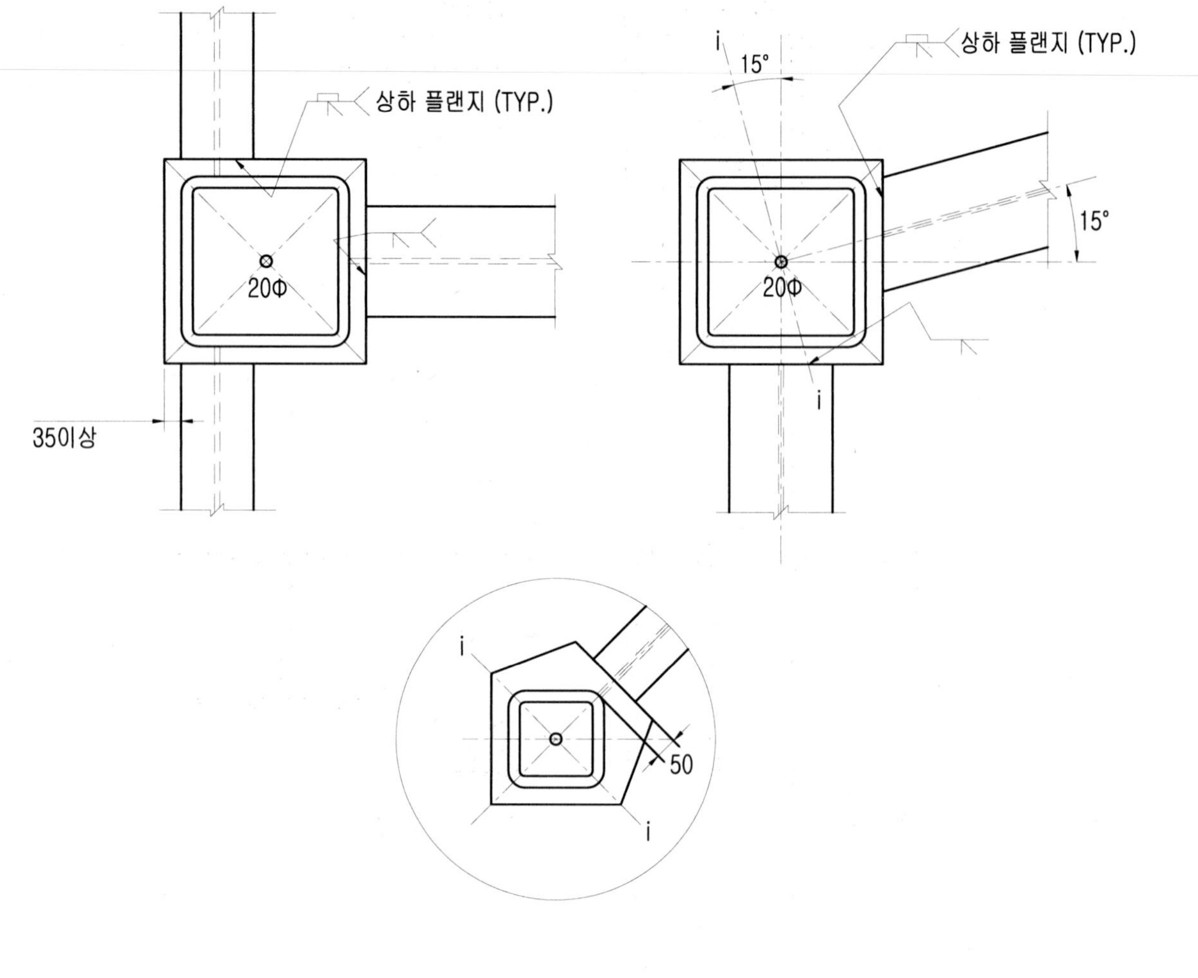

주 :

1. 보 플랜지는 기둥외각선 바깥쪽으로 나가지 말 것.
2. 경사보의 경우 기둥의 단면 검토를 i축에 관해서도 할 것.
3. 기둥 코너 부분에 걸리는 경사보의 맞춤 웨브는 길이에 주의할 필요가 있음.

상세명칭	CB:ST/H-TD-8	**경사보 (1)**	4R-3-5

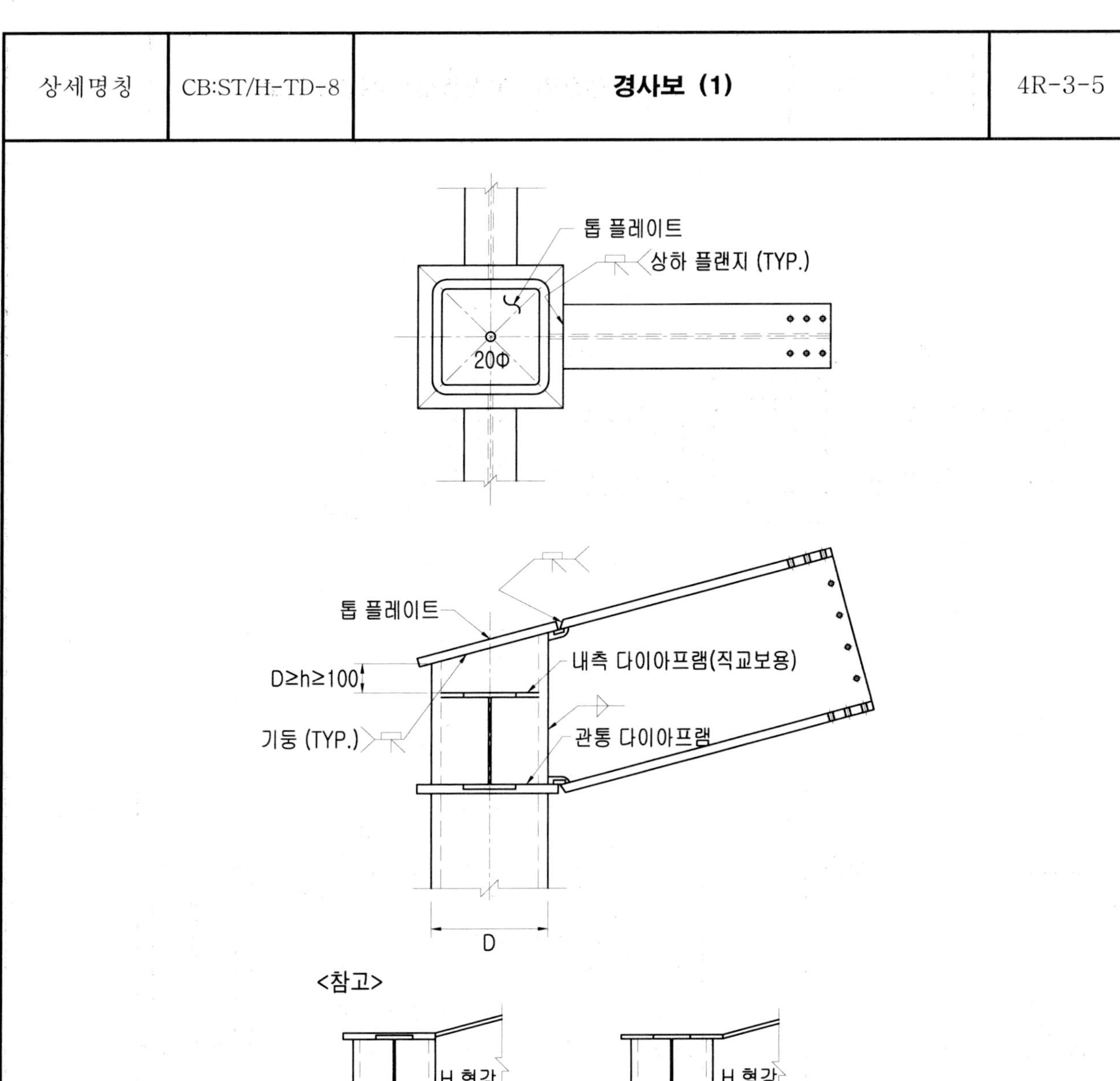

주 :

1. 지붕 경사가 2/10를 초과할 경우에는 B형을 권장함.
2. 최상층은 용접완료 후 구멍메움.
3. 하부플랜지와 관통다이아프램이 만나는 곳은 CB:ST/H-TD-6의 3항을 따름.

상세명칭	CB:ST/H-TD-9	**□-H 전용접 (공장용접), 용접조립보**	4R-3-6

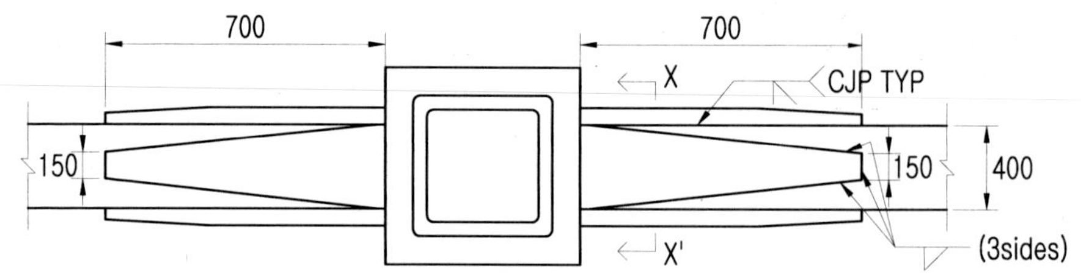

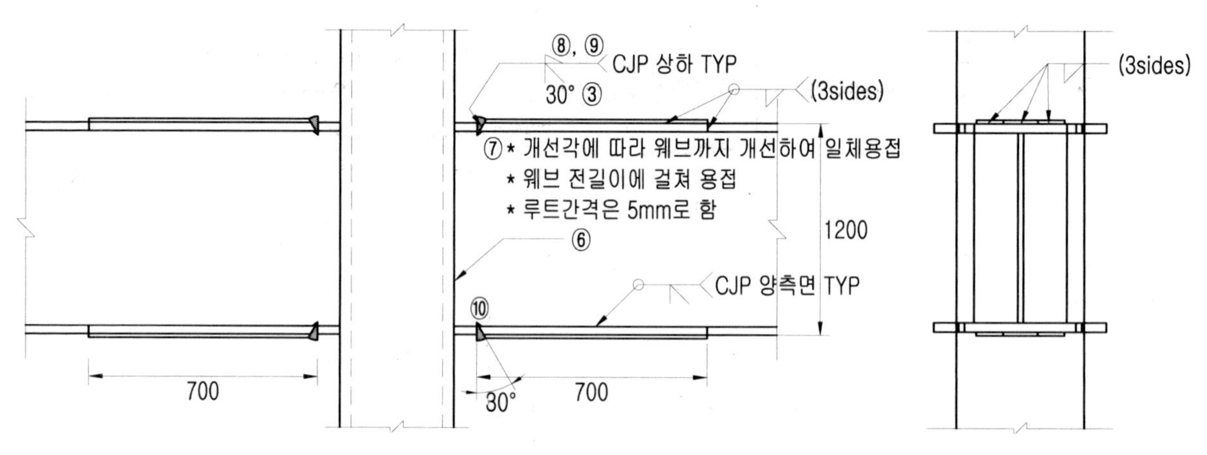

주 : 중간모멘트골조의 구조성능을 만족 <참고문헌 11 참조>

1. 적용가능 용접조립보: 상세명칭 CB:ST-H/H-10 접합부(p.000) 경우와 동일함.
2. 최상층은 용접완료 후 구멍메움.
3. 하부플랜지와 관통다이아프램이 만나는 곳은 CB:ST/H-TD-6의 3항을 따름.

상세명칭	CB:CT/H-TD (ED,ID)	**원형강관기둥 접합사례**	4R-3-7

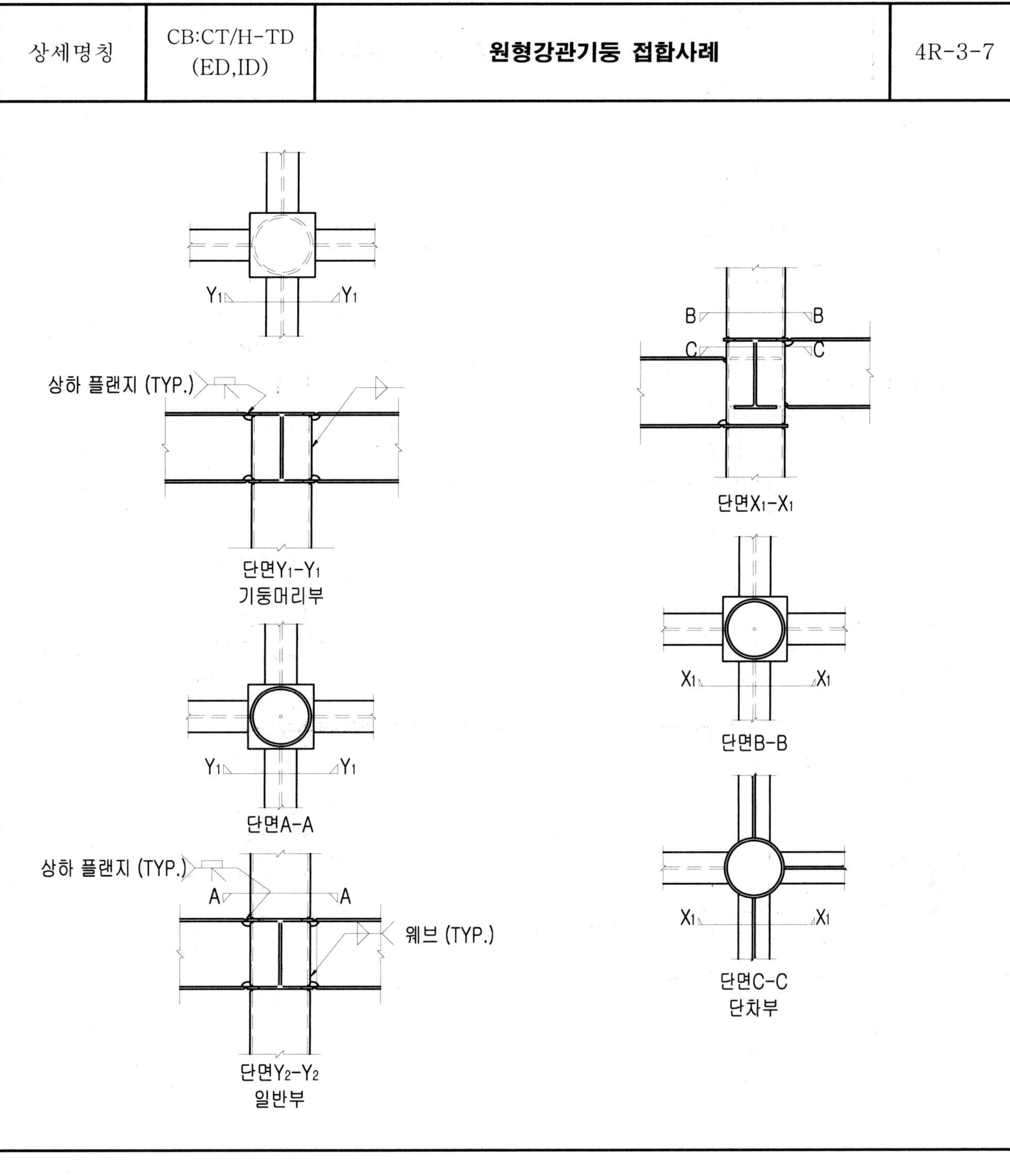

주 :

상세명칭	CB:ST/H-TD (ED,ID)	**각형강관기둥 접합사례**	4R-3-8

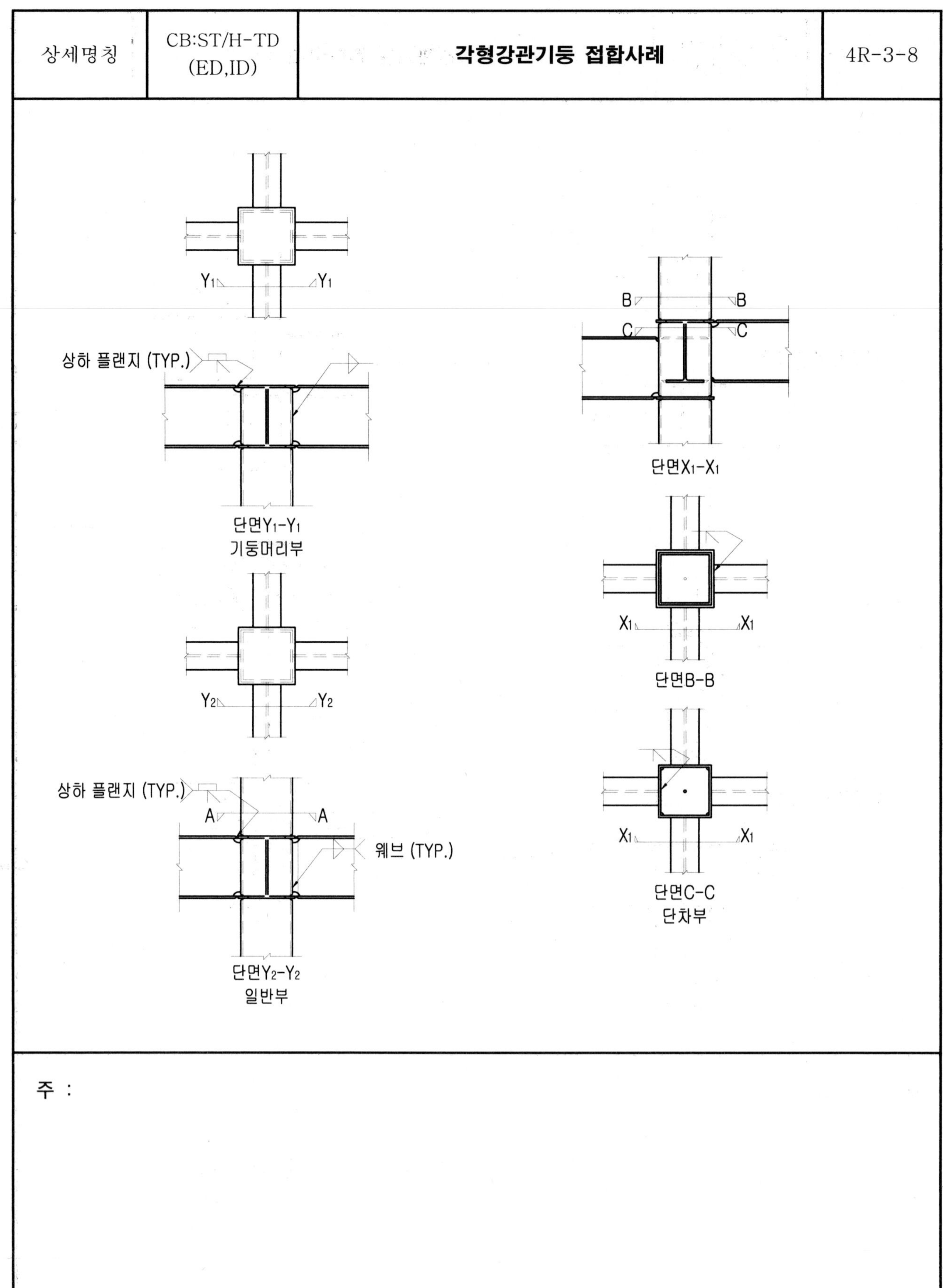

주 :

상세명칭	CB:CT/H-ED-1	**○-H 전용접 (공장용접), 용접조립보**	4R-3-9

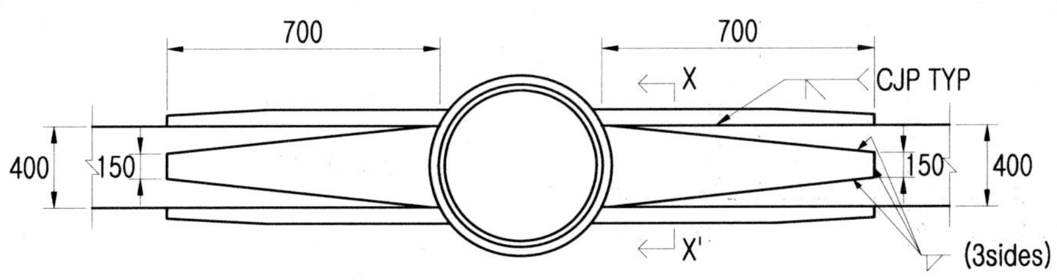

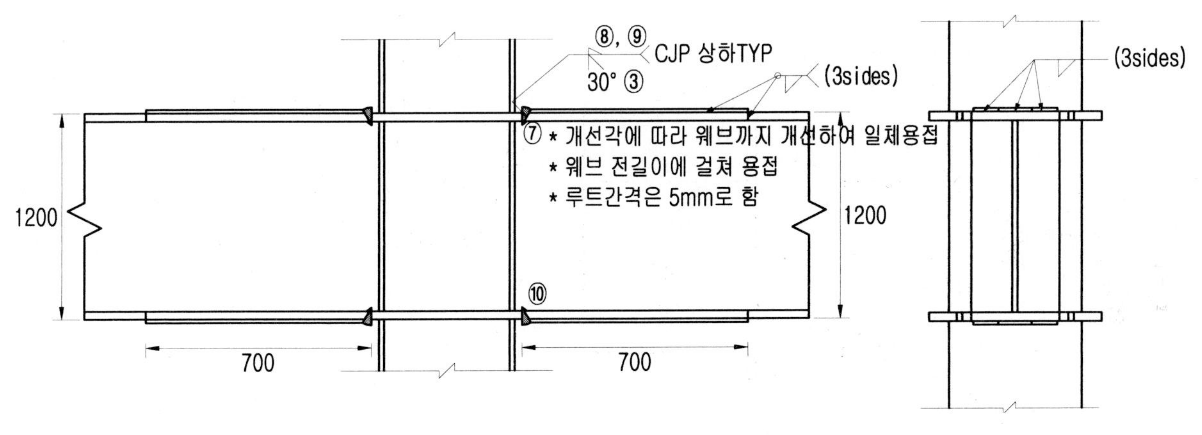

주 : 중간모멘트골조의 구조성능을 만족 <참고문헌 11 참조>

1. 적용가능 용접조립보: 상세명칭 CB:ST-H/H-10 접합부(p.000) 경우와 동일함.
2. 용접조립부재 제작 및 접합부 용접시공절차: 상세명칭 CB:ST-H/H-10 접합부 경우와 동일함.

4R.4 CFT기둥-보 접합

상세명칭	CB:CFT/H-E D-3	**각형강관CFT T-스티프너형 모멘트접합**	4R-4-1

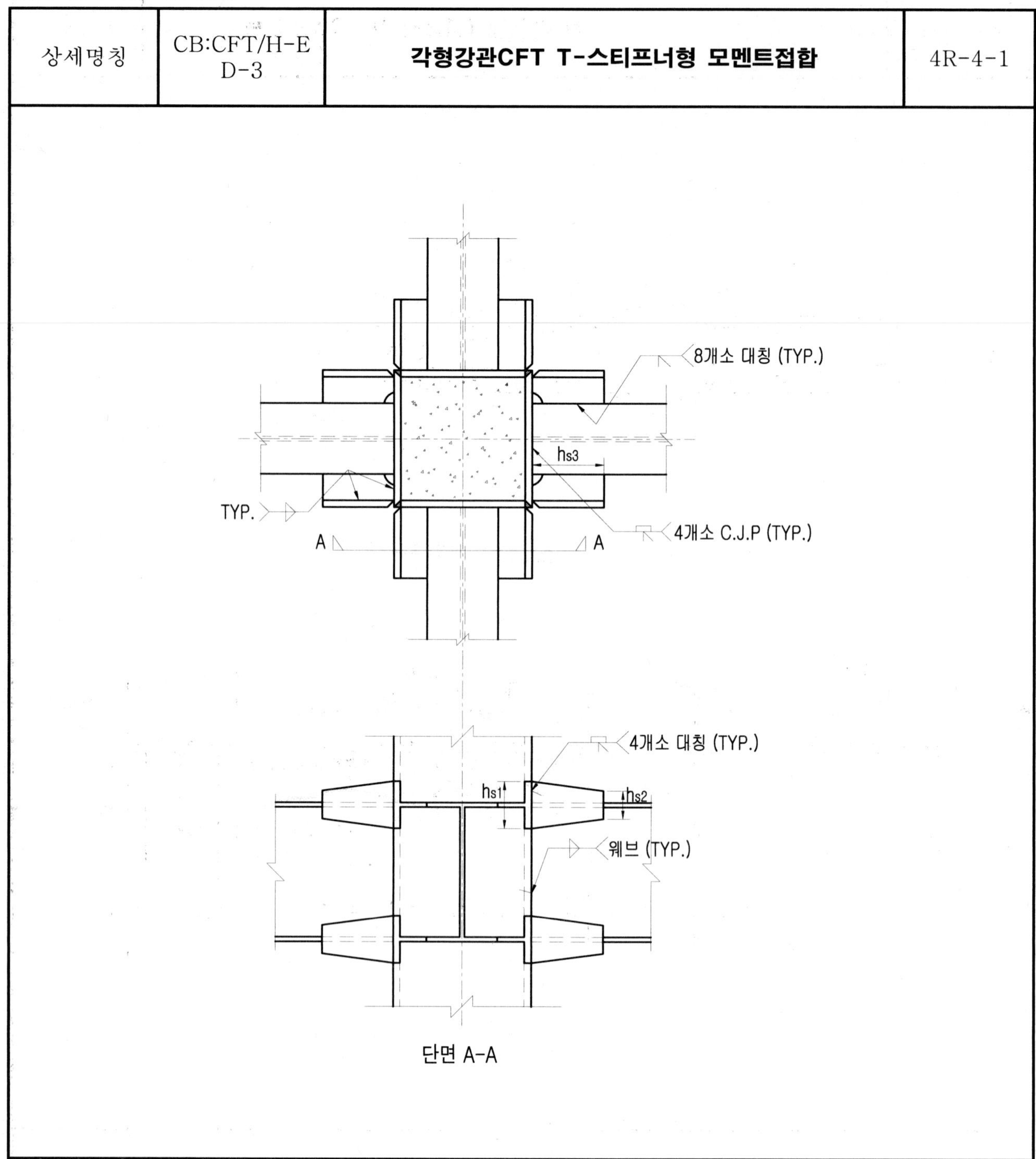

단면 A-A

주 :

1. h_{s1}의 길이는 보의 전소성모멘트를 받도록 설계.
2. $h_{s2} \fallingdotseq h_{s1}/2, h_{s3}$는 보의 전소성모멘트를 받도록 전단저항설계.
3. 수평스티프너를 개선하여 보플랜지면에 그루브용접.
4. 수평스티프너 두께는 플랜지두께와 동일하게 함.

5R장. 이음 및 단순전단접합 권장표준상세

5R.2 보이음(용접)

상세명칭	BS:H/H-PW	**보의 이음판 용접이음**	5R-2-1

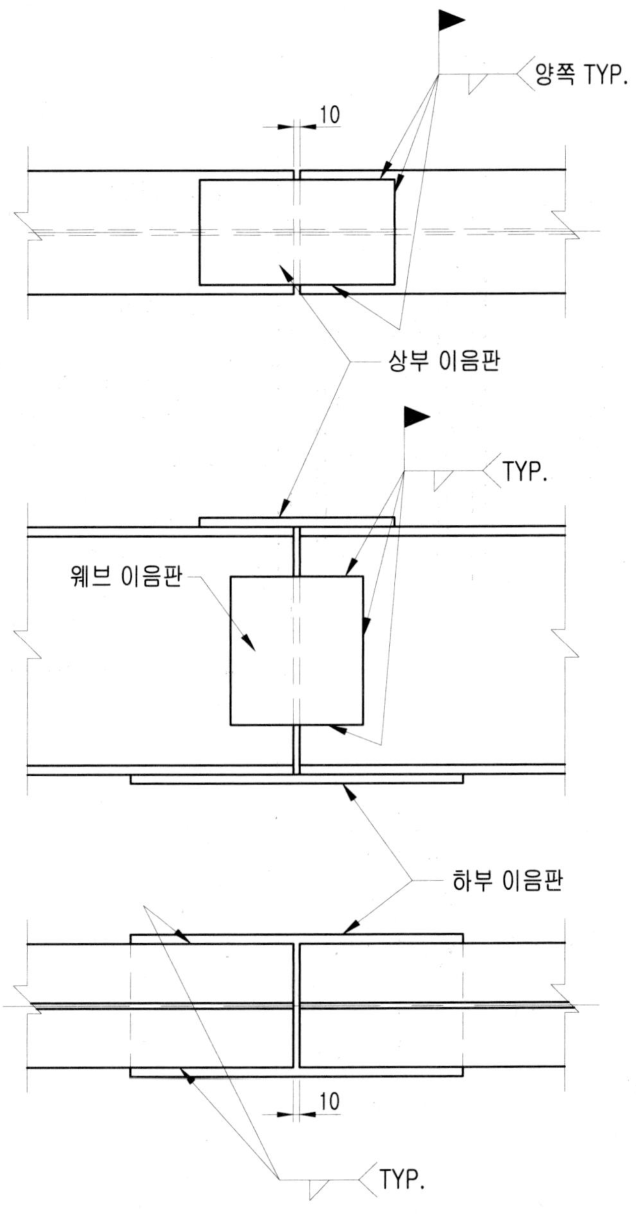

주 :

1. 보의 상부플랜지 윗면은 플랜지폭보다 좁은 이음판을 사용하여 양쪽에서 ㄷ형으로 용접한다.
2. 하부플랜지 밑면은 플랜지폭보다 넓은 이음판을 사용하여 용접한다.
3. 웨브이음판은 필요에 따라 고장력볼트를 사용할 수 있으며 1면 또는 2면에서 양쪽 보를 ㄷ형으로 용접한다.
4. 필요시 끼움재(filler)를 사용할 수 있으며, 양쪽 보사이의 띄움(setback)은 10mm로 한다.

상세명칭	CS:H/H-CC-1	**기둥의 용접+ㄷ형강 볼트 이음**	5R-3-1

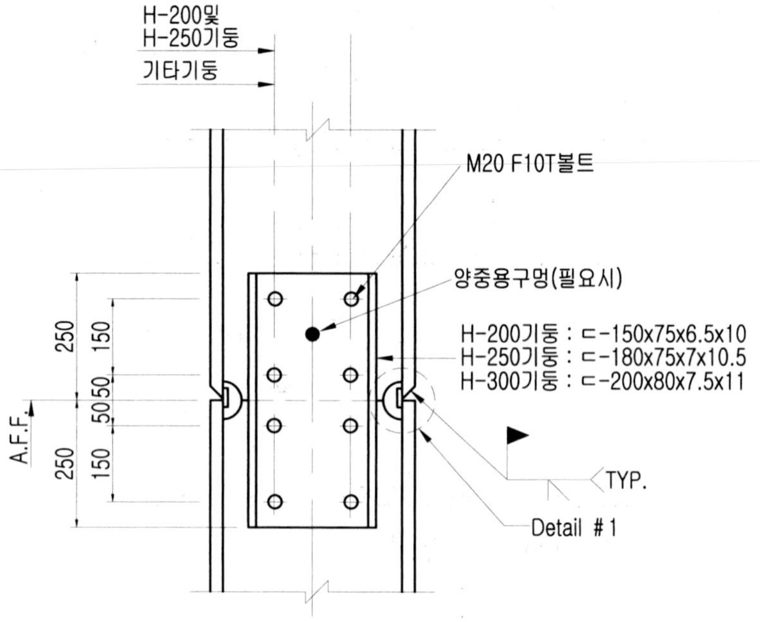

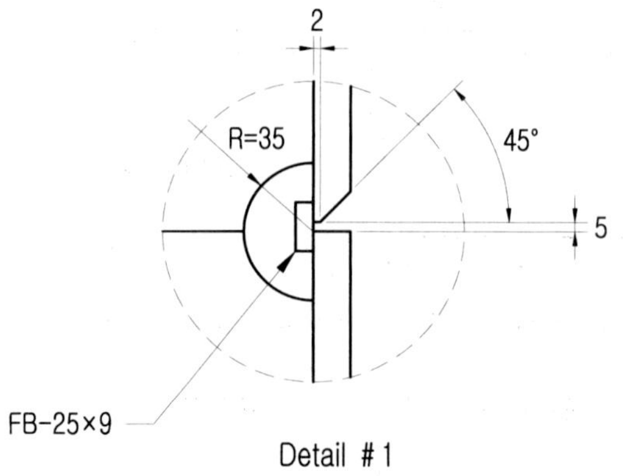

H-200및
H-250기둥
기타기둥
M20 F10T볼트
양중용구멍(필요시)
H-200기둥 : ㄷ-150x75x6.5x10
H-250기둥 : ㄷ-180x75x7x10.5
H-300기둥 : ㄷ-200x80x7.5x11
TYP.
Detail #1
250 150 50 50 150 250
A.F.F.

2
R=35
45°
5
FB-25×9
Detail #1

주 :

1. 상하 플랜지는 현장에서 뒷댐재를 사용하여 위 그림과 같이 1면개선 그루부용접한다
2. 웨브는 ㄷ형강을 사용하여 고장력볼트이음한다.
3. 기둥길이가 9m이상 또는 단위중량이 150kgf/m이상인 경우는 2개(양면)의 ㄷ형강을 사용한다.
4. 필요시 끼움재를 사용할 수 있다.

(* A.F.F. 바닥 마감면으로부터의 이음위치까지의 높이)

상세명칭	CS:H/H-CC-2	**기둥의 용접+ㄷ형강 용접/고장력볼트 이음**	5R-3-2

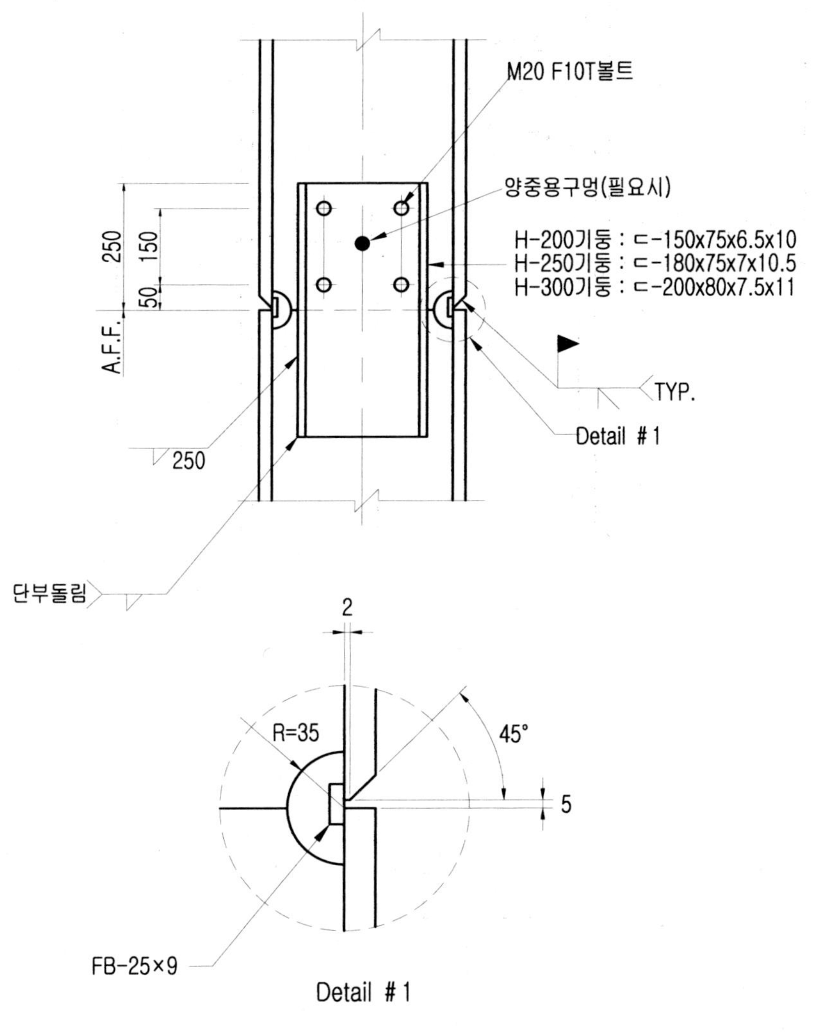

주 :

1. 상하 플랜지는 현장에서 뒷댐재를 사용하여 위 그림과 같이 1면개선 그루부용접한다
2. 웨브는 ㄷ형강을 사용하여 공장용접(하부)과 현장볼트(상부)이음한다.
3. 기둥길이가 9m이상 또는 단위중량이 150kgf/m이상인 경우는 2개(양면)의 ㄷ형강을 사용한다.
4. 필요시 끼움재를 사용할 수 있다.

(* A.F.F. 바닥 마감면으로부터의 이음위치까지의 높이)

상세명칭	CS:H/H-PW	**기둥의 수평 이음판 용접이음**	5R-3-3

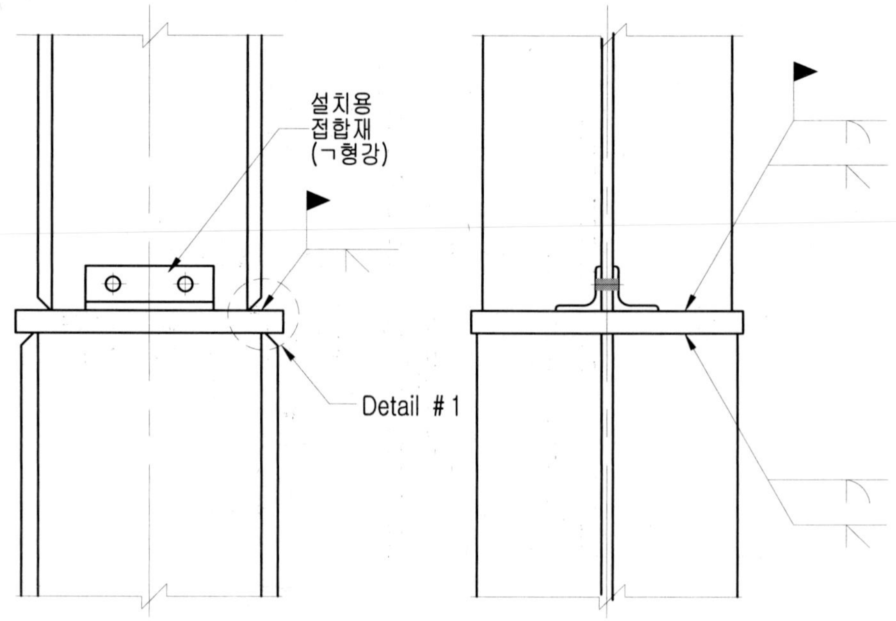

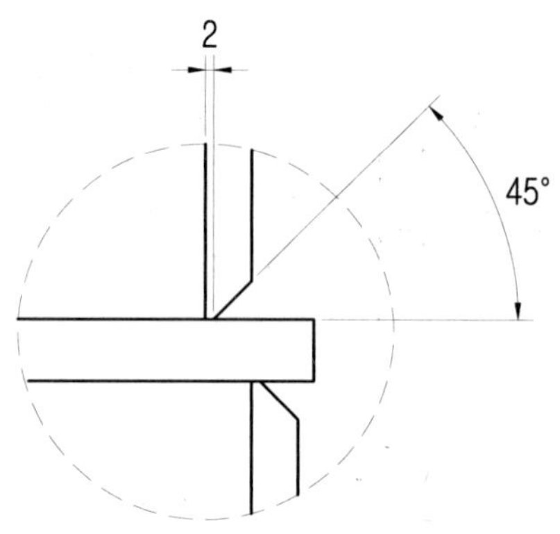

Detail #1

주 :

1. 수평이음판(butt-plate)을 사용한 기둥의 이음은 상하부 기둥춤의 차이가 50mm 이내일 때 사용한다.
2. 상하기둥의 이음면(절단면)은 절삭마감하여 용접량을 감소시킬 수 있다.
3. 용접개선의 형태는 베벨(bevel) 또는 J형으로 할 수 있다.
4. 설치용(가설) 접합재(ㄱ형강)는 양중용 및 플랜지 용접시 위치 고정용으로 사용한다.
5. 설치용 접합재의 크기 및 용접부는 양중 시 안전성을 고려하여야 한다.

5R.4 단순전단접합

상세명칭	SC:H/H-EPC	**확장단일판 전단접합**	5R-4-1

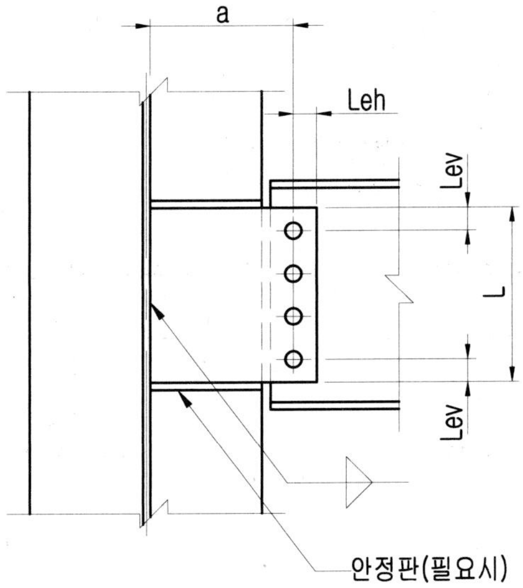

a
Leh
Lev
L
Lev
안정판(필요시)

(1) 약축방향

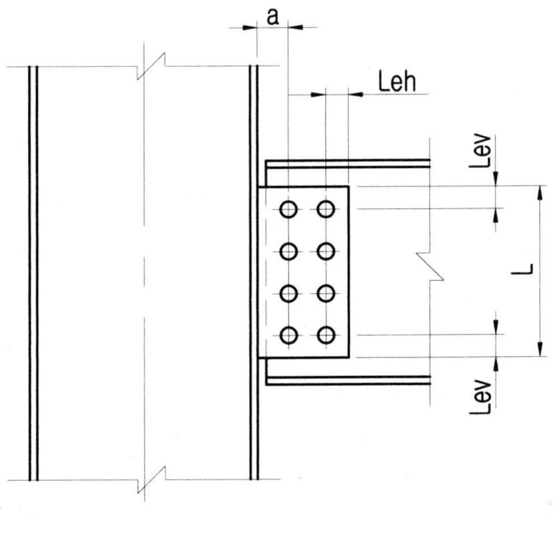

a
Leh
Lev
L
Lev

(2) 강축방향

주 :

1. 확장단일판은 일반단일판 형상의 볼트열(수직1열)과 볼트수(2~12개)에 대한 제한을 초과하는 단일판접합이다.
2. 수평연단거리 L_{eh}와 수직연단거리 L_{ev}는 KDS 41 31 00 <표4.7-2>의 요구사항들을 만족해야 한다.
3. 사용하는 볼트구멍은 KDS 41 31 00 4.7.1.10의 요구사항을 만족해야 한다.
4. 편심의 고려 및 안정판 설계는 "H형강 접합부설계매뉴얼" 3.1.9.3에 따른다.

상세명칭	GB:H/H-RC-1	**큰보-작은보의 고장력볼트와 용접의 병용접합 (강접합)**	5R-5-1

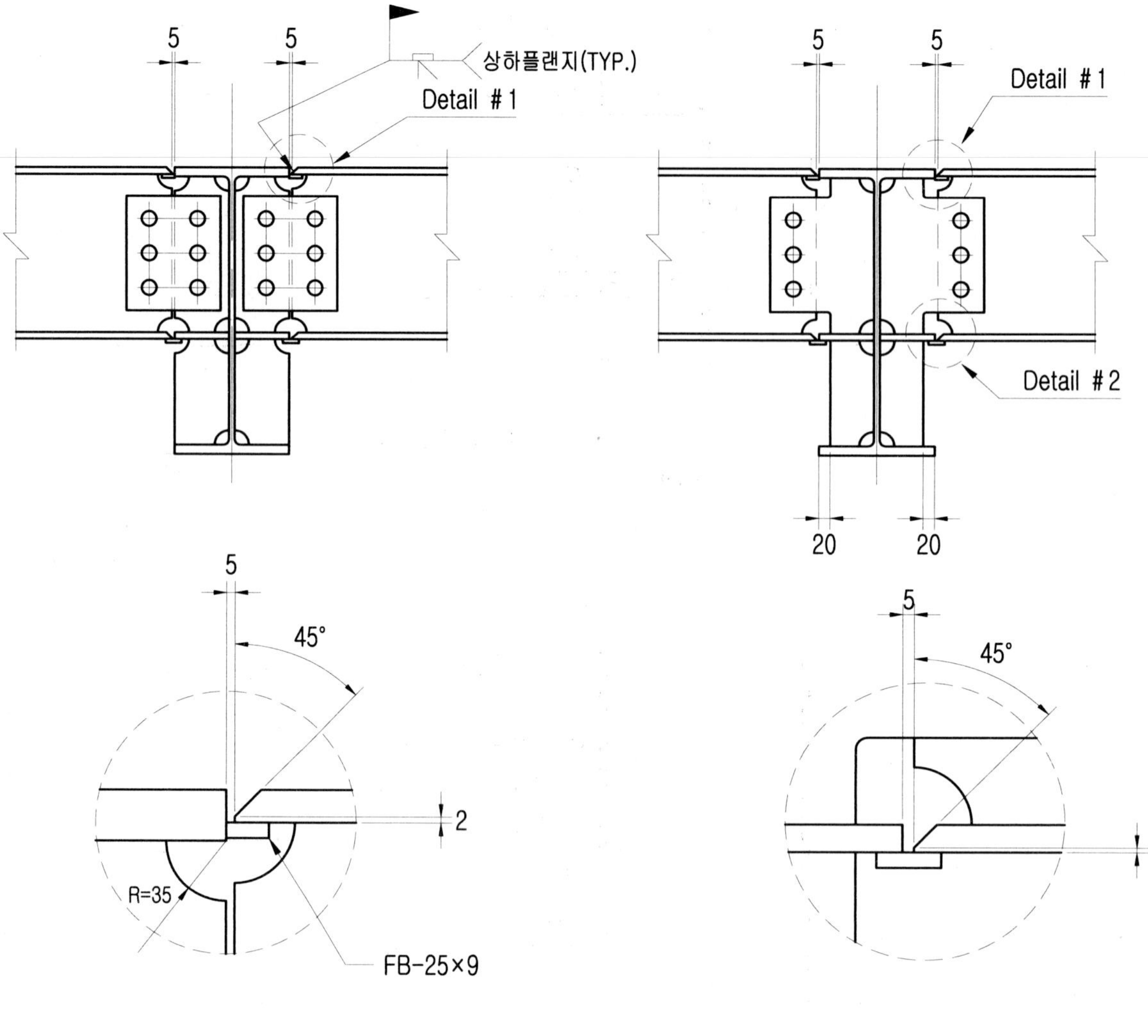

5 5 상하플랜지(TYP.) Detail #1

5 5 Detail #1 Detail #2 20 20

5 45° 2 R=35 FB-25×9

(1) 상부 플랜지 Detail #1

5 45° 2

(2) 하부 플랜지 Detail #2

주 :

1. (1)큰보의 수직스티프너에 작은보의 웨브를 이음판을 사용하여 고장력볼트로 조임함. 그 다음 현장용접으로 위 그림(좌측)과 같이 큰보의 플랜지와 작은보의 플랜지를 접합함
2. (2)는 큰보의 수직스티프너 한쪽을 내밀어 작은보와 고장력볼트로 접합함. 그 다음 현장용접으로 위 그림(우측)과 같이 큰보의 플랜지와 작은보의 플랜지를 접합함
3. 위 접합은 작은보를 연속보로 취급하는 접합형식임
4. 고장력볼트이음의 일반사항은 제2장을 참조
5. 그루브용접의 개선표준은 제3장을 참조

상세명칭	GB:H/H-RC-2	**큰보-작은보의 용접접합 (강접합)**	5R-5-2

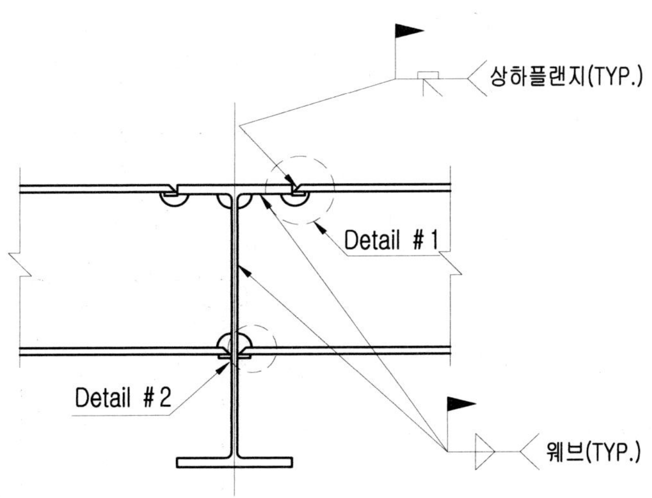

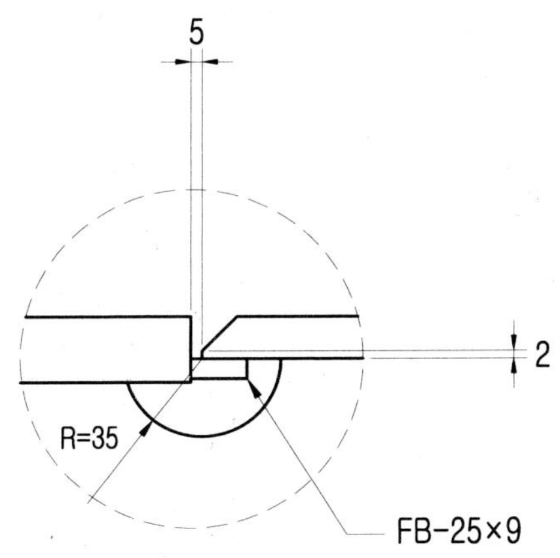

(1) 상부 플랜지 Detail #1

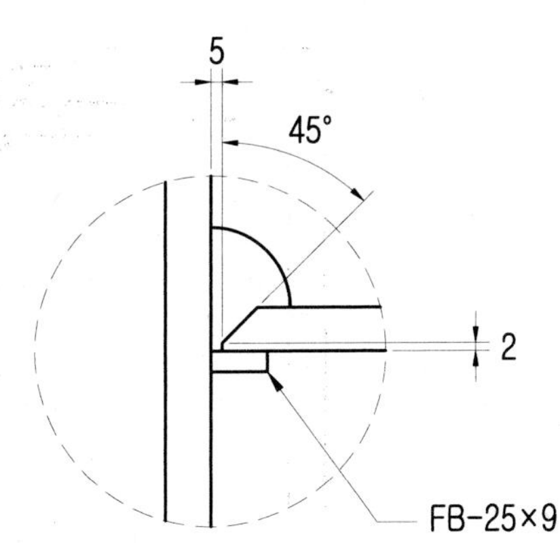

(2) 하부 플랜지 Detail #2

주 :

1. 큰보에 작은보의 상부플랜지를 절단하여, 그림과 같이 작은보를 큰보에 현장용접으로 접합
2. 위 접합은 작은보를 연속보로 취급하는 접합형식임
3. 그루브용접의 개선표준은 제3장을 참조

상세명칭	SPL:RHS/RHS-SPL.M	**각형강관 경사 맞댐이음**	6R-2-1

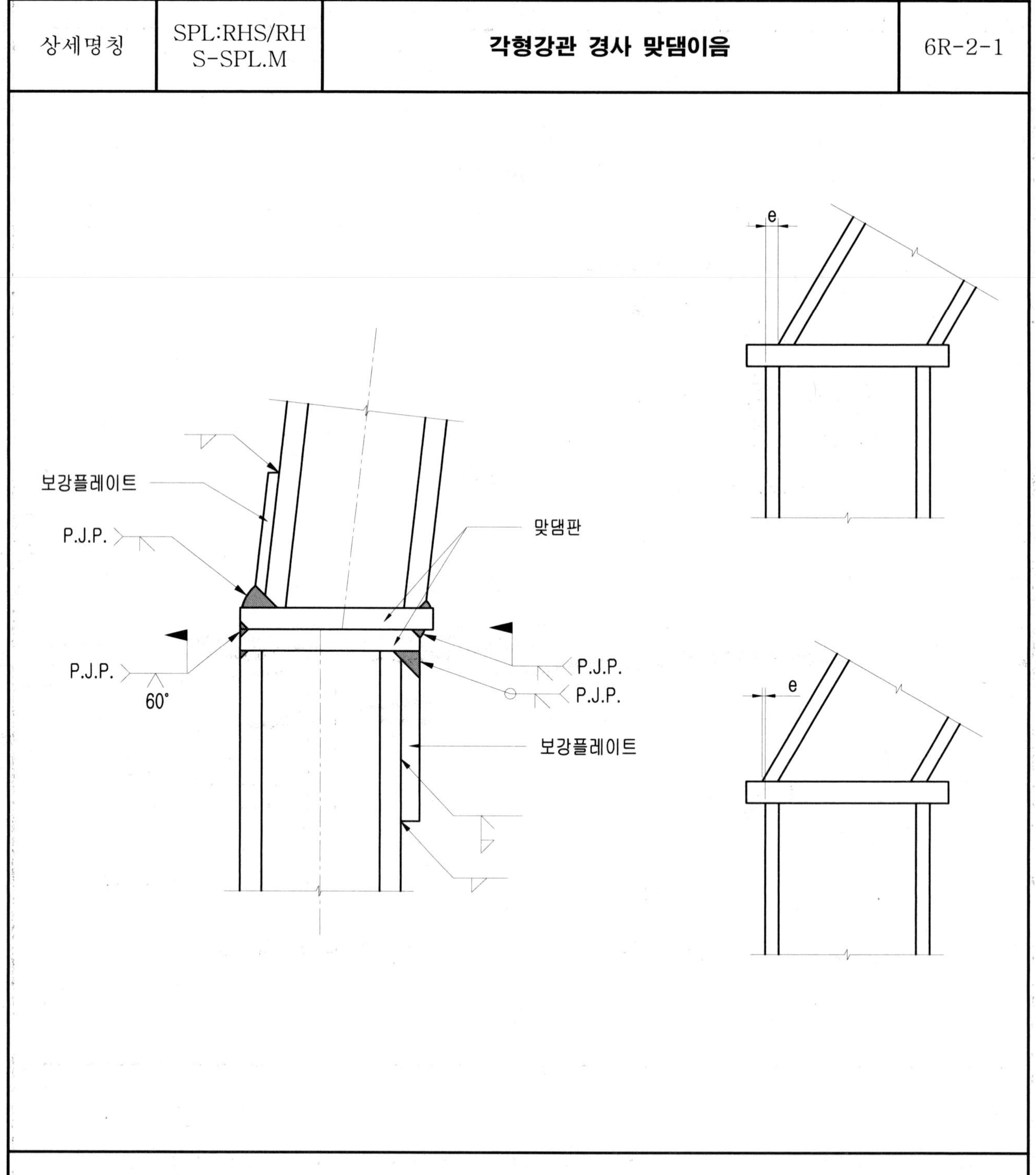

주 :

1. 아랫기둥과 윗기둥의 기울기가 클 경우에는 힘의 분배를 고려하여 아랫기둥에서 발생하는 모멘트, 전단력, 축력을 재확인하고 설계에 반영해야함.

6R.3 주강관과 지강관의 분기이음(강관트러스접합)

상세명칭	BR:HS/CHS	**원형강관-원형강관 브레이싱 접합부**	6R-3-1

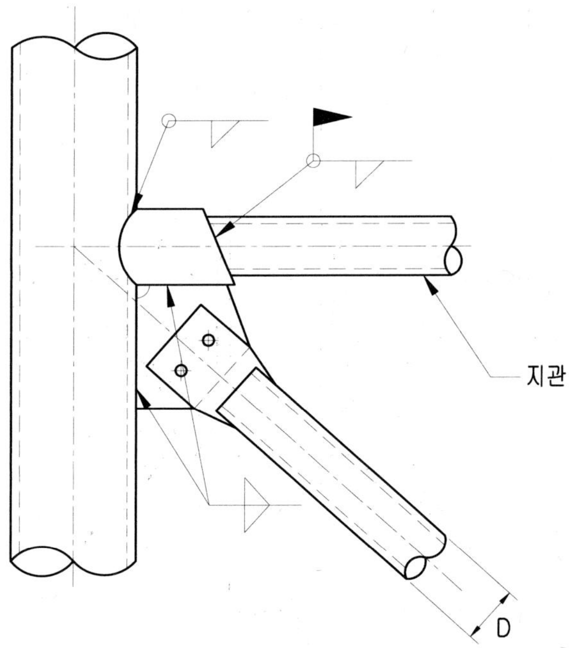

지관

D

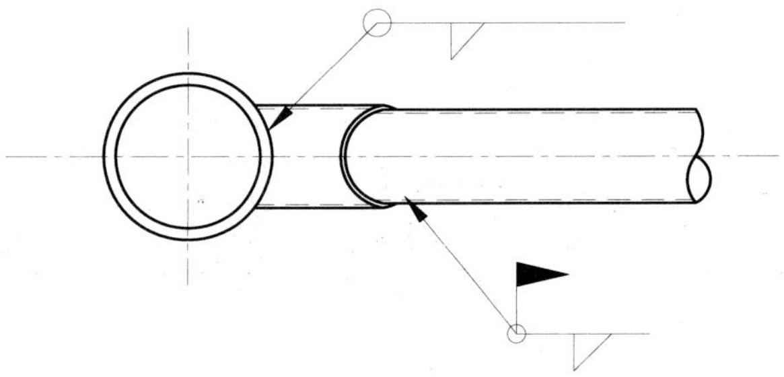

연결캡을 이용한 강관 브레이싱 접합

주 :

상세명칭	BR:CHS/RB	**원형강관-로드 브레이싱 접합부**	6R-3-2

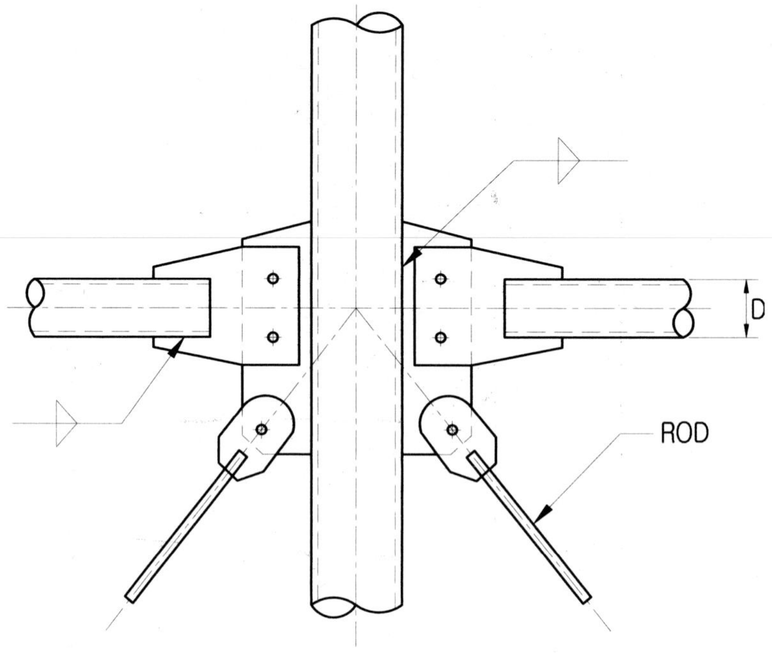

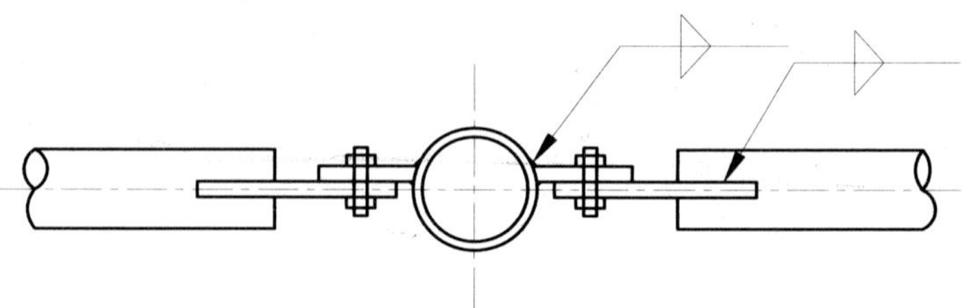

로드 브레이싱 접합

주 :

상세명칭	TR:H/CHS	**원형강관트러스 지지부**	6R-3-3

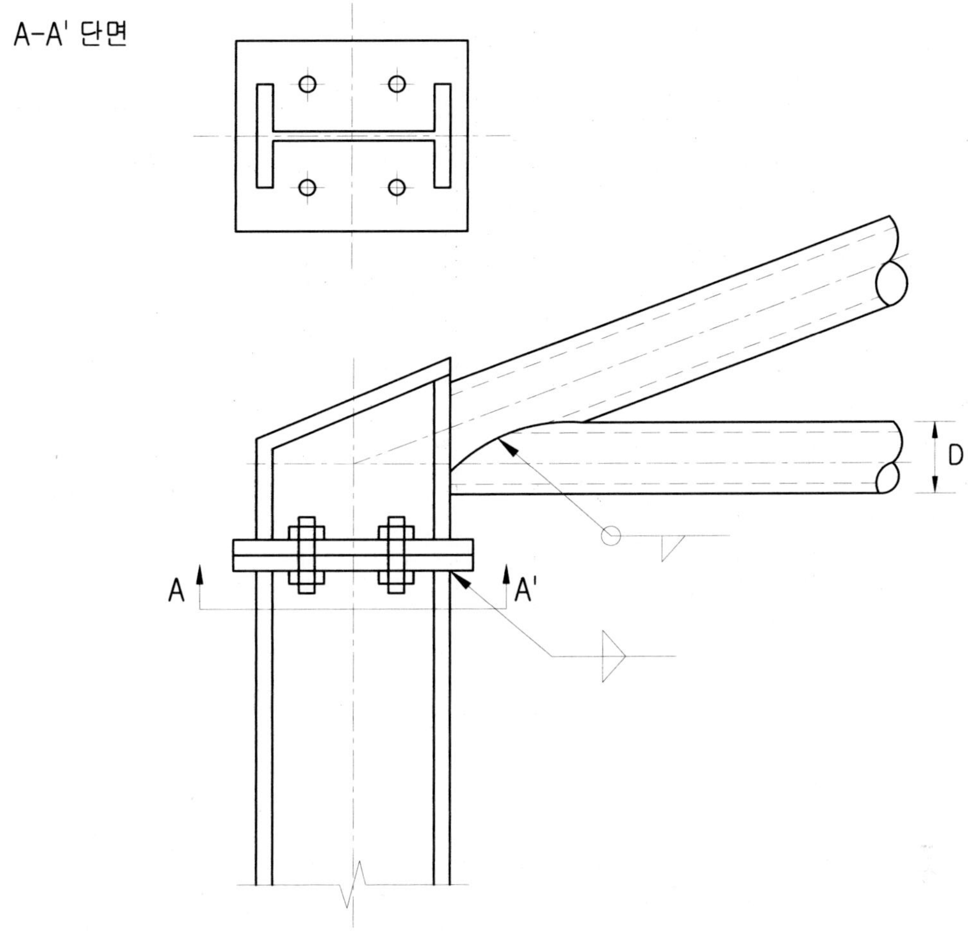

A-A' 단면

A

A'

D

H형강 기둥과 트러스 접합

주 :

상세명칭	TR:CHS/CHS -AM	**원형강관래티스기둥-원형강관트러스 접합**	6R-3-4

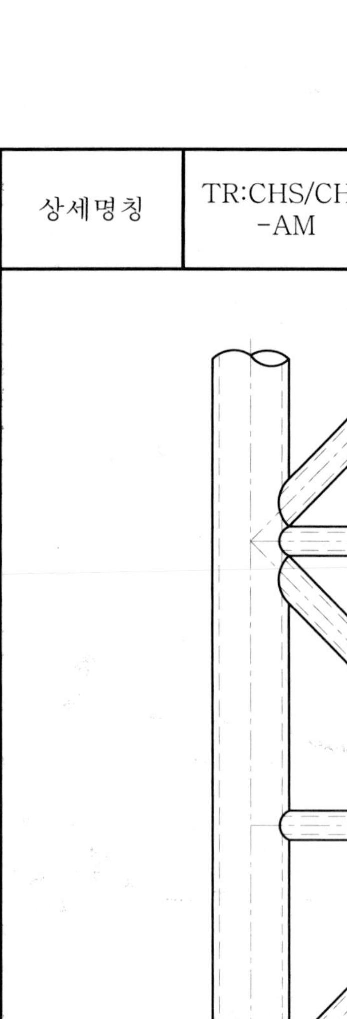
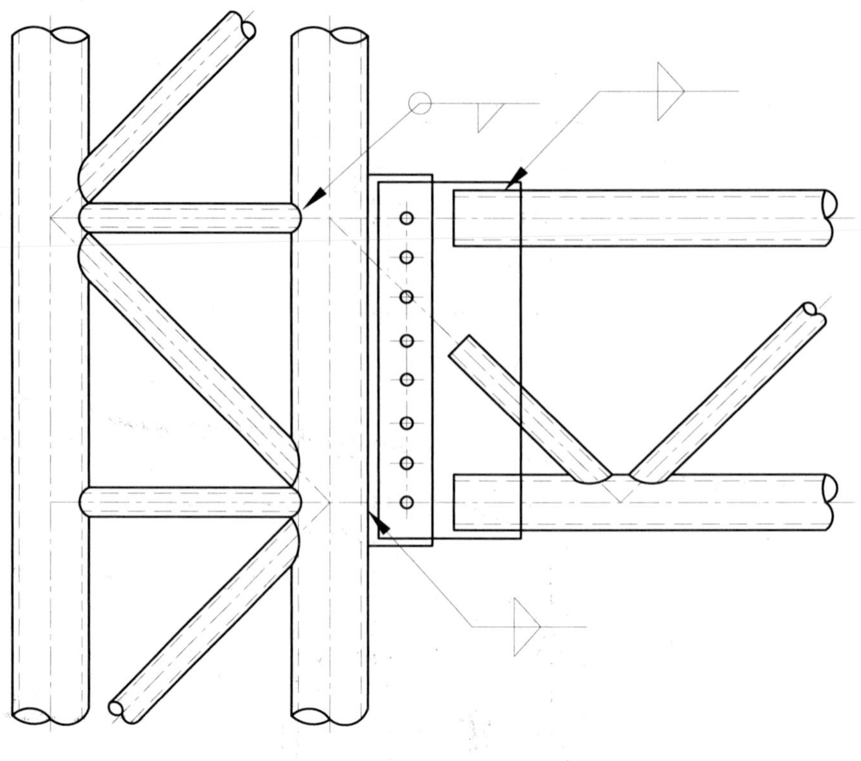
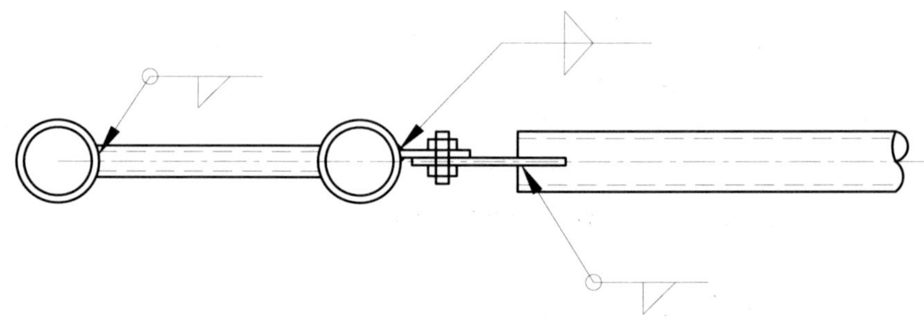

주 :

6R.4 중도리 접합

상세명칭	PG:HSS/Z,H, RHS	**강관 중도리 접합**	6R-4-1

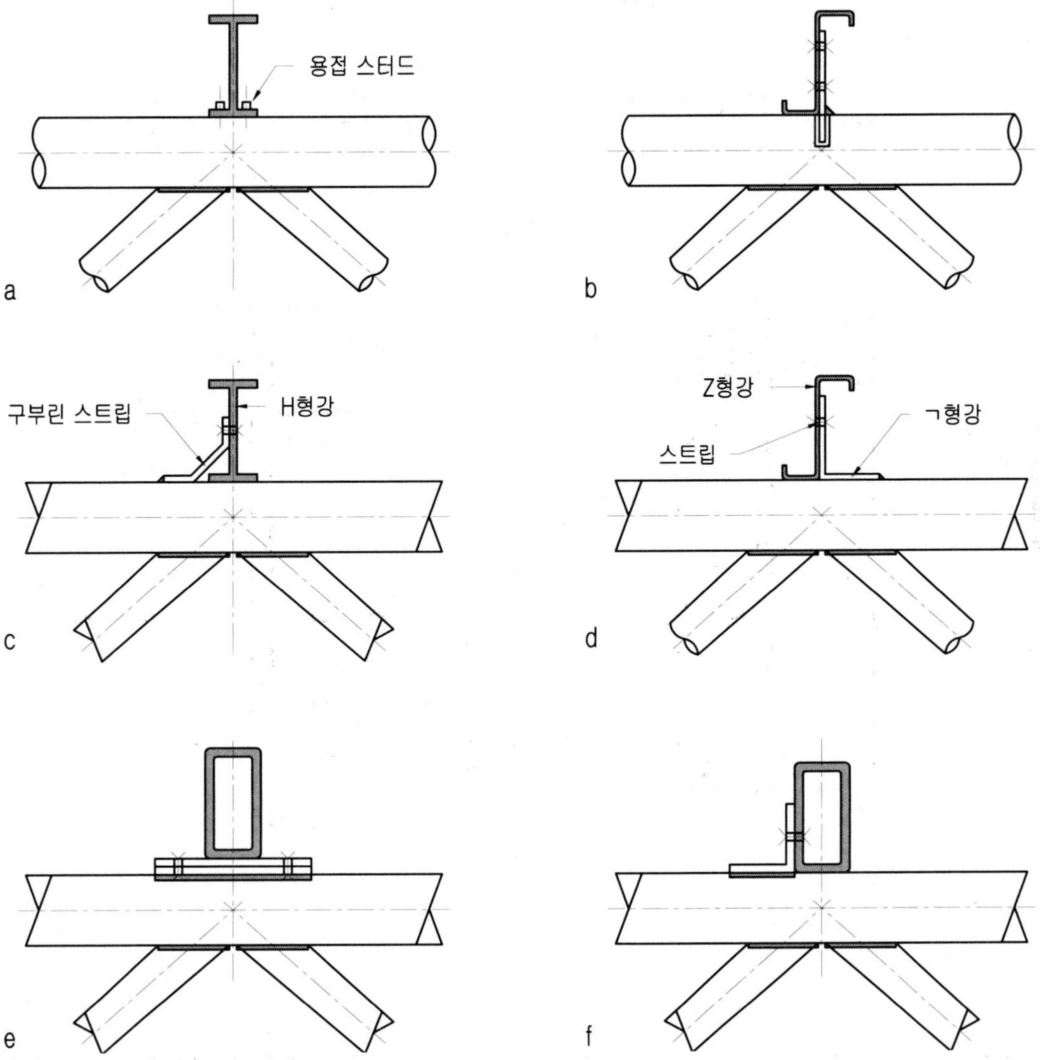

주 :

6R.5 쌍ㄱ형강 조립단면 트러스

상세명칭	TR:H/dL-AM -1	**2ㄱ형 조립단면 트러스(1)**	6R-5-1

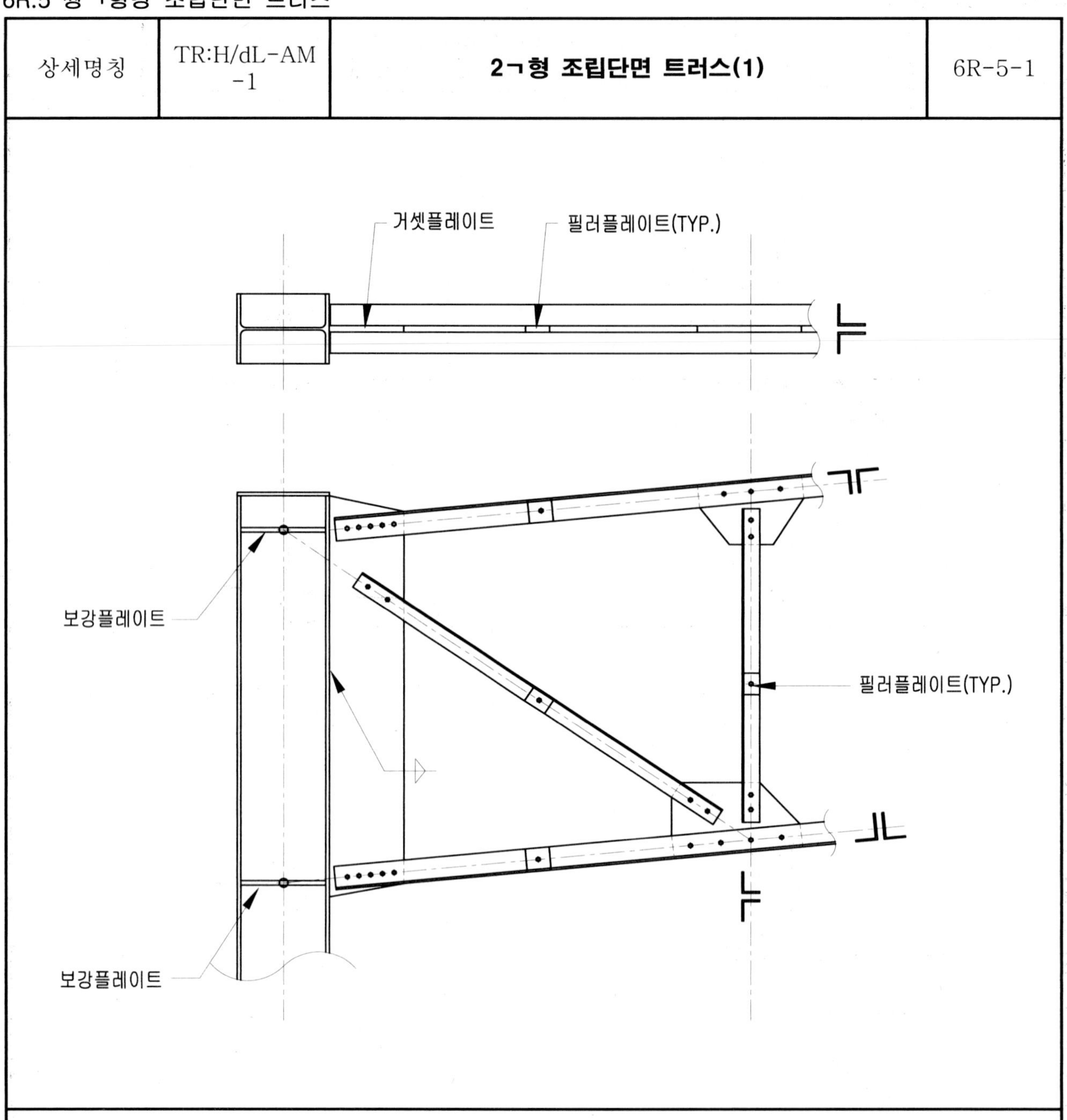

주 :

1. 필러플레이트의 간격은 1,000mm~1,500mm를 유지함.

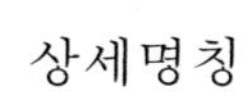

상세명칭	TR:H/dL-AM-2	**2ㄱ형 조립단면 트러스(2)**	6R-5-2

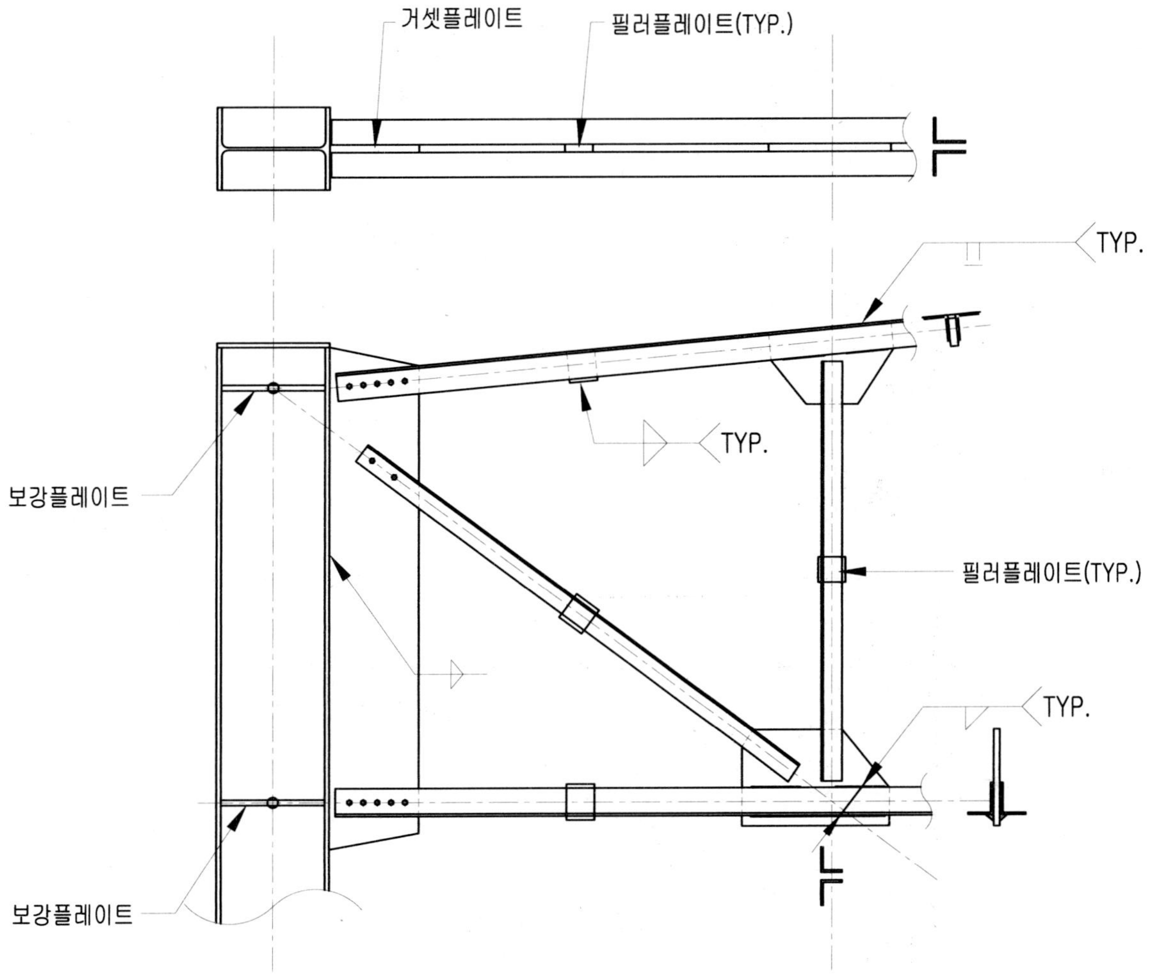

거셋플레이트
필러플레이트(TYP.)
TYP.
TYP.
보강플레이트
필러플레이트(TYP.)
TYP.
보강플레이트

주 :

1. 필러플레이트의 간격은 1,000mm~1,500mm를 유지함.
2. 가셋플레이트와 사재 연결부위의 용접길이는 건축구조기준(KDS)에 따르며, 통상 120~150mm 정도를 유지하나, 제작 전 설계자의 확인을 받음.

상세명칭	TR:dL/H-AM	**2ㄱ형 조립단면 트러스(니브레이스 유형)**	6R-5-3

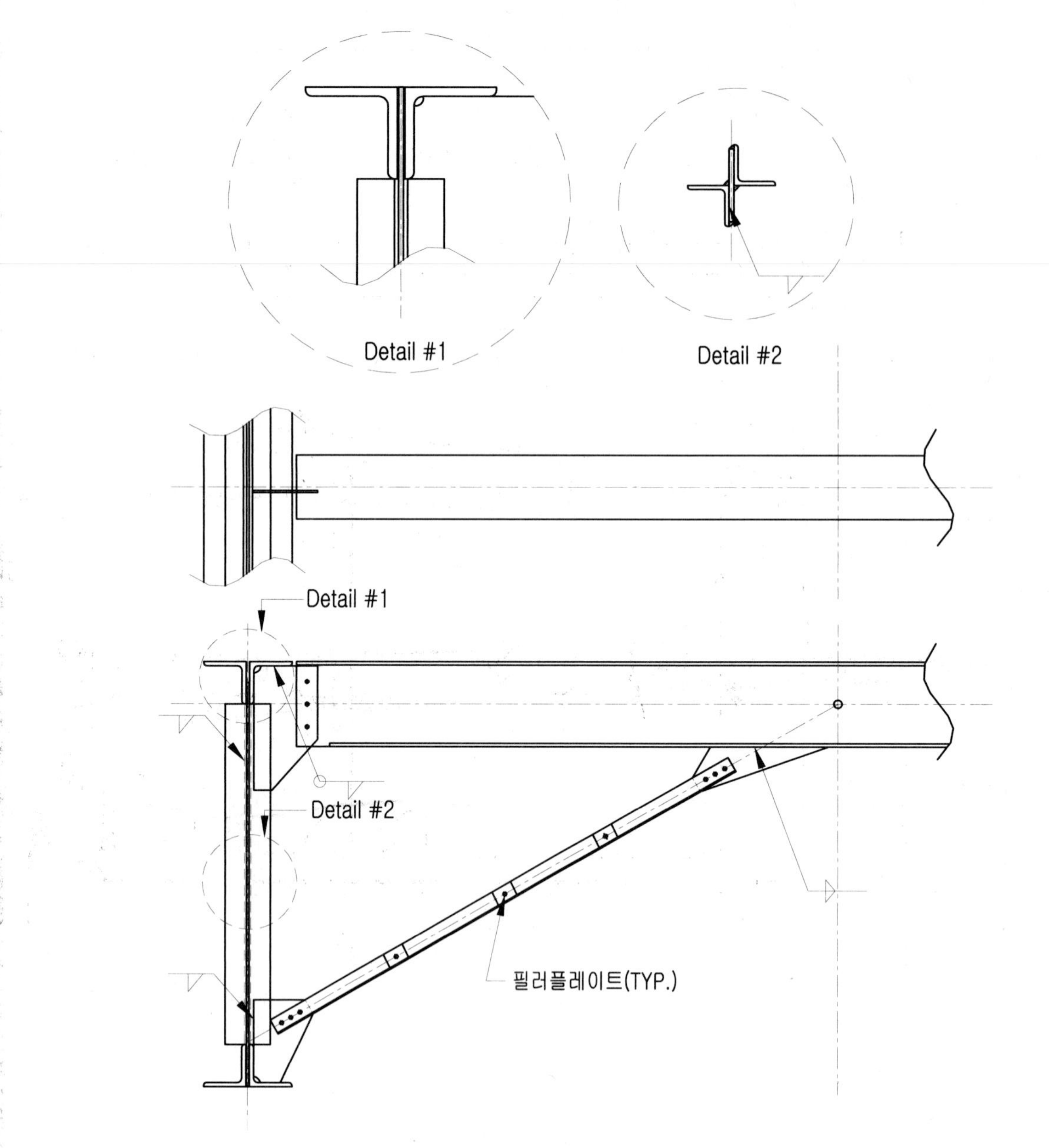

주 :

1. 필러플레이트의 간격은 1,000mm~1,500mm를 유지함.
2. 가셋플레이트와 사재 연결부위의 용접길이는 통상 120~150mm 정도를 유지하나, 제작 전 설계자의 확인을 받음.
3. 트러스 하현재의 중심과 니브레이스 중심의 편심거리가 최소화되도록 함.

9R.2 H형강 주각

상세명칭	BP:H/PL-FX -2	**노출형 H형강 주각 (모멘트)**	9R-2-1

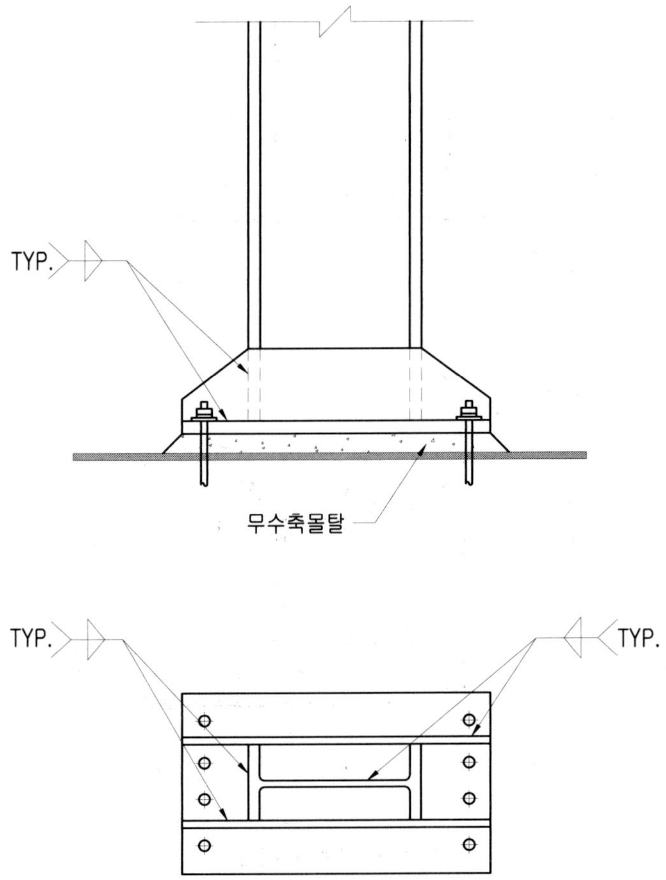

주 :

1. 각 맞춤부 용접조인트의 상세는 공통상세에 따름.
2. 무수축 몰탈 사용.

상세명칭	BP:RHS/PL-FX-2	**단일기둥의 주각(4)-각형강관**	9R-3-1

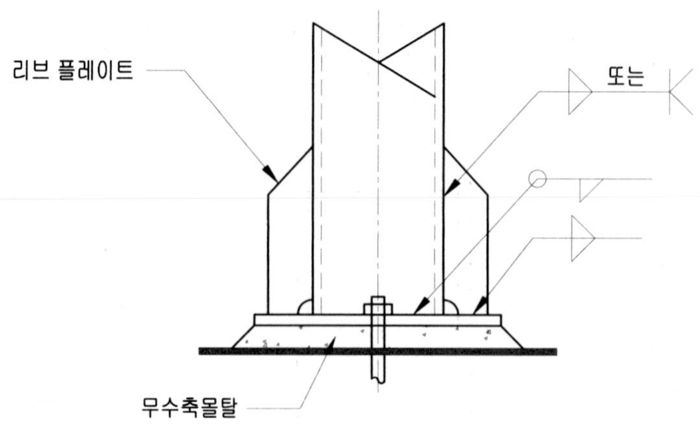

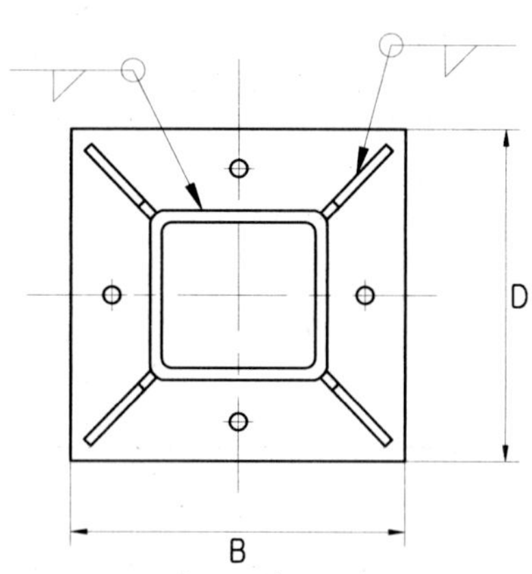

리브 플레이트 사선접합

주 :

1. 강관의 치수표시는 4.1.1의 4)에 따르며, 주각부에 따른 치수표기는 4.1.1의 8)에 따름.
2. 리브플레이트는 4개 이상 설치.
3. 필릿용접으로 미흡한 경우에는 그루브용접을 실시함.
4. 무수축 몰탈 사용.

상세명칭	BP:RHS/PL-FX-3	**단일기둥의 주각(6)-각형강관**	9R-3-2

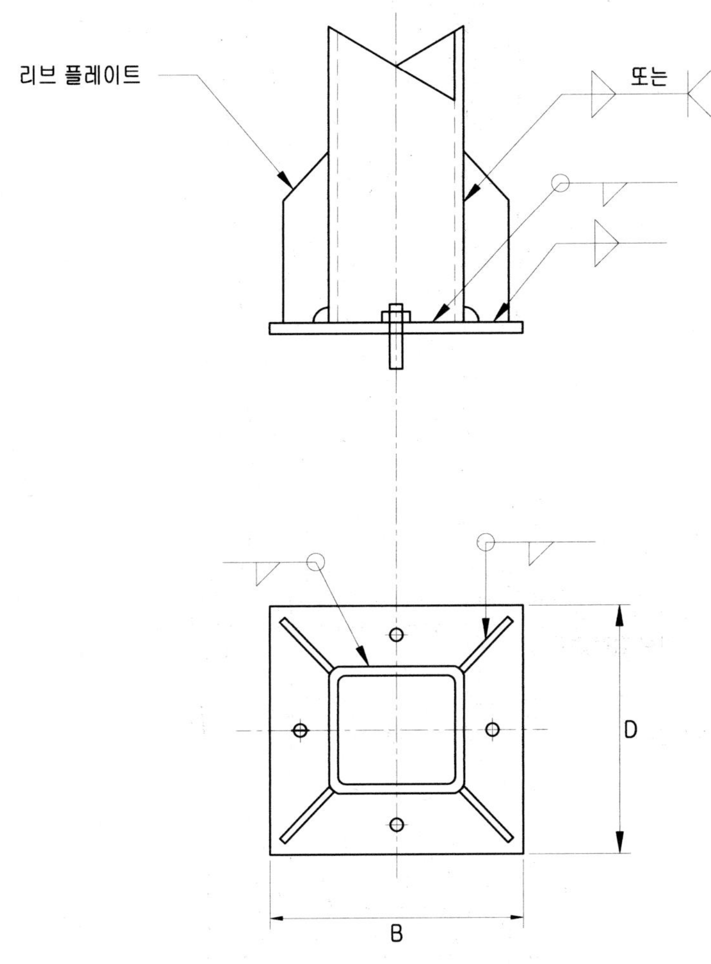

리브 플레이트 사선접합

주 :

1. 강관의 치수표시는 4.1.1의 4)에 따르며, 주각부에 따른 치수표기는 4.1.1의 8)에 따름.
2. 리브플레이트는 4개 이상 설치.
3. 필릿용접으로 미흡한 경우에는 그루브용접을 실시함.

상세명칭	BP:2CHS/PL-1	**조립기둥의 주각(1)**	9R-3-3

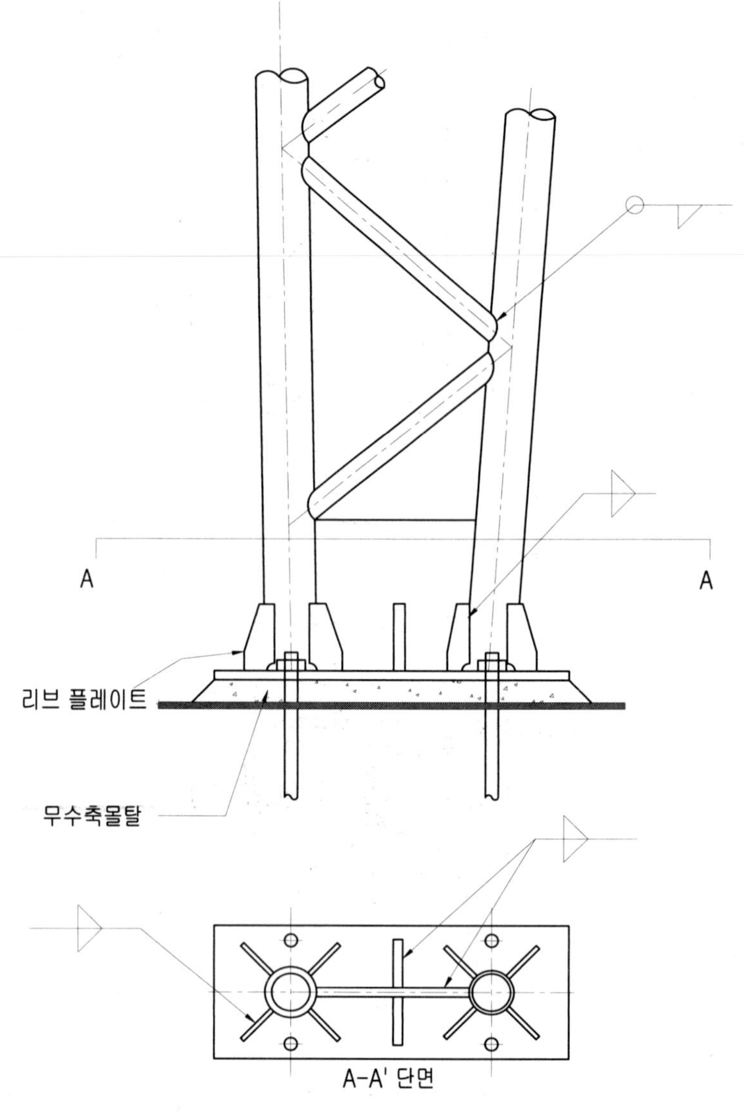

경사진 조립기둥의 주각

주 :

1. 강관의 치수표시는 4.1.1의 4)에 따르며, 주각부에 따른 치수표기는 4.1.1의 8)에 따름.
2. 리브플레이트는 4개 이상 설치.
3. 필릿용접으로 미흡한 경우에는 그루브용접을 실시함.
4. 무수축 몰탈 사용.

상세명칭	BP:2CHS/PL-2	**조립기둥의 주각(2)**	9R-3-4

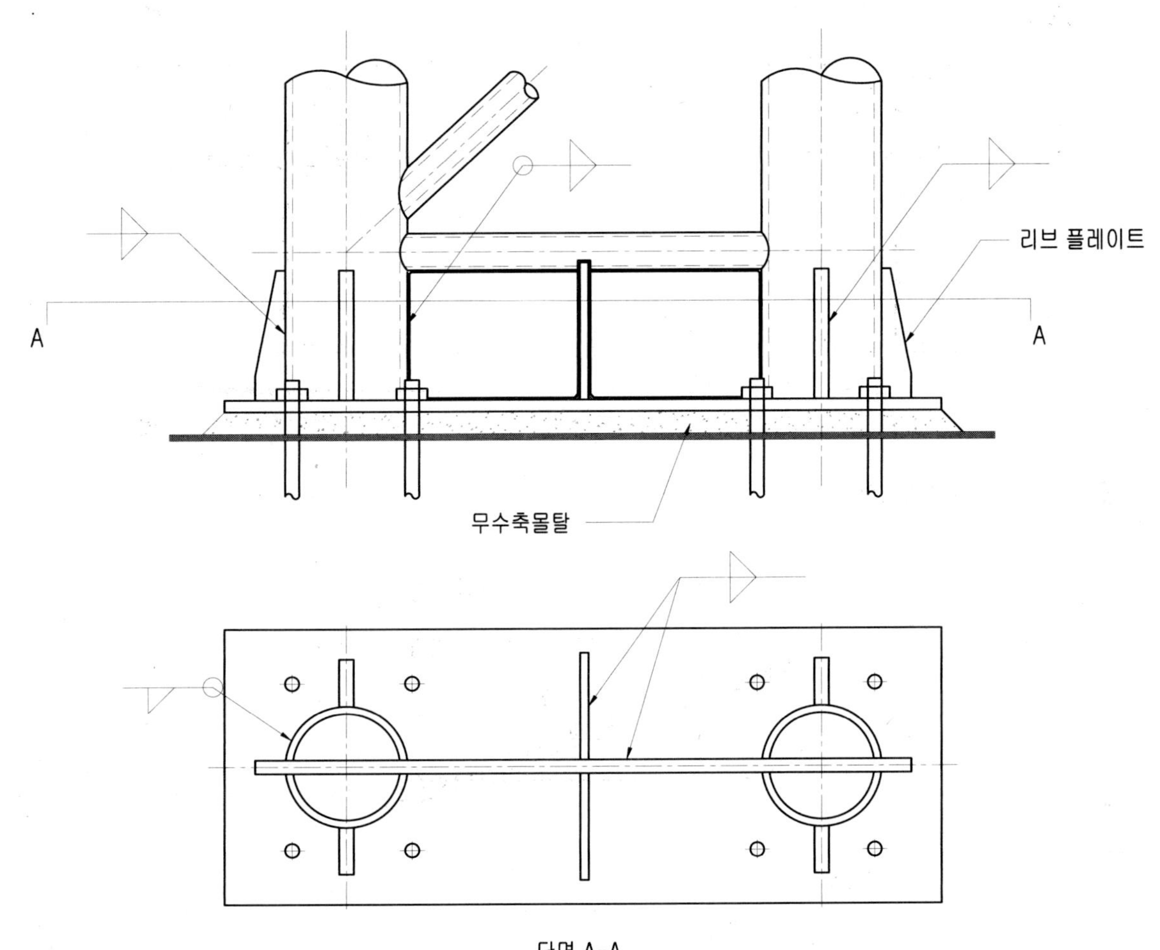

단면 A-A

주 :

1. 강관의 치수표시는 4.1.1의 4)에 따르며, 주각부에 따른 치수표기는 4.1.1의 8)에 따름.
2. 리브플레이트는 4개 이상 설치.
3. 필릿용접으로 미흡한 경우에는 그루브용접을 실시함.
4. 무수축 몰탈 사용.

10R.1 중도리

상세명칭	ETC:H/C-PU	**중도리 접합**	10R-1-1

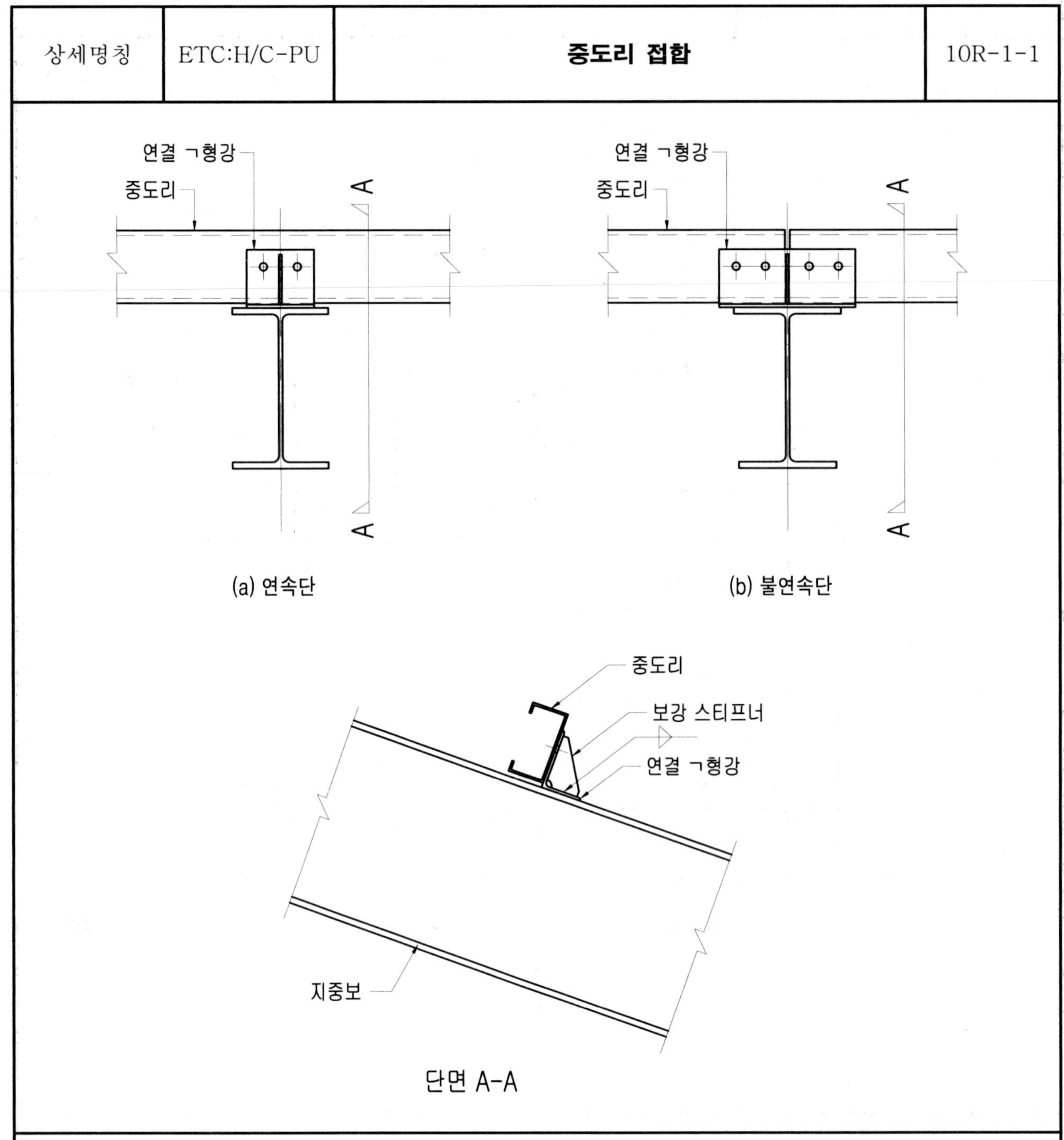

단면 A-A

주 :

1. 중도리는 (경량)ㄷ형강, (경량)H형강, 각형강관, Z형강 등이 사용됨

10R.2 띠장

상세명칭	ETC:H/C-GI	**띠장 접합**	10R-2-1

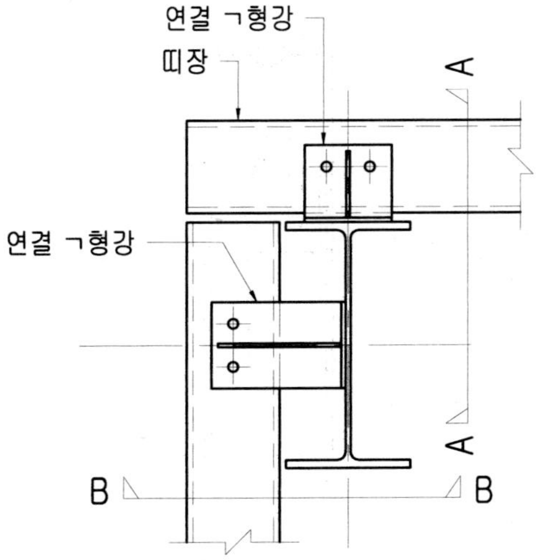

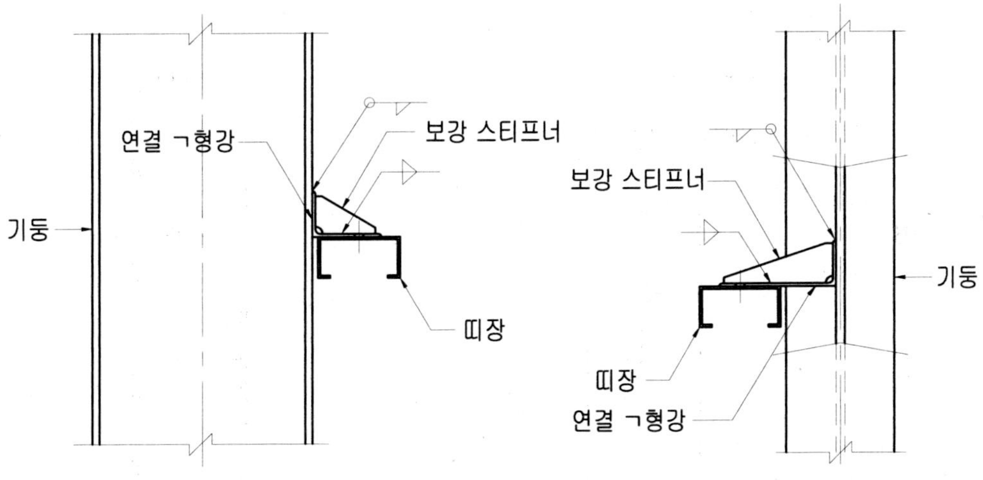

단면 A-A

단면 B-B

주 :

1. 띠장은 (경량)ㄷ형강, (경량)H형강, 각형강관, Z형강 등이 사용됨

10R.3 샛기둥

상세명칭	ETC:H/H-ST	**샛기둥 접합**	10R-3-1

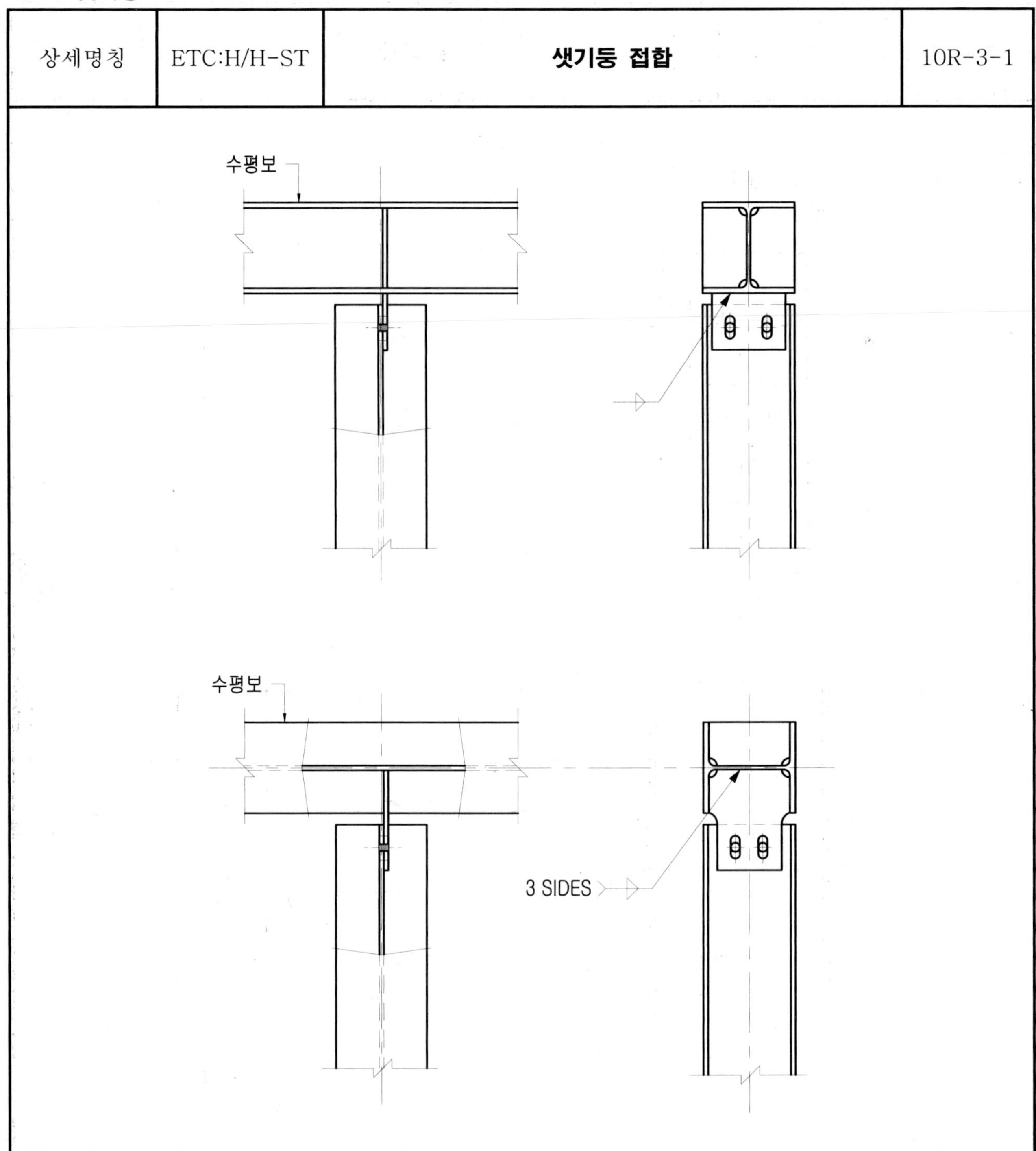

주 :

1. 수평보에서 샛기둥으로 연직하중 전달을 차단하려면 가셋플레이트에 슬롯 구멍을 설치함

상세명칭	ETC:H/H-CR	**크레인 주행보 접합**	10R-4-1

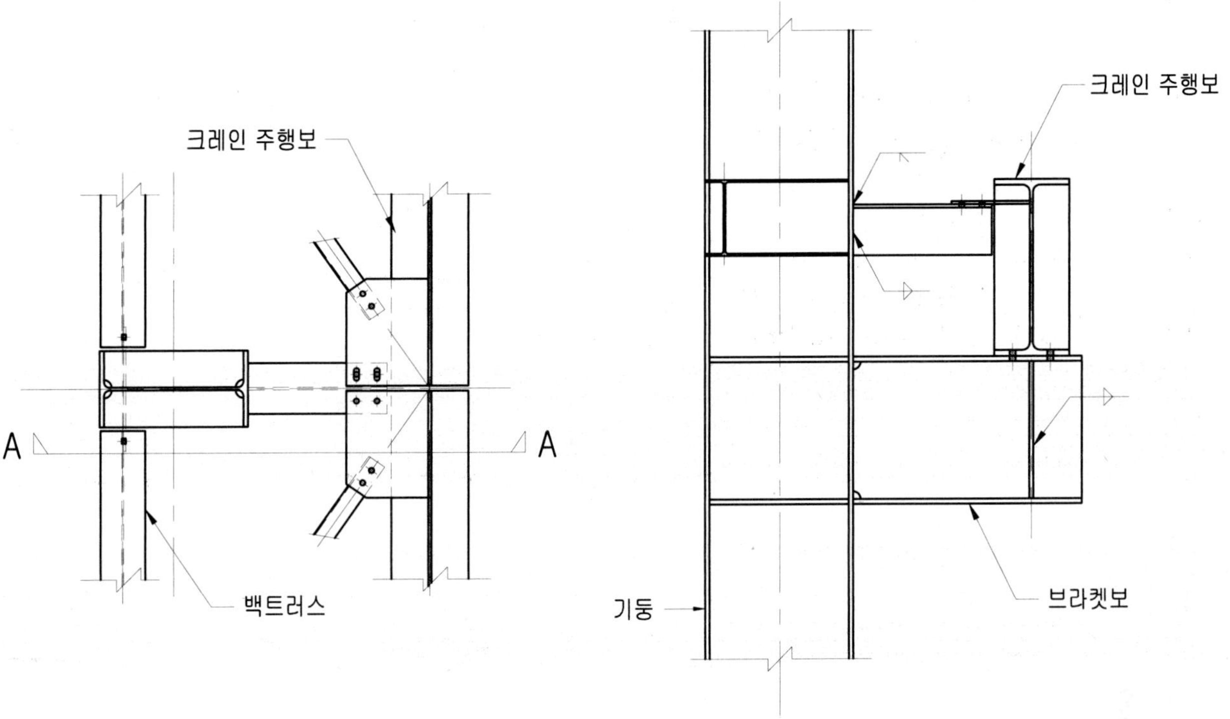

크레인 주행보
A
A
백트러스
크레인 주행보
기둥
브라켓보

단면 A-A

주 :

1. 크레인 주행보 수평방향 변위 및 응력 제어를 위하여 필요한 경우 백트러스를 설치함
2. 브라켓보를 중심으로 한쪽 크레인 주행보와 백트러스에는 슬롯 구멍을 두어 크레인 주행보 부재축 방향 응력이 전달되지 않도록 해야 함

부록 1. 내진보강 상세

부록1.1 개요

내진보강은 전략적인 측면에서 강도와 강성을 증대시키는 방법, 연성을 향상시키는 방법, 하중을 저감시키는 방법을 선택할 수 있으나 이 장에서는 강재를 이용하여 기존 철근콘트리트 구조물 및 강구조물의 강도와 강성을 증가시키는 보강공법을 제시한다. 학교시설 내진성능평가 및 보강 매뉴얼(2018)에 제시된 보강공법 중 일반적으로 실무자들이 사용할 수 있는 강재 끼움가새 보강공법 등을 포함하였고, 특허관련 보강공법은 표준상세에서 제외하였다. 상세의 명칭은 첫 번째 접합부(예: ST), 두 번째 부재형상(예: RC,H/H), 세 번째는 각 형상 별 특이사항을 나타낸다. 상세 기호는 다음 표와 같다.

ST : Strong Axis Connection (강축접합)
BF : Bracing Frame (가새골조)
IB : Infilled Brace System (끼움가새골조)
BR : Brace (가새)
SD : Stud Column (샛기둥)
VB : Vertical Brace (수직가새)
BB : Buckling Restrained Brace (좌굴방지가새)

상세명칭	SR:RC/BF-IB-1	직접접합을 이용한 강재 끼움가새 보강 공법 상세	A1-2-1

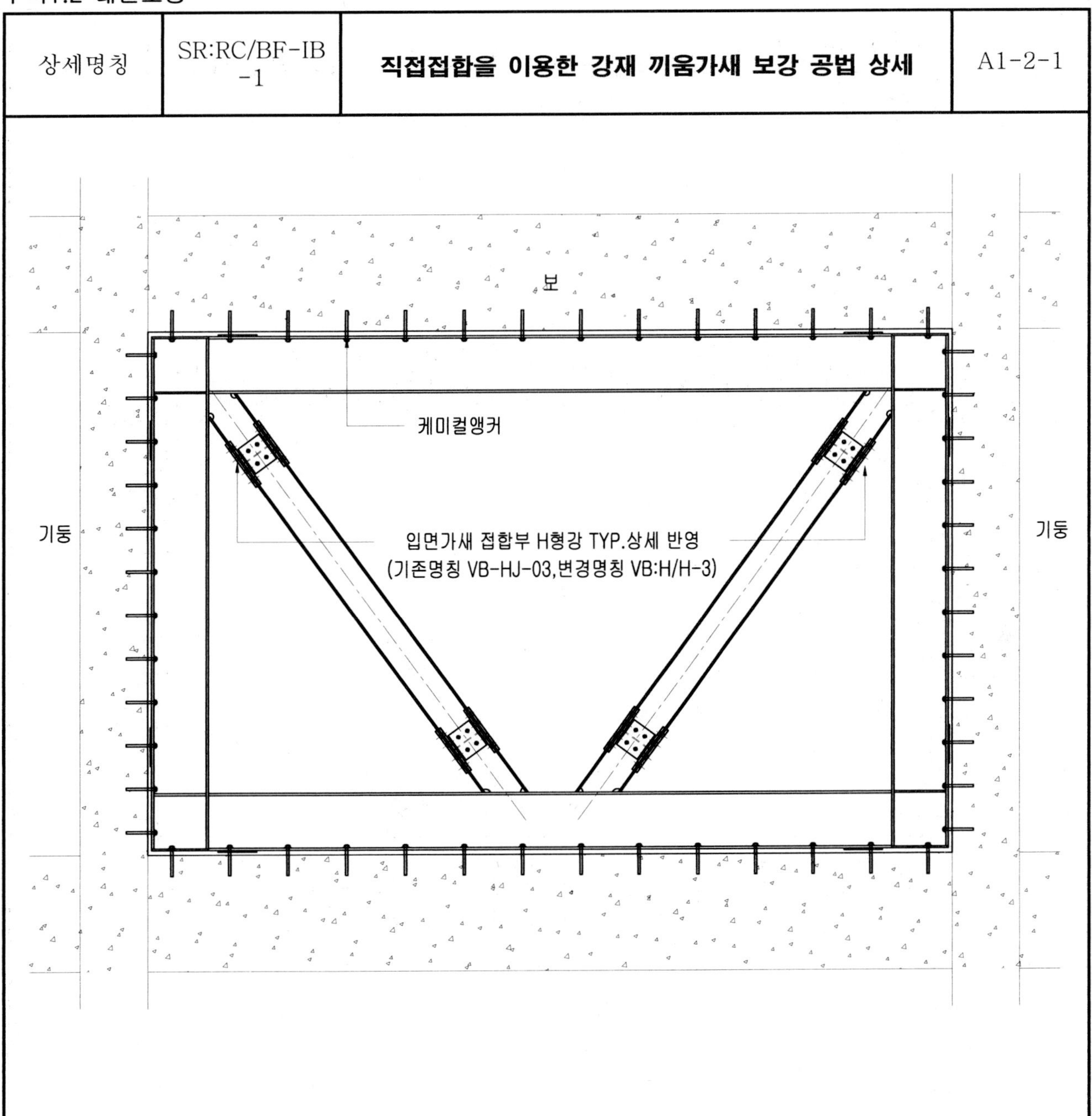

주 : (학교시설 내진성능평가 및 보강 매뉴얼 2021)

1. 강재가새의 인장력과 압축력을 기존 골조에 전달할 수 있도록 기존 부재와 끼움강재부재가 일체화 되도록 연결재로 연결해야 한다.
2. 기존 부재와 신설 부재가 밀착되도록 충분한 강도를 가진 채움 재료를 사용해야 한다.
3. 강재가새에 의하여 단부기둥에 발생하는 인장력은 기존 기둥에 의하여 저항되어야 하며, 보 - 기둥 접합부 영역과 주각부에서 기둥을 보강하지 않는 한, 끼움강재골조의 수직재의 기여는 무시되어야 함.
4. 기존 골조 부재에 앵커를 시공하는 경우 일반적으로 콘크리트 속에 묻혀 있는 철근과 간섭이 발생하기 때문에 앵커 시공 시 앵커의 위치가 철근의 위치에 따라 보정이 되어야 함.

상세명칭	SR:RC/BF-IB-2	**간접접합을 이용한 강재 끼움가새 보강 공법 상세**	A1-2-2

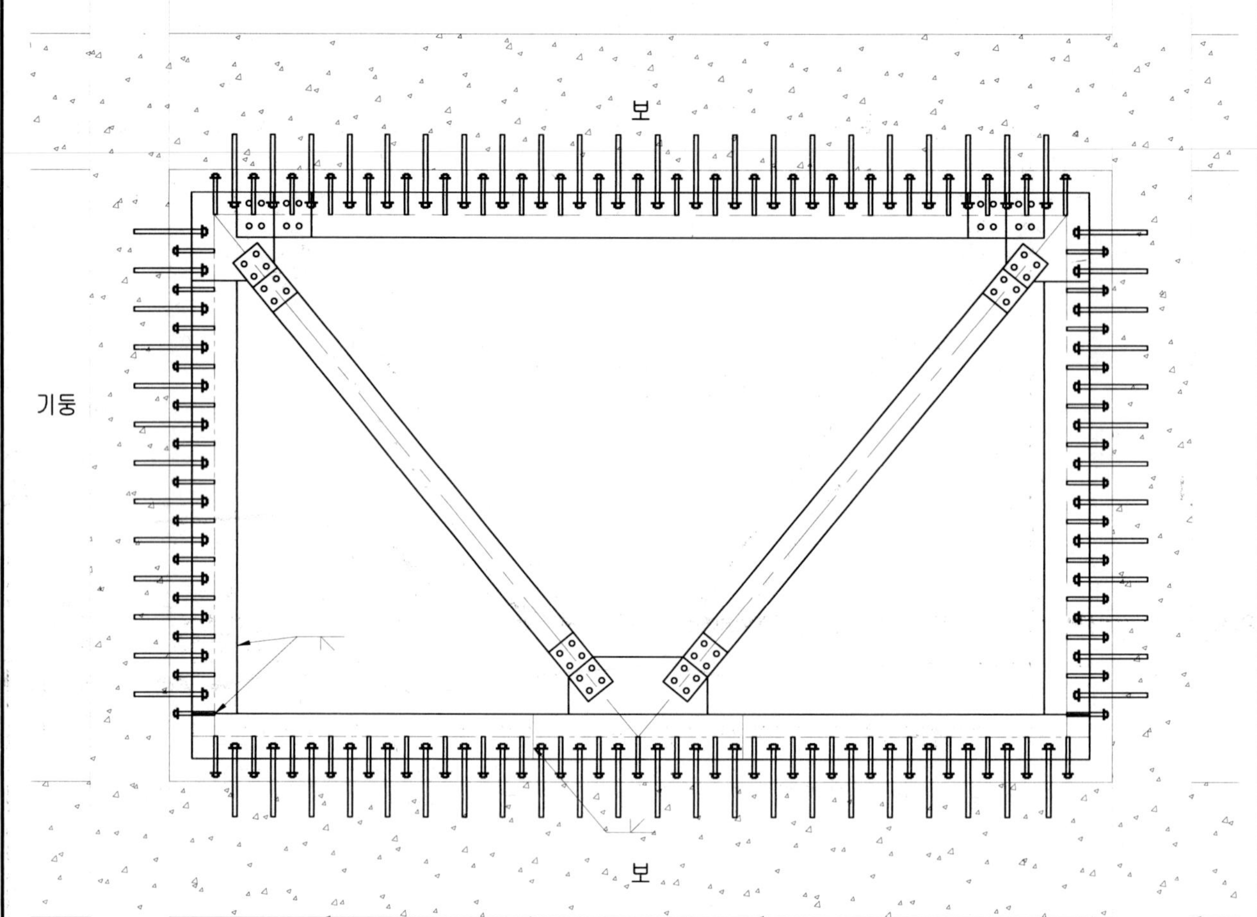

주 : (학교시설 내진성능평가 및 보강 매뉴얼 2021)

1. 강재가새의 인장력과 압축력을 기존 골조에 전달할 수 있도록 기존 부재와 끼움강재부재가 일체화 되도록 연결재로 연결해야 한다.
2. 기존 부재와 신설 부재가 밀착되도록 충분한 강도를 가진 채움 재료를 사용해야 한다.
3. 강재가새에 의하여 단부기둥에 발생하는 인장력은 기존 기둥에 의하여 저항되어야 하며, 보-기둥 접합부 영역과 주각부에서 기둥을 보강하지 않는 한, 끼움강재골조의 수직재의 기여는 무시되어야 함.
4. 기존 골조 부재에 앵커를 시공하는 경우 일반적으로 콘크리트 속에 묻혀 있는 철근과 간섭이 발생하기 때문에 앵커 시공 시 앵커의 위치가 철근의 위치에 따라 보정이 되어야 함.

상세명칭	SR:RC/BF-IB-3	**간접접합을 이용한 강재 끼움가새 보강 공법 상세**	A1-2-3

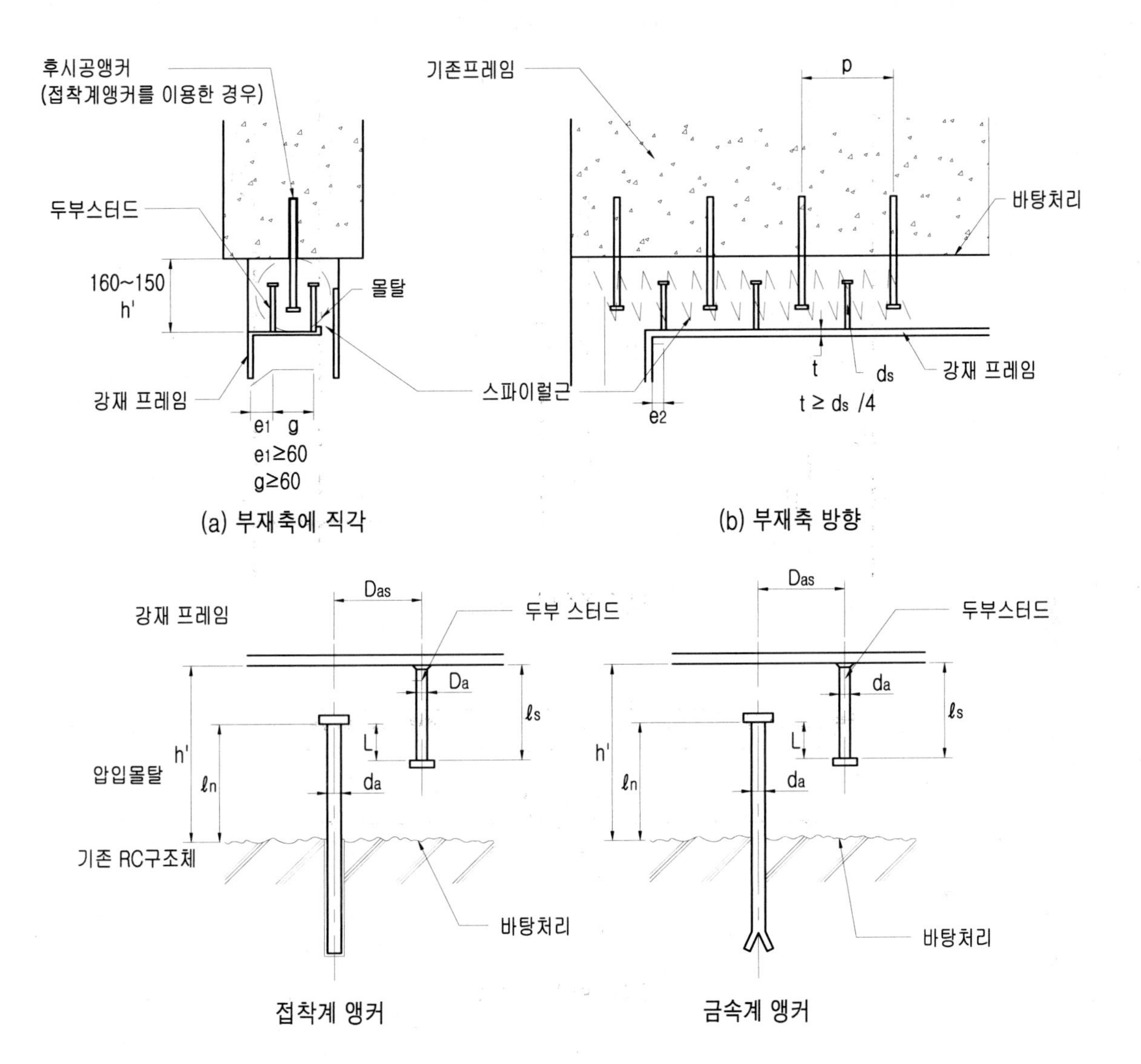

주 : (학교시설 내진성능평가 및 보강 매뉴얼 2021)

5. 주입몰탈의 압축강도는 최소 30 MPa 이상이어야 하며 충분히 채워질 수 있는 공법을 사용하여 몰탈을 주입하여야 함.
6. 몰탈의 연성도를 높이기 위해 스파이럴후프를 사용하는 경우에는 「건축구조기준」의 제한사항을 따라야 하며, 최소 직경 6 mm 이상이어야 함.

상세명칭	BR:H/H-SD-1	**직접접합을 이용한 강재 샛기둥 보강 공법 상세**	A1-2-4

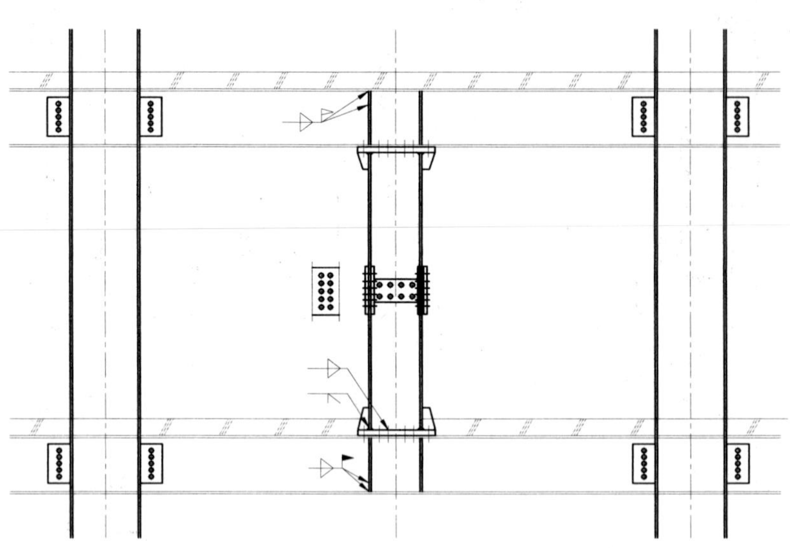

(a) 고장력볼트에 의한 접합

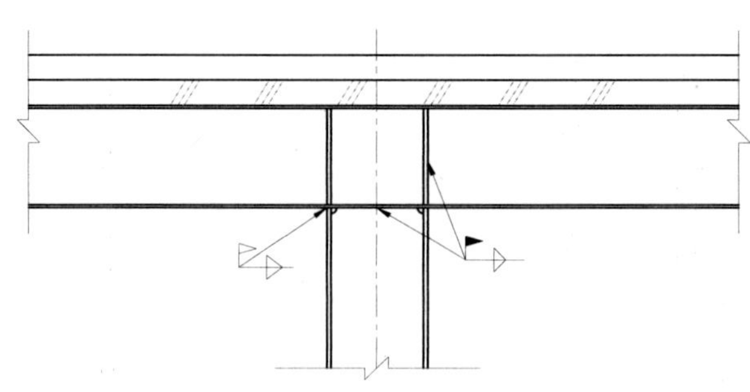

(b) 용접에 의한 접합

주 : (학교시설 내진성능평가 및 보강 매뉴얼 2021)

1. 기존 강재 골조 내부에 강재기둥을 설치하여 골조의 강성을 증가시키는 공법.
2. 기둥의 하부면은 슬래브를 파취하여 보에 직접 연결하여야 하며, 기둥의 상, 하부는 기둥과 보가 모멘트접합이 되도록 설계해야 한다.
3. 기존 보에 보강 리브와 스티프너 등을 설치하여 국부변형을 방지하고 시공 시에도 모재가 손상되지 않도록 해야함.
4. 보의 전단스팬이 작은 경우에는 전단내력의 확보에도 유의해야함.

※ 상세 명칭의 SD의 경우 Stud Column을 의미함.

상세명칭	VB:H/BB-1	**좌굴방지 가새골조**	A1-2-5

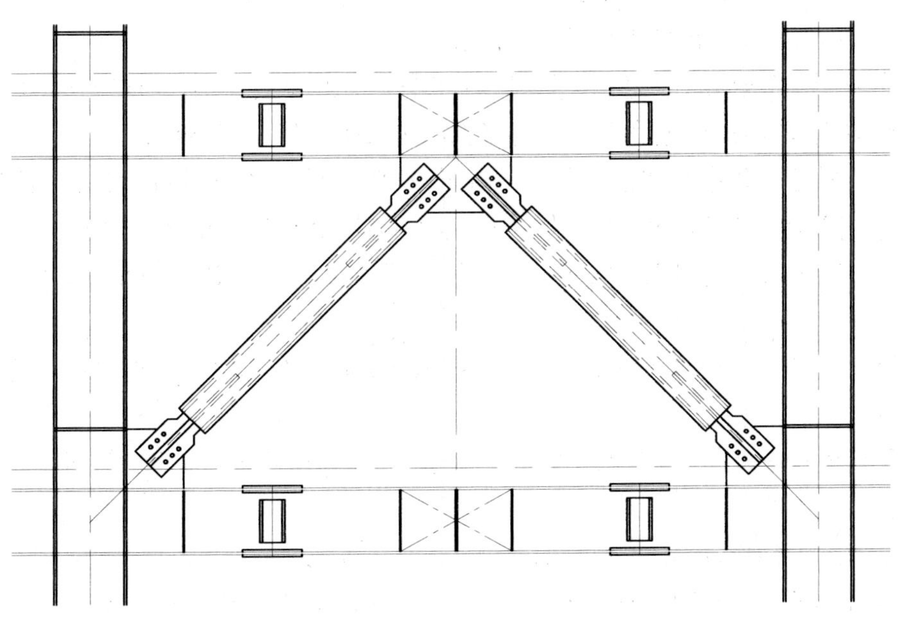

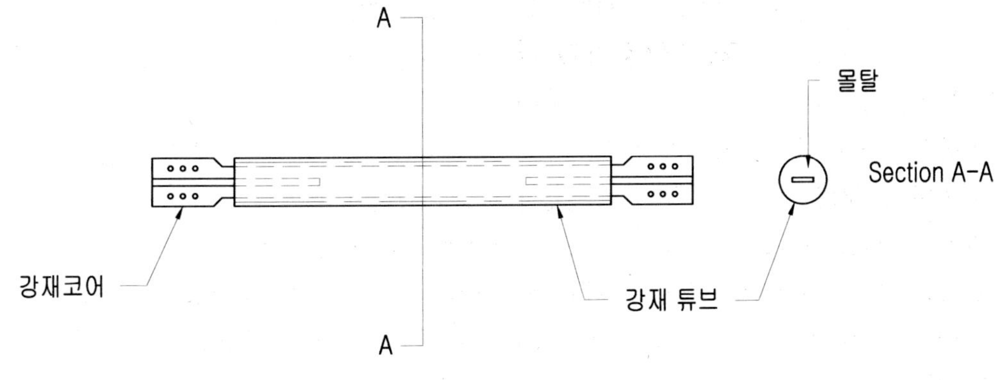

주 :

1. 좌굴방지 가새골조의 가새부재는 강재 코어와 강재 코어의 좌굴을 구속하는 시스템으로 구성.
2. 설계층간변위의 2.0배에 상당하는 변위 내에서는 좌굴하지 않도록 설계해야 함.
3. 설계층간변위의 2.0배에 상당하는 변위에 대해 강재 코어의 국부 및 전체좌굴을 방지해야함.
4. 안정성을 평가할 때에는 보, 기둥 및 거셋플레이트 등 접합부를 연결하는 구조요소 모두를 좌굴방지 시스템에 포함해야 함.

※ 상세 명칭의 BB의 경우 Buckling-restraind brace를 의미함.

참고문헌

1. 대한건축학회 (2008), 건축구조용어사전, 대한건축학회.
2. 한국강구조학회 (1992), 강구조용어사전, 한국강구조학회.
3. 김평탁 (2007), 건축용어대사전, 기문당.
4. 대한건축학회 (2006), 건설교통부재정 건축공사표준시방서, 대한건축학회.
5. 대한건축학회 (2008), 건축구조기준(KBC2009), 대한건축학회.
6. 오상훈, 김영주, 유홍식, 강창훈 (2006), 보의 하부 플랜지에 에너지흡수요소를 가지는 기둥-보 접합부의 이력특성, 대한건축학회논문집, 22/2, pp. 29-36.
7. (사)한국건축구조기술사회 (2012), H형강 구조설계매뉴얼: 설계도움표, (사)한국건축구조기술사회.
8. (사)한국건축구조기술사회 (2016), KBC2016 H형강 접합부 설계매뉴얼, (사)한국건축구조기술사회.
9. (사)교육시설재난공제회 (2018), 학교시설 내진성능평가 및 보강 매뉴얼, (사)교육시설재난공제회.
10. 한국강구조학회 (2011), 현대제철 중간모멘트골조 기술인증서, 한국강구조학회.
11. 한국강구조학회 (2017), 동국제강 중간모멘트골조 기술인증서, 한국강구조학회.
12. 이철호, 박종원 (1998), 반복재하 실물대 실험에 의한 컬럼 트리 형식 철골모멘트접합부의 내진거동 연구, 한국강구조학회논문집, 10/4, pp. 629-639.
13. 포항산업과학원-현대건설 (2002), 고성능 내진접합부 상세개발 및 설계지침작성 연구보고서, 포항산업과학원.
14. 포항종합제철주식회사 (1995), 강구조 건축설계 GUIDEBOOK, 포항종합제철주식회사.
15. 한국철강협회 (2003), H형강 구조설계편람, 한국철강협회
16. AISC (2002), Detailing for Steel Construction. AISC, Inc.
17. AISC (1997), Seismic Provisions for Structural Steel Buildings, AISC. Inc.
18. AISC (2005), Seismic Provisions for Structural Steel Buildings, AISC. Inc.
19. AISC (2005), Steel Construction Manual, AISC, Inc.
20. AISC (2004), Steel Design Guide 4: Extended End-Plate Moment Connections, AISC, Inc.
21. AISC (1996), Steel Design Guide 8: Partially Restrained Composite Connections, AISC, Inc.
22. AISC (1999), Steel Design Guide 12: Modification of Existing Welded Steel Moment Frame Connection for Seismic Resistance, AISC, Inc.
23. AISC (2002), Steel Design Guide 16: Flush and Extended Multiple-Raw Moment End-Plaet Connections, AISC, Inc.
24. AISC (2002), Steel Design Guide 17: High Strength Bolts, A Primer for Structural Engineers, AISC Inc.
25. AISI (1986), Coldformed Steel Design Manual, W. P. Reyman Associate, Inc.
26. AWS (2008), Structural Welding Code-Steel, AWS D1.1/D1.1M, AWS.
27. Bangash, M. Y. H., (2000), Structural Detailing in Steel, Thomas Telford, London.

28. British Standard (2005), Eurocode 3: Design of Steel Structures, BSI.
29. FEMA (2000), Recommended Seismic Design Criteria for New Steel Moment-Frame Buildings, FEMA 350, Federal Emergency Management Agency, Washington, DC.
30. Mazzolani, F. M., (2000), Moment Resistant Connections of Steel Frame in Seismic Areas, Design and Reliability, E & FN Spoon, London.
31. SCI (1998), Joint in Steel Construction: Composite Connections, BCSA Ltd, London.
32. SCI (1995), Joint in Steel Construction: Moment Connections, BCSA Ltd, London.
33. SCI (2002), Joint in Steel Construction: Simple Connections, BCSA Ltd, London.
34. SCI (1994), Steel Designers' Manual, Oxford Blackwell Scientific Publications, London.
35. SCI (1994), Connection Design: Static Loading, European Steel Design Education Programme.
36. Lee, C.H., Jeon, S. W., Kim, J. H., Uang, C. M. (2005), Effects of panel zone strength and beam web connection method on seismic performance of reduced beam section steel moment connections, Journal of Structural Engineering, ASCE, 131(12): pp. 1854-1865.
37. Lee, C. H., Chung, S. W. (2007), A simplified analytical story drift evaluation of steel moment frames with radius-cut reduced beam section, Journal of Constructional Steel Research, 63/4, pp. 564-570.
38. Shin, K. J., Kim, Y. J., Oh, Y. S., (2008), Seismic behavior of composite concrete-filled tube column-to-beam moment connections, Journal of Constructional Steel Research, 64, pp. 118-127.
39. Uang, et al. (2000), Cyclic Response of RBS Moment Connections: Weak-Axis Configuration and Deep Column Effects, Report No. SSRP-2000/03, UCSD.
40. 鋼材俱樂部 (1988), 鐵骨構造標準接合部 SCSS(Ⅱ): 角形鋼管構造標準接合部, 技報堂出版.
41. 新都市ハウジング協會(2007), コンクリート充塡鋼管(CFT)造技術基準 · 同解說の運用及び計算例等.
42. 日本建築 センター (2003), 冷間成形角形鋼管設計 · 施工マニュアル(改訂版).
43. 日本建築學會 (2006), 鋼構造接合部設計指針.
44. 日本建築學會 (2007), 建築工事標準仕樣書 JASS 6 鐵骨工事.
45. 日本建築學會 (2007), 鐵骨工事技術指針 · 工場製作編.
46. 日本建築學會 (2007), 鐵骨工事技術指針 · 工事現場施工編.
47. 日本鋼構造協會 (2005), JSS 接合開先標準.
48. 鐵骨建設業協會 (2003), 突合せ繼手の食い違い仕口のずれの検査·補强 マニュアル.
49. 鐵骨構造標準接合部委員會 (2002), SCSS-H97: 鐵骨構造標準接合部 H形鋼編 (SI單位表示版).
50. 日本建築學會 (2011), 建築鐵骨標準ディテール.
51. 최선규 (2010), 강구조 가새 인장접합부설계, 강구조학회지.
52. 최선규 (2011), 비보강받침접합의 용접강도에 대한 연구, 강구조학회 춘계학술대회논문집.

53. 최선규 (2011), 단순전단접합부의 설계와 표준상세, 강구조학회지.
54. 구조안전성향상기술연구단 (2017). 기존 강구조 보강지침(안), 구조안전성향상기술 연구단, ISBN: 978-89-97259-06-9.
55. 이철호, 김성용 (2017), 바닥슬래브를 고려한 용접철골모멘트접합부의 내진보강, 한국강구조학회 논문집, 한국강구조학회, 29/1, pp. 25-36.
56. S.Y. Kim, C.H. Lee (2017), Seismic retrofit of welded steel moment connections with highly composite floor slabs, J. Constr. Steel Res., ELSEVIER, 139, pp. 62-68.
57. J.L. Gross, M. Engelhardt, C.M. Uang, K. Kasai, N.R. Iwankiw (2003), Modification of Existing Welded Steel Moment Frame Connections for Seismic Resistance (Vol. 12), AISC, Chicago, Illinois.
58. C.H. Lee, C.M. Uang (2001), Analytical Modeling and Seismic Design of Steel Moment Connections with Welded Straight Haunch, J. Struct. Eng., ASCE, 127, pp. 1028-1035.
59. C.H. Lee, J.H. Jung, M.H. Oh, E.S. Koo (2003), Cyclic seismic testing of steel moment connections reinforced with welded straight haunch, Eng. Struct., ELSEVIER, 25, pp. 1743-1753.
60. 최선규, 유정한 (2016), KS 건축용 턴버클과 환봉가새의 설계강도에 대한 연구, 한국강구조학회 2016년도 학술대회발표집, 한국강구조학회, pp. 17-18.
61. 최선규 (2017), KS 턴버클볼트 단부 주걱판 용접부의 상세와 설계강도에 대한 연구, 한국강구조학회 2017년도 학술대회발표집, 한국강구조학회.
62. Lee, C.H., Jeon, S.W., Kim, J.H., and C.M. Uang (2005), Effects of Panel Zone Strength and Beam Web Connection Method on Seismic Performance of Reduced Beam Section Steel Moment Connections, Journal of Structural Engineering, ASCE, Vol.131, No.12, pp. 1854-1865.
63. 이철호, 전상우, 김진호 (2002), RBS 철골모멘트접합부 내진거동 평가를 위한 실물대 실험, 한국강구조학회논문집, 14(4), pp. 557-566.
64. 이철호, 김재훈, 전상우, 김진호 (2006), 보플랜지절취형(RBS) 철골모멘트골조의 균형 패널존 강도, 한국강구조학회논문집, 18(1), pp. 59-69.
65. Lee, C.H., Jung, J.H., and Kim, S.Y. (2019), Cyclic Seismic Performance of Weak-Axis RBS Welded Steel Moment Connections, International Journal of Steel Structures, Vol.19, No.2, pp. 1-13.
66. 이철호, 정종현, 김성용 (2015), RBS 약축 용접 모멘트 접합부의 내진성능 평가, 한국강구조학회논문집, 27(6), pp. 513-523.
67. 한국강구조학회 (2020), 포스코 특수모멘트골조 기술인증서, 한국강구조학회.
68. 포스코 (2021), Pos-H를 이용한 특수모멘트 골조 설계 매뉴얼, 포스코.
69. S.H. Oh, Y.J. Kim, T.S. Moon (2007), Cyclic performance of existing moment connections in steel retrofitted with a reduced beam section and bottom flange reinforcements, Canadian Journal of Civil Eng. Vol.34 No.2, pp.199-209, National Research Council Canada.

70. Sang-Hoon Oh, Yun-Hyeok Kim, Hong-Sik Ryu, Young-Ju Kim, Hae-Yong Park (2020), Experimental verification of seismic performance of built-up beam-to-column connections with ductile detail, Journal of Constructional Steel Research, Vol.176, 30 September 2020, 106397.
71. 김영주, 오상훈 (2006), RHS기둥-보 접합부의 모멘트 전달효율 평가, 한국지진공학회 논문집 제10권 4호, pp. 67-76, 한국지진공학회.
72. 오상훈, 최영재, 윤성기, 이동규 (2010), SN 강재가 사용된 강구조 용접모멘트접합부의 내진성능 평가, 한국강구조학회논문집 Vol.22 No.3, pp. 271-280, 한국강구조학회.
73. 이명재, 양재근, 김주우, 오상훈, 조한솔, 김상섭 (2014), SHN강재를 적용한 대형보의 내진접합상세 개발 및 구조성능에 대한 실험적 연구, 대한건축학회논문집 구조계 Vol.30 No.3, pp. 29-38, 대한건축학회.
74. 오상훈, 박해용 (2014), 개량수평스티프너를 보강한 고강도강(HSA800) 접합부 내진성능 평가, 한국강구조학회 논문집 Vol.26 No.4, pp. 361-374, 한국강구조학회.
75. 한국강구조학회, (사)한국건축구조기술사회 (2021), 강구조 접합부 설계매뉴얼, 한국강구조학회(사), 한국건축구조기술사회 공저.
76. (사)한국건축구조기술사회, 한국강구조학회 (2021), 강구조 접합부 설계예제집, (사)한국건축구조기술사회, 한국강구조학회 공저.
77. 이철호 외 (2009), 강구조 고력볼트 접합부의 설계 및 시방규정 개선을 위한 기초연구(안), 한국강구조학회.
78. 최선규 (2019), 조립용접부와 건설보조용접부에 대한 유의사항, 한국강구조학회지.
79. 한국강구조학회, (사)한국건축구조기술사회 (2021), H형강 표준이음 지침, 한국강구조학회(사), 한국건축구조기술사회 공저.

건축강구조 표준접합상세지침 집필위원회(초판)

집 필 위 원 장　이 명 재 (중앙대학교 교수)
집 필 간 사　신 경 재 (경북대학교 교수)
집 필 위 원　김 상 섭 (한국기술교육대학교 교수)
김 종 락 (숭실대학교 교수)
박 효 선 (연세대학교 교수)
양 재 근 (인하대학교 교수)
이 동 우 ((주)아이스트 대표 건축구조기술사)
이 은 택 (중앙대학교 교수)
이 철 호 (서울대학교 교수)
정 광 량 ((주)동양구조안전기술 대표 건축구조기술사)
최 병 정 (경기대학교 교수)
최 선 규 (선영구조기술사건축사사무소 대표 건축구조기술사)
한 상 을 (인하대학교 교수)

협 력 집 필 진　김 재 형 (POSCO 과장)
김 해 식 (당진철구(주) 대표)
서 명 철 (거홍산업(주) 상무)
이 동 규 (RIST 책임연구원)
이 석 주 (영화엔지니어링(주) 과장)
이 원 희 (유진건철(주) 차장)
이 재 석 (현대제철(주) 과장)
한 봉 구 (현대스틸산업(주) 전무)

자 문 위 원　김 규 석 (동국대학교 명예교수)
김 덕 재 (중앙대학교 명예교수)
김 동 규 (서울시립대학교 명예교수)
김 원 기 (호서대학교 교수)
전 봉 수 (전우구조건축사사무소 대표 건축구조기술사)
최 문 식 (단국대학교 교수)

검 토 위 원　한국건축구조기술사회
강 창 선 ((주)에센에스엔지니어링 대표 건축구조기술사)
김 석 구 ((주)쓰리디구조 대표 건축구조기술사)
김 점 한 ((주)크로스구조연구소기술사사무소 대표 건축구조기술사)
김 종 호 ((주)창민우구조컨설탄트 대표 건축구조기술사)
서 규 석 ((주)선구조엔지니어링 대표 건축구조기술사)
서 형 석 ((주)형상엔지니어링 대표 건축구조기술사)
이 도 범 (대림산업(주) 기술연구소 부장 건축구조기술사)
이 문 곤 ((주)티섹구조엔지니어링기술사사무소 대표 건축구조기술사)
이 왕 희 (현대산업개발(주) 구조설계팀 팀장 건축구조기술사)
이 인 영 ((주)오푸스펄구조기술사사무소 대표 건축구조기술사)
황보 석 ((주)ES건축구조엔지니어링 대표 건축구조기술사)　<가나다 순>

건축강구조 표준접합상세지침 1차 개정위원회

집 필 위 원 장　이 명 재 (중앙대학교 교수)
집 필 간 사　양 재 근 (인하대학교 교수)
최 선 규 (선영구조기술사건축사사무소 대표 건축구조기술사)
집 필 위 원　김 상 섭 (한국기술교육대학교 교수)
정 광 량 ((주)동양구조안전기술 대표 건축구조기술사)
황 인 규 ((주)P&H 엔지니어링 대표 건축구조기술사)

심 의 위 원　최 문 식 (단국대학교 명예교수)
김 성 은 (계명대학교 명예교수)
김 종 락 (숭실대학교 교수)
김 종 호 ((주)창민우구조컨설탄트 대표 건축구조기술사)
김 승 철 ((주)다원구조안전기술사사무소 대표 건축구조기술사)

건축강구조 표준접합상세지침 2차 개정위원회

집 필 위 원 장　이 명 재 (중앙대학교 교수)
집 필 부 위 원 장　최 선 규 (선영구조기술사건축사사무소 대표 건축구조기술사)
집 필 간 사　유 정 한 (서울과학기술대학교 교수)
집 필 위 원　김 태 진 (티아이구조기술사사무소 대표 건축구조기술사)
신 경 재 (경북대학교 교수 건축구조기술사)
이 철 호 (서울대학교 교수)
정 석 재 ((주)쓰리디엔지니어링 대표 건축구조기술사)
황 인 규 ((주)이필 대표 건축구조기술사)

심 의 위 원　김 승 원 (뉴테크구조기술사사무소 대표 건축구조기술사)
김 태 수 (한밭대학교 교수)
김 희 동 (인하전문대학 교수)
박 대 영 ((주)보루 기술고문 건축구조기술사)
오 상 훈 (부산대학교 교수)
이 강 민 (충남대학교 교수)
정 광 량 ((주)동양구조안전기술 대표 건축구조기술사)
최 준 식 ((주)단이엔씨 대표 건축구조기술사)　<가나다 순>

건축강구조 표준접합상세지침 3차 개정위원회

집 필 위 원 장　신 경 재 (경북대학교 교수 건축구조기술사)
집 필 부위원장　최 선 규 (선영구조기술사건축사사무소 대표 건축구조기술사)
집 필 간 사　정 석 재 ((주)쓰리디엔지니어링 대표 건축구조기술사)

집 필 위 원　김 태 진 (티아이구조기술사사무소 대표 건축구조기술사)
이 철 호 (서울대학교 교수)
오 상 훈 (부산대학교 교수)
최 인 락 (호서대학교 교수)
황 인 규 ((주)이필 대표 건축구조기술사)

심 의 위 원　김 상 식 ((사)한국건축구조기술사회 회장 건축구조기술사)
김 원 기 (호서대학교 교수 건축구조기술사)
이 명 재 (중앙대학교 교수)
박 대 영 ((주)보루 기술고문 건축구조기술사)
최 준 식 ((주)단이엔씨 대표 건축구조기술사))　<가나다 순>

(3차 개정판) 건축강구조 **표준접합상세지침**

2009년 5월 30일 1판 1쇄 발행
2010년 2월 19일 1판 2쇄 발행
2012년 11월 28일 개정판 1쇄 발행
2018년 5월 25일 2차 개정판 1쇄 발행
2019년 1월 10일 2차 개정판 2쇄 발행
2022년 1월 20일 3차 개정판 1쇄 발행

발행처 (사)한국강구조학회
회장 최 동 호
서울시 송파구 문정동 106-18번지
TEL. 02) 400-7101
FAX. 02) 400-7104
http://www.kssc.or.kr

공급처 도서출판 **기문사**
대표 한 인 환
서울시 동대문구 안암로 50-1(용두동) 홍신빌딩 3층
TEL. 02) 2265-7214(代)/922-8662~3
FAX. 02) 922-8772
출판등록 1978. 8. 9. NO. 6-0637
http://www.kimoonsa.co.kr

ISBN : 978-89-7723-904-3 93540

정가 : 26,000원